I0072857

DIE KONDENSATWIRTSCHAFT

BEI DAMPFKRAFT-LANDANLAGEN ALS GRENZGEBIET DER WÄRMETECHNIK

VON

DR.-ING. HANS BALCKE

BERLIN-WESTEND

MIT 135 TEXTABBILDUNGEN UND 1 TAFEL

MÜNCHEN UND BERLIN 1927

DRUCK UND VERLAG VON R. OLDENBOURG

Alle Rechte, einschließlich des Übersetzungsrechtes, vorbehalten
Copyright 1927 by R. Oldenbourg, München und Berlin.

Meinem Vater

und

seinem Lebenswerk

Vorwort.

In der vorliegenden Abhandlung habe ich den Versuch unternommen, die Kondensatwirtschaft bei Dampfkraft-Landanlagen als ein in sich abgeschlossenes, physikalisches und chemisch-technologisches Grenzgebiet der technischen Wärmelehre darzustellen. Dem Kondensator fallen innerhalb des Dampfmaschinenprozesses sehr wesentliche Aufgaben zu. Diese beginnen am Abdampfstutzen der Dampfmaschine und enden mit dem Hereindrücken des hochvorgewärmten und für den Kesselbetrieb einwandfrei vorbereiteten Speisewassers in die Kesselanlage. Sie umfassen die Herausschälung der Wechselbeziehungen zwischen Kondensator und Gesamtanlage, die Aufstellung der für die Durchführung des günstigsten motorischen Prozesses notwendigen Betriebsbedingungen und hieraus folgernd die Entwicklung der notwendigen Apparate zur Rückverwandlung des niedrig gespannten, arbeitsunfähigen Abdampfes in ein einwandfreies, vorgewärmtes Speisewasser. Hierzu tritt noch die konstruktive Entwicklung wärmewirtschaftlich günstig arbeitender Zusatzdestillatoren zum Ersatz der Kondensatverluste im Dampfkraftprozeß, und zwar unter Verwertung der Abwärmequellen der Kondensation und zuletzt das Aufsuchen von Möglichkeiten, um die anfallenden Abwärmemengen möglichst weitgehend für gewerbliche Zwecke nutzbar zu machen.

Dem Kondensator fällt also in diesem Aufgabenkreis nicht nur die früher ausschließliche Tätigkeit als Niederschlagsapparat für den Maschinenabdampf unter besonderen Bedingungen zu, sondern heute auch die Rolle eines hochwertigen Speisewasserbereiters und einer Vorwärmeranlage für alle möglichen Zwecke.

Die Bedeutung der Kondensatwirtschaft in dem hier gekennzeichneten Sinne steigt mit der Einführung von Hoch- und Höchstdrücken. Die zukünftige Entwicklung des Gebietes ist noch nicht abzusehen, da dieses aber heute einen gewissen abschließenden Grad von Vollkommenheit erreicht hat, erscheint der hier unternommene Versuch der Ausgestaltung eines besonderen Grenzgebietes für angebracht.

Berlin-Westend, den 25. Juni 1927.

Der Verfasser.

Inhalts-Verzeichnis.

Abschnitt 2.

Abschnitt 3.

Abschnitt 6.

Anhang.

Abschnitt 1.

Die Mischkondensation.

Inhalt.

1. Die Theorie der Mischkondensationen.

Das Verhältnis der bei einem Kreisprozeß in Arbeit umgewandelten Wärmemenge $Q_1 - Q_2$ zu der insgesamt zugeführten Wärmemenge Q_1 bezeichnen wir als thermischen Wirkungsgrad η_{th}; er gibt den Bruchteil an, der bei dem jeweiligen Kreisprozeß von der zugeführten Wärmemenge Q_1 während des Prozesses in nutzbare Arbeit umgewandelt wird.

Der therm. Wirkungsgrad wird um so günstiger ausfallen, je niedriger die Temperatur T_2 gehalten werden kann, bei welcher die Wärmemenge Q_2 abgeführt wird. Ist der Träger des Kreisprozesses Wasserdampf, so besteht eine Möglichkeit der Erfüllung dieser Forderung darin, den aus der Kraftmaschine abströmenden Abdampf mit Wasser von möglichst niedriger Temperatur und genügender Menge unmittelbar in einer dazu geeigneten Vorrichtung unter entsprechend niedrigem Sättigungsdruck zu mischen. Die einfachste Mischvorrichtung dieser Art würde ein Raum sein, in welchem zwei getrennte Ströme, nämlich Dampf und Kühlwasser, eintreten, während gleichzeitig ein Strom von der Gesamtmasse der Einzelströme denselben wieder verläßt.

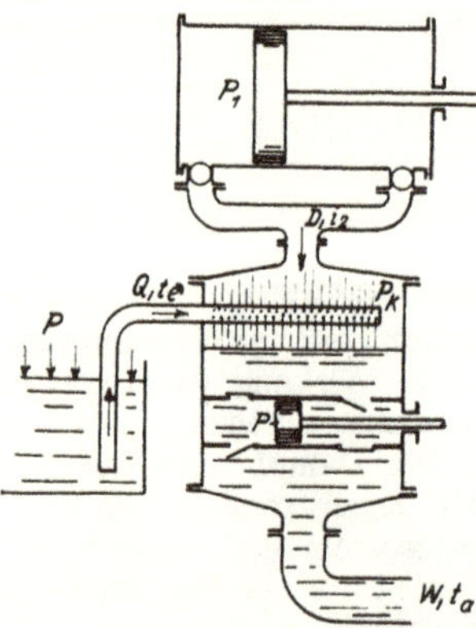

Abb. 1. Schema einer Einspritz-Mischkondensation.

Eine solche Mischungsvorrichtung einfachster Art zeigt Abb. 1. Der dem Arbeitszylinder einer Dampfmaschine entweichende Dampf von der Menge D kg/h begegnet im Kondensationsraum einer kalten Wassermenge von Q kg/h, durch welche der Abdampf bei einem gewissen niedrigen Druck p_K niedergeschlagen wird. Die dauernde Aufrechterhaltung des Unterdrucks p_K erfordert die dauernde Entfernung des Mischungserzeugnisses W aus dem Kondensator mit Hilfe einer Pumpe P. Das Einspritzwasser Q drückt der äußere Überdruck zumeist in den Kondensator hinein, so daß hierfür eine besondere Pumpe nicht erforderlich ist.

Bezeichnen wir den Wärmeinhalt von 1 kg des der Maschine zugeführten Frischdampfes mit i_1 und den Wärmeinhalt von 1 kg des in den Kondensator eintretenden Maschinenabdampfes mit i_2, ferner die Temperatur des eintretenden Kühlwassers mit t_e und die Temperatur des austretenden warmen Mischungserzeugnisses mit t_a, so muß die stündlich abzuführende Wärmemenge = der vom Kühlwasser aufgenommenen Wärmemenge sein, wenn wir von Wärmeverlusten absehen. Die stündlich an das Kühlwasser abzuführende Wärmemenge kann gleich $D\,(i_2 - t_a)$ gesetzt werden, wenn wir die spezifische Wärme des Wassers $c = 1$ setzen. In diesem Falle ist nämlich die Flüssigkeitswärme von

1 kg Kondensat $= t_a$. Die Kühlwassermenge erwärmt sich je kg durch die Wärmeaufnahme von t_e auf t_a, so daß also die stündlich aufgenommene Wärmemenge bei einer spezifischen Wärme von $c = 1$ gleich $Q\,(t_a - t_e)$ ist. Es besteht somit die Gleichung:

$$D\,(i_2 - t_a) = Q\,(t_a - t_e).$$

Schreiben wir dieselbe in der Form:

$$\frac{Q}{D} = \frac{i_2 - t_a}{t_a - t_e},$$

so gibt diese Beziehung uns an, wievielmal größer die Kühlwassermenge als die Dampfmenge sein muß — und zwar bezogen auf 1 kg Dampf — wenn eine Erwärmung des Kühlwassers um $t_a - t_e$ zugelassen werden soll.

Der Quotient $\frac{Q}{D} = n$ wird daher als spezifische Kühlwassermenge bezeichnet. Ist n gegeben, so erlaubt die gefundene Formel die Ermittelung der Austrittstemperatur t_a des Gemisches aus dem Kondensator.

Der **Wärmeinhalt** i_2 des Abdampfes der Kraftmaschine beim Eintritt in den Kondensator muß bekannt sein, um die Kondensation zweckentsprechend entwerfen zu können. Dieser Wärmeinhalt ist bestimmt durch den Anfangszustand des Frischdampfes vor der Maschine, der Wärmeausnutzung in der Kraftmaschine und den Wärmeverlusten von der Maschine bis zum Kondensator.

Der Wärmeinhalt i_1 des Zudampfes vor Eintritt in die Maschine ist bekannt. Die Wärmeausnutzung in der Maschine ergibt sich aus dem Verhältnis:

$$\frac{\text{Dampfverbrauch der verlustlosen Maschine in kg/PSh}}{\text{wirklichen Dampfverbrauch in kg/PSh}}$$

Der theoretische Dampfverbrauch D_{th} der „verlustlosen" Maschine läßt sich leicht mit Hilfe des IS-Diagramm ermitteln. Bei einer solchen „verlustlosen" Maschine erfolgt die Arbeitsleistung unter rein adiabatischer Expansion des Dampfes zwischen einem gegebenen Anfangs- und gegebenen Enddruck; die Entropie bleibt also konstant. Wir können daher den Unterschied der Wärmeinhalte i_1 und i_2 des Frisch- und Abdampfes — oder das Wärmegefälle λ_{th} — welches in der „verlustlosen“ Maschine in Arbeit umgesetzt wird, sofort ermitteln, wenn wir durch den Anfangszustand des Zudampfes (z. B. A Abb. 2) die Senkrechte, und zwar bis auf die Linie des ge-

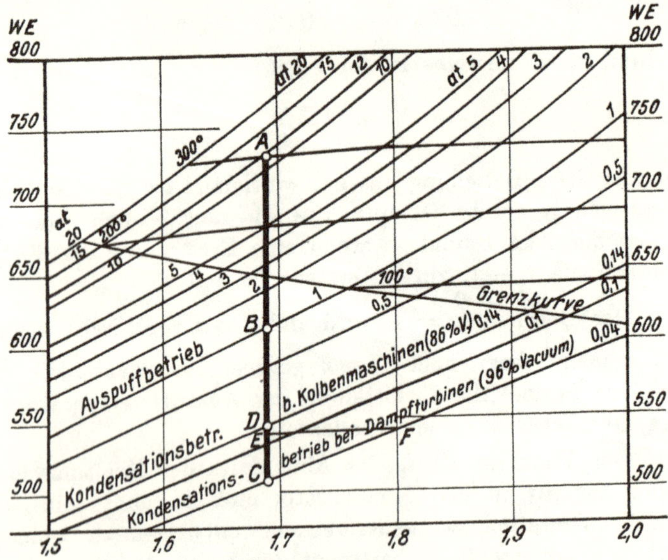

Abb. 2.
Mollier-Diagramm: Wärmegefälle bei Auspuff und Kondensationsbetrieb.

wünschten Gegendruckes, z. B. *B*, *D* oder *C*, ziehen. Der Dampfverbrauch der „verlustlosen“ Maschine ist dann:

$$= \frac{\text{Wärmewert von 1 PS h}}{\lambda_{th}} = \frac{632{,}5}{\lambda_{th}}.$$

Hieraus ergibt sich nun sofort der Nutzen der Kondensation; denn das verfügbare Wärmegefälle bei Auspuffbetrieb (Punkt *B*) ist bei dieser Maschine nur halb so groß als z. B. bei einem Gegendruck von 0,04 ata (Punkt *C*). Zur Bestimmung des spezifischen Dampfverbrauches D_e bei Dampfturbinen bei gegebenem Anfangszustand des Dampfes, gegebenem Kondensatordruck und gegebener Normalleistung, bedienen wir uns am besten eines von Forner[1]) vorgeschlagenen zeichneri-

[1]) Forner, „Der Dampfverbrauch von Dampfturbinen“. Z. d. V. d. I. 1922, S. 955.

schen Verfahrens. Das wirklich ausgenutzte Gefälle ist dann nach Ermittelung von D_e:

$$\lambda_e = \lambda_{th} \frac{D_{th}}{D_e},$$

der Wärmeinhalt des Abdampfes bestimmt sich somit zu $i_2 = i_1 - \lambda_e$ kcal/kg. Ziehen wir nun vom Punkte A im IS-Diagramm (Abb. 2), welcher dem Anfangszustand des Zudampfes entspricht, die Senkrechte $AE = \lambda_e$ und durch E die Wagerechte bis zum Schnitt mit der Linie des gewählten Kondensatordruckes, so ergibt dieser Schnittpunkt F den Feuchtigkeitsgehalt des Abdampfes. Der Zustand des Abdampfes von Kolbenmaschinen wird auf ähnliche Weise bestimmt.

Bei der Vorrichtung nach Abb. 1 würde der absolute Druck im Kondensator bei günstiger Verteilung des Einspritzwassers gleich dem der Temperatur t_a entsprechenden Sättigungsdruck p_K sein. Wir haben aber bisher die in den Kondensator eindringende **Luft** gänzlich unberücksichtigt gelassen, wodurch das Bild sich gegenüber der Wirklichkeit wesentlich verschiebt.

Die Größe der eindringenden Luftmenge ist grundsätzlich von der Art der Kondensation abhängig. Beim Mischkondensator tritt im Gegensatz zum (später zu besprechenden Oberflächenkondensator) das Wasser in direkte Berührung mit dem Abdampf bzw. mit dem im Kondensator herrschenden Unterdruck. Wasser führt aber stets Luft mit, welche sich bei Unterdruck aus dem Wasser entspannt. Sodann muß bei Mischkondensationen stets neues Speisewasser im Kessel verdampft werden. Die Luft des Speisewassers gelangt auf diese Weise mit dem Dampf in den Kondensator. Hinzukommt bei beiden Kondensationsarten die Luftmenge, welche durch Undichtigkeiten der Anlage an allen unter Unterdruck stehenden Stellen einströmt und sich dem Dampf beimengt. Die Bestimmung des Luftgewichtes G_L ist recht unsicher. Nach Angabe von Bunsen ist die in 1 l Wasser von 15° C bei 1 ata enthaltene Luftmenge = 0,01795 l. Weiß rundet diesen Wert auf 2 v.H. der Wassermenge = $0{,}02 \cdot Q$ m³/h auf, wodurch dann gleichzeitig berücksichtigt wird, daß auch durch Undichtigkeiten in der Kühlwassersaugleitung Luft in das Wasser eindringt.

Die mit dem Kesselspeisewasser eingeführte Luftmenge berücksichtigt Weiß in seinen Angaben über den auf Undichtigkeiten entfallenden Luftanteil. Sie hängt im übrigen ab von der Zahl der undichten Stellen, im besondern von der Zahl der Flanschenverbindungen. Diese Zahl wird um so größer sein, je länger die Leitungen zwischen Maschine und Kondensator sind. Sie hängt ferner ab von der Art der Kraftmaschine, der Güte der Naßluftpumpe, wie von der Güte der Ausführung der Anlage überhaupt.

Weiß bringt nun empirisch die durch Undichtigkeiten eintretende Luftmenge in Abhängigkeit von der Dampfmenge, und zwar $= u \cdot \frac{D}{1000}$, wobei die Undichtigkeitszahl u in direkte Abhängigkeit von der Länge z der Leitung in m zwischen Maschine und Kondensator nach Erfahrung und Versuchen gesetzt ist. Nach Weiß ist für Dampfmaschinen mit unmittelbar angebauter Einzelkondensation, also bei $z \cong 0$: $u = 1{,}8$.

Bei Zentralkondensationen:

in grobem Betriebe ist $u = 1{,}8 + 0{,}01\, z$,
„ feinem „ „ $u = 1{,}8 + 0{,}006\, z$.

Die sich unter Zugrundelegung der Angaben von Weiß ergebenden Luftmengen aus Undichtigkeiten sind aber zu groß, zumal auch die Versuchsunterlagen von Weiß, welche zur Aufstellung obiger Werte von u führten, als nicht einwandsfrei bezeichnet werden müssen.

In Anlehnung an Weiß schlägt daher Dr. Hoefer[1]) folgende Formel für die Luftmenge bei Kolbenmaschinen mit Einspritzkondensation vor:

$$G_L = \left(a \cdot Q + u \frac{D}{1000}\right) \cdot \frac{B}{760} \text{ kg/h},$$

worin die Absorptionszahl $a = 0{,}02$ und die Undichtigkeitszahl

$u = 1{,}8 + 0{,}01 \cdot z$ für grobe Betriebe,
$u = 1{,}8 + 0{,}006 \cdot z$ für feinere Betriebe

---

[1]) Dr. Hoefer, „Die Kondensation bei Dampfkraftmaschinen". Verlag Springer 1925.

zu setzen wäre. B bedeutet den Barometerstand in mm QS. Die Hoefersche Formel ergibt 20 v. H. geringere Luftmengen, und zwar in kg statt in m^3 wie die von Weiß und wird den gemachten Erfahrungen besser gerecht.

Wir haben also aus unserem Mischkondensator mit dem Wassergemisch $W = Q + D$ zugleich auch Luft vom Gewicht G_L zu fördern.

Die Luft wird dabei an der Absaugestelle unter einem gewissen Teildruck P_L kg/m^3 und einer gewissen Temperatur $T_L = 273 + t_L$ stehen, welche abhängig sind von der Art und Weise, wie wir in unserem Kondensator Dampf und Kühlwasserstrom zusammenführen (Gleichstrom, Gegenstrom) und wie wir unsere Vorrichtung konstruktiv ausbilden. (Nebeneinspritzung zur besonderen Kühlung der Luft bei Gleichstrom.)

Bezeichnen wir mit V_L das Luftvolumen bei P_L und T_L, so gilt die Zustandsgleichung:

$$P_L \cdot V_L = G_L \cdot R_L \cdot T_L,$$

worin R_L die Gaskonstante der Luft = 29,27 ist.

Neben dem Luftteildruck P_L besteht noch an der Absaugestelle der Teildruck des Dampfes P_D, und da nach dem Teildruckgesetz von Dalton die Summe dieser Einzeldrücke gleich dem Gesamtdruck ist, muß der Kondensatordruck $P_K = P_D + P_L$ sein.

Der Leistungsbedarf der Pumpe setzt sich demnach aus zwei Teilen zusammen, und zwar:

1. aus dem Leistungsbedarf zur Förderung des Wassers und
2. aus dem Leistungsbedarf zur Förderung der Luft.

Der Leistungsbedarf für die Wasserförderung ist von der Förderhöhe abhängig. Ist die zu überwindende Druckhöhe $= h$ m, so ist ohne Berücksichtigung der Reibungsverluste die Gesamtförderhöhe

$$H = h + B - p'_K,$$

wenn B den Atmosphärendruck und p'_K den absoluten Druck im Kondensator in m WS bedeutet.[1])

[1]) Arbeitet die Pumpe unter höherem als atmosphärischem Druck, so ist dieser an Stelle von B einzusetzen.

Der theoretische Leistungsbedarf für die Förderung des Wassers ist dann:

$$N_1 = \frac{(Q + D) \cdot H}{3600 \cdot 75} \text{ PS.}$$

Der Pumpe fällt ferner die Aufgabe zu, die Luft vom Volumen V_L entsprechend dem Druck p_L auf das Volumen V_L^a entsprechend dem Druck p_a zu verdichten und ins Freie auszuschieben. Die bei verlustloser Verdichtung aufzuwendende Arbeit ist dann:

$$A_L = \int_{V_L}^{V_L^a} V_L \cdot dp.$$

Aus der Zustandsgleichung $P_L \cdot V_L = G_L \cdot R_L \cdot T_L$ ergibt sich:

$$V_L = \frac{G_L \cdot R_L \cdot T_L}{P_L}.$$

Führen wir ferner für P_L in kg/m², $p_L = 10000 \cdot P_L$ in kg/cm² in obige Arbeitsgleichung ein, so erhalten wir

$$A_L = 10000 \cdot G_L \cdot R_L \cdot \int_{V_L}^{V_L^a} \frac{T_L}{p_L} \cdot dp.$$

Wir können nun annehmen, daß die Verdichtungsarbeit isothermisch durch Wärmeabfuhr an das Wasser im Pumpenraum erfolgt. Daher ist T_L als konstant zu betrachten und kann in diesem Falle vor das Integralzeichen gesetzt werden. Da ferner die Spannung p_D nur von der Temperatur abhängt und diese konstant ist, so ist auch p_D = konst., und somit kann, da $p_L = p - p_D$ ist, auch $dp = dp_L$ gesetzt werden. Somit nimmt die Arbeitsgleichung für die Luftförderung die Form an:

$$A_L = 10000 \cdot G_L \cdot R_L \cdot T_L \int_{p_L}^{p_L^a} \frac{dp_L}{p_L},$$

worin der Grenzwert $p_L^a = B - p_D$ kg/cm² ist.

Integrieren wir nunmehr die Gleichung, so erhalten wir:

$$A_L = 10000 \cdot G_L \cdot R_L \cdot T_L \cdot \ln \frac{B - p_D}{p_K - p_D},$$

Somit wird

$$N_2 = \frac{A_L}{3600 \cdot 75} \text{ PS}$$

und der gesamte theoretische Leistungsbedarf der Pumpe:

$$N = N_1 + N_2 \text{ PS.}$$

Der Teildruck P_L der Luft und damit der Kondensatordruck P_K hängt nun von der Art und Weise ab, wie wir in unserem Mischkondensator den Dampf und Kühlwasserstrom zusammenführen. Hierbei sind offenbar zwei Grenzfälle möglich; denn wir können den Dampf und das Kühlwasser an der gleichen Stelle in den Kondensator einströmen und sich in gleicher Richtung bewegen lassen (Gleichstrom), wir können aber auch Dampf und Wasserstrom an entgegengesetzten Seiten des Kondensators einströmen und die Ströme sich in entgegengesetzter Richtung aneinander vorbeibewegen lassen (Gegenstrom).

Beim Gleichstromverfahren werden die an einer Stelle zusammentretenden Warmwasser-, Kondensat- und Luftmengen durch eine einzige Pumpe P (Abb. 1) abgesaugt, welche deshalb auch als „**Naßluftpumpe**" bezeichnet wird. Beim Gegenstromverfahren bedingt die Art der Durchbildung der Vorrichtung, daß Warmwasser plus Kondensat getrennt von der Luft abgesaugt werden, und zwar wird die Luft an der Eintrittstelle des Kühlwassers, also an der kältesten Stelle fortgesaugt.

Beim **Gleichstrom**-Verfahren muß nun die Luft die Temperatur des abfließenden Warmwassers $= t_a$ annehmen. Es ist daher $t'_L = t_a$ oder entsprechend $T'_L = 273 + t_a$. In der Zustandsgleichung:

$$\vec{P}_L \cdot V'_L = G_L \cdot R_L \cdot T'_L,$$

wird daher:

$$P'_L = \frac{G_L \cdot R_L \cdot T_a}{V'_L},$$

und damit der absolute Kondensatordruck:

$$\vec{P}'_K = P'_D + \vec{P}'_L,$$

worin P'_D = dem bei der Warmwasseraustrittstemperatur t_a herrschenden Dampfdruck zu setzen ist, welchen wir mit P_{WA} bezeichnen wollen. Es ist somit:

$$P'_K = P_{WA} + \frac{G_L \cdot R_L \cdot T_a}{V_L}.$$

Das Fördervolumen V'_L der Naßluftpumpe ergibt sich demnach zu:

$$V'_L = \frac{G_L \cdot R_L \cdot T_a}{P'_K - P_{WA}} \text{ m}^3/\text{h}.$$

Wollen wir nun zu erreichen versuchen, daß $P'_K = P_{WA}$ wird, so müßte die Luftpumpe die gesamte Dampfmenge beim Druck P_{WA} absaugen. Es kann aber nicht unsere Aufgabe sein, neben der Luft auch Dampf abzusaugen, um die Luftleere zu vergrößern, weil das Volumen des Dampfes so groß ist, daß die Pumpe sinnlose Abmessungen erhielte. Wir müssen uns aus diesem Grunde mit einen $P'_K > P_{WA}$ begnügen, d. h. eine schlechtere Luftleere zulassen, und zwar je nach der abzusaugenden Luftmenge und der gewählten Größe der Luftpumpe.

Beim **Gegenstrom**-Verfahren kann die Luft theoretisch bis auf die Eintrittstemperatur des Wassers = t_e gekühlt werden. Es ist in diesem Falle also $t''_L = t_e$ oder $T''_L = T_e$. Der dieser Temperatur entsprechende Dampfdruck ist $P''_D = P_e$ kg/m², und es ist deshalb:

$$P''_K = P''_D + P''_L = P_e + P''_L.$$

Wollen wir nun $P''_K = P_{WA}$ = dem der Wasseraustrittstemperatur t_a bzw. T_a entsprechenden Sättigungsdruck machen, so muß unter der Annahme, daß P''_K überall im Kondensator dieselbe Größe hat:

$$P''_K = P_{WA} = P_e + P''_L$$

sein. Es bleibt also ein Druckabfall im Kondensator von uns unberücksichtigt. Es muß infolgedessen

$$P''_L = P_{WA} - P_e = \frac{G_L \cdot R_L \cdot T_e}{V''_L}$$

sein. In diesem Falle ist das zu fördernde **Luftvolumen:**

$$V''_L = \frac{G_L \cdot R_L \cdot T_e}{P_{WA} - P_e} \ \mathrm{m^3/h}.$$

Es ist aber nun in Wirklichkeit nicht möglich, die Luft bis auf die Eintrittstemperatur t_e des Wassers zu kühlen. Es wird stets ein Unterschied $t_L - t_e$ bestehen bleiben, welcher um so größer wird, je höher die Erwärmung $t_a - t_e$ des Kühlwassers zugelassen wird. Nach Versuchen von Weiß kann gesetzt werden[1]):

für $t_a - t_e$:	0	5	10	20	30	40 °C
$t_L - t_e$:	0	2	3,7	6	7,2	8,3

Es ist daher in obiger Formel für V''_L, für T_e die absolute Temperatur der abgesaugten Luft T_L und für P_e der zur absoluten Temperatur T_L gehörige Dampfdruck P_D in kg/m² einzusetzen, und es ist somit:

$$\overset{\rightleftarrows}{V}_L = \frac{G_L \cdot R_L \cdot T_L}{P_{WA} - P_D} \ \mathrm{m^3/h}.$$

Es sind nun noch die verschiedensten Verfahren zwischen den beiden hier kritisierten Grenzen möglich, die sich entweder mehr dem Gleichstrom- oder dem Gegenstrom-Grenzverfahren nähern. Jedenfalls muß bei einem zwischenliegenden Verfahren $V'''_L > \overset{\rightleftarrows}{V}_L$ sein, um einen Kondensatordruck $P'''_K = P_{WA}$ zu erreichen, dessen Berechnung im übrigen nach der Formel für $\overset{\rightleftarrows}{V}_L$ erfolgt. Jedenfalls ergeben unsere Betrachtungen, daß unter sonst gleichen Verhältnissen die zu erreichende Luftleere bei Gegenstrom stets höher ist als bei Gleichstrom; denn bei Gegenstrom läßt sich die durch t_a gekennzeichnete Luftleere durch Wahl einer zweckentsprechenden Pumpe verwirklichen, während dies beim Gleichstromverfahren unmöglich ist. Infolgedessen kann bei gleicher Luft-

---

[1]) Siehe Dr. Hoefer, „Die Kondensation bei Dampfkraftmaschinen". Verlag Springer 1925, S. 28. Auch verbreitet sich Dr. Hoefer über die hier im Rahmen der Abhandlung nur gestreiften Grundlagen an Hand von Tabellen und Kurven sehr ausführlich.

leere die spezifische Kühlwassermenge beim Gegenstrom kleiner als beim Gleichstrom sein. Abb. 3 veranschaulicht die Abhängigkeit der spezifischen Kühlwassermenge „n" bei einem Gegenstrom-Mischkondensator von gebräuchlichen Kaltwassertemperaturen für Kondensatordrücke von 530 bis 720 mm QS (entsprechend einem Vakuum von 70 bis 95 v. H. bezogen auf einen Barometerstand von 760 mm QS).

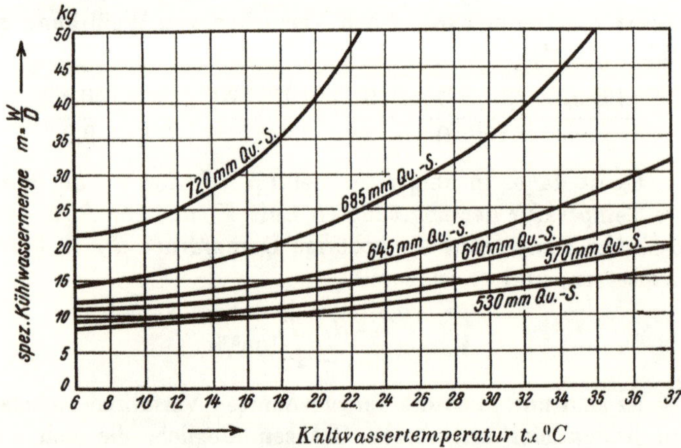

Abb. 3. Abhängigkeit der spez. Kühlwassermenge von der Kaltwassertemperatur für Kondensatordrücke von 530—720 mm QS.

Beim Gegenstromkondensator wird die Luft vom Warmwasser getrennt abgesaugt. Dies ergibt sich nicht nur aus der konstruktiven Anordnung, sondern ist sogar unbedingt notwendig; denn wollten wir die Luft mit dem Warmwasser auch bei Gegenstrom gemeinsam absaugen, so würde sich die Luft von $t_L \cong t_e$ sofort auf t_a erwärmen und der Gesamtdruck würde von p_K'' auf p_K' steigen. Es würden somit alle Vorteile der Gegenstrommischkondensation gegenüber der Gleichstromkondensation hinfällig werden.

Bei den zwischen den reinen Grenzverfahren liegenden Mischkondensationen wird zumeist die Luft getrennt vom Warmwasser abgesaugt und diese durch eine besondere **Nebeneinspritzung** vor der Absaugung gekühlt. Es wird hierbei der noch in der Luft enthaltene Dampf zum größten Teil niedergeschlagen. Es werden auf diese Weise in bezug auf die Absaugung der Luft die gleichen Verhältnisse wie beim Gegenstromkondensator geschaffen. Der Kühlwasserbedarf für die Abkühlung der Luft ist theoretisch gering, er wird aber zweckmäßig größer gehalten, als dem theoretischen Bedarf entspricht. Die Abkühlung der Luft hängt im übrigen von der konstruktiven Ausbildung des Kondensators und der Art der Wasserverteilung zur Durchführung der Dampfkondensationen und der Luftabkühlung ab. Jedenfalls wird die Wassermenge zur Niederschlagung des Dampfes sich der für Gegenstrom-Mischkondensatoren benötigten Wassermenge nähern und da die Wassermenge für die Luftabkühlung wie gesagt gering ist, wird auch der gesamte Wasserverbrauch für solche Konstruktionen mit besonderer Luftabsaugung und Kühlung sich zumeist den Werten für reinen Gegenstrom mehr nähern als für reinen Gleichstrom.

Für alle betrachteten Mischverfahren ist eine günstige **Wasserverteilung** wichtig. Die Wasserverteilung muß so ausgebildet werden, daß sie eine schnelle und hohe Erwärmung von Wasser bei der direkten Berührung mit Dampf gewährleistet. Die Erwärmung des Kühlwassers erfolgt bei der unmittelbaren Dampfberührung unter Vermittelung der Oberfläche. Die Weiterführung der von der Oberfläche aufgenommenen Wärme nach dem Innern der Kühlmenge geschieht nun nicht derart, daß sich die erste dünne Oberflächenschicht auf die Dampftemperatur erwärmt und dann erst Wärme an die nächste Schicht abgibt, diese vollkommen auf die Temperatur des Dampfes erwärmt und so fort, sondern: während die erste Schicht sich erwärmt, gibt sie gleichzeitig Wärme an die zweite Schicht weiter und so fort, und es ist das Gesetz erkennbar, daß wenn die Entfernung von der Berührungsfläche (der beiden im Wärmeaustausch begriffenen Stoffe) in arithmetischer Reihe **zu**nimmt, die Temperaturgrade in geometrischer Reihe **ab**nehmen.

In der Tat zeigt sich bei der beginnenden Erwärmung des Wassers durch Leitung, daß nachdem die Berührungsschicht fast die Dampftemperatur angenommen hat, die Temperaturen der folgenden Schichten zuerst schnell und dann sehr langsam abnehmen. Aus dieser Erscheinung ergibt sich für uns die Notwendigkeit, die Berührungsfläche zwischen Dampf und Wasser möglichst groß im Verhältnis zum Wasserinhalt zu machen.

Das beste Verhältnis zwischen Oberfläche und Inhalt stellt die Kugelform dar, es wird daher für die Kühlwirksamkeit der Wassermenge wichtig sein, diese in Tropfenform aufzulösen, und zwar können wir:

1. das Kühlwasser in Tropfenform in den Kondensator einspritzen, oder
2. dasselbe in flachen, gebogenen Schleiern herabfallen und von beiden Seiten von Dampf umspülen lassen, oder
3. dasselbe über Flächen rieseln lassen, an welchen der Dampf vorbeistreift.

Die obige gesetzmäßige Wärmeleitung von der Berührungsfläche zum Innern wird in Wirklichkeit wegen der kurzen Wärmeaustauschzeit nicht eingehalten. Die Wärme, die in bestimmter Zeit in das Kühlwasser übergeleitet wird, bleibt in der Oberflächenhaut und den angrenzenden Schichten zurück und gelangt erst sehr spät in das Innere, jedenfalls erst, nachdem der Tropfen längst den Kondensatorraum durcheilt hat. Aus diesem Grunde wird es für die Kühlwirksamkeit des Wassers notwendig sein, nicht nur durch Auflösung in Tropfenform die Oberfläche des Wassers möglichst groß zu gestalten, sondern diese Oberfläche auch sehr rasch wechseln zu lassen, dabei aber darauf zu achten, daß die augenblickliche Gesamtwassermenge, welche sich im Kondensator befindet, möglichst lange mit dem Dampf in Berührung bleibt.

Somit ergeben sich für den Konstrukteur **drei** bei der Konstruktion von Mischkondensatoren für eine intensive und schnelle Erwärmung des Kühlwassers unbedingt einzuhaltende Bedingungen:

1. Die Oberfläche muß groß sein,
2. die Oberfläche muß schnell wechseln,
3. die Berührungszeit zwischen Dampf und Wasser muß möglichst lang sein.

Diese Bedingungen gelten allgemein für Gleichstrom und Gegenstrom. Der nach dem Gleichstromverfahren arbeitende Einspritzkondensator eignet sich aber nur für kleine Dampfmengen und besonders für Lokomobilen und kleine stationäre Dampfmaschinen. Auch ist die Anwendung eines Einspritzrohres nur für kleine Wassermengen bis 150 m³/h anwendbar; denn bei größeren Wassermengen genügt die Zerstäubung nicht allein, zudem wird die Fallzeit durch den Kondensator zu kurz. Es kommt hinzu, daß die Leistung der Naßluftpumpe besonders zur Abführung der Luftmengen aus dem Kondensator zu erheblich wird. Beachten wir, daß bei Anwendung des reinen Gleichstromverfahrens die Luft an der wärmsten Stelle **mit** dem erwärmten Kühlwasser abgesaugt wird und daß dieser Umstand die Abführung eines größeren Luftvolumens als an den kälteren Stellen bedingt!

Ist uns also der Entwurf einer Mischkondensation von größerer Leistung zur Aufgabe gestellt, so ist es notwendig:

1. Dampf und Kühlwasser im Gegenstrom aufeinander einwirken zu lassen,
2. die Aufenthaltszeit des Kühlwassers im Kondensator durch Einbau von Stufen zu vergrößern und die Oberfläche des Wassers durch die Maßnahmen möglichst groß zu gestalten, daß wir dasselbe einmal am Rande der Stufen überfallen lassen und zudem die Stufen selbst durchlochen, um einen Teil der Wassermenge in Fäden aufzulösen,
3. das abzusaugende Luftvolumen V_L möglichst klein zu halten und die Luft daher an der kältesten Kondensatorstelle und für sich gesondert vom Kühlwasser abzusaugen.

Für Walzenzug- und Fördermaschinen und anderen Kraftmaschinen mit sehr wechselnden Dampfabgaben werden die Mischkondensatoren mit besonders großem Wasserinhalt ausgeführt, damit die großen, oft plötzlich kommenden Dampfstöße jederzeit eine genügend große Wassermenge vorfinden, um sich ohne anormale Kühlwassererwärmung und der hiermit verbundenen Verschlechterung der Luftleere kondensieren zu können. Der **Großraum-Mischkondensator** wirkt also vorübergehend in gewissem Sinne als Dampfspeicher.

2. Ausführungsformen von Mischkondensationen und Hilfspumpen.

Für geringe Niederschlagsleistungen besteht der Einspritzkondensator lediglich aus einer Erweiterung des Abdampfrohres, in welches das zumeist aus Kupfer hergestellte, siebartig durchlöcherte Ende der Kühlwasserleitung hineinragt. An diese Erweiterung schließt sich die Naßluftpumpe an. Bei liegender Bauart der letzteren wird der Einspritzraum des Kondensators sehr oft im Pumpengehäuse selbst angeordnet. Einen

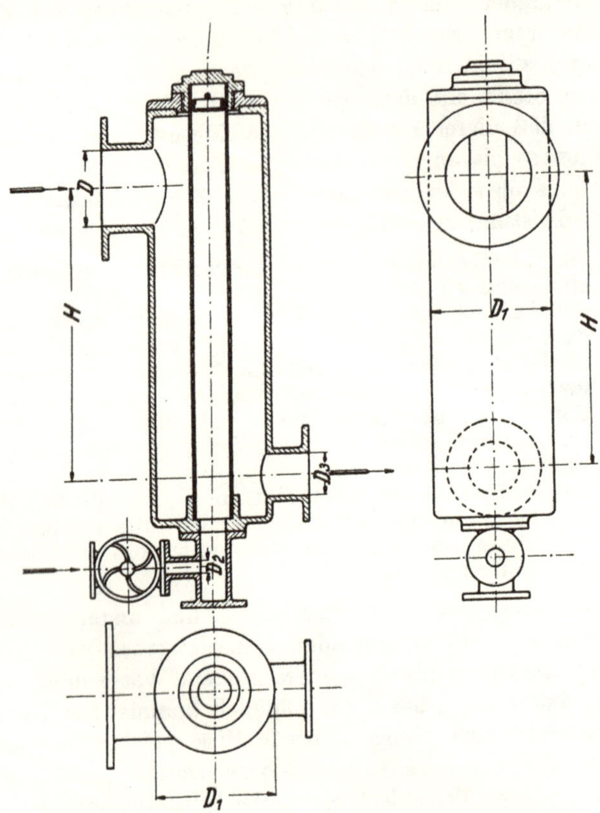

Abb. 4. Normaler stehender Einspritzkondensator.

normalen Einspritzkondensator zeigt Abb. 4, welcher für Niederschlagsleistungen von 100 bis 3000 kg/h Dampf gebaut wird.

Abb. 5 zeigt **eine liegende Naßluftpumpe,** welche **mit einer Einspritzkondensation** zu einem Aggregat zusammengebaut worden ist. Sie stellt zugleich die einfachste und älteste Form der Mischkondensation dar. In der Verlängerung des Niederdruckzylinders der Dampfmaschine ist der Kondensator angeordnet, der in sich den Kondensationsraum und die Naßluftpumpe vereinigt. Die letztere kann unmittelbar von der durchgehenden Kolbenstange der Dampfmaschine angetrieben werden. Der Abdampf wird vom Abdampfstutzen her oben in den Mischraum geleitet. Er tritt hier mit dem Kühlwasser zusammen, welches mit Hilfe einer Brause in fein verteiltem Zustande in die Dampfmenge eingespritzt wird. Die Ansaugung geschieht durch das selbst erzeugte Vakuum. Das Warmwasser-Luftgemisch saugt die untenliegende doppelt wirkende Naßluftpumpe durch die Saugventile an und drückt es durch die Druckventile in den neben dem Mischraum liegenden Windkessel, von wo es abfließen kann.

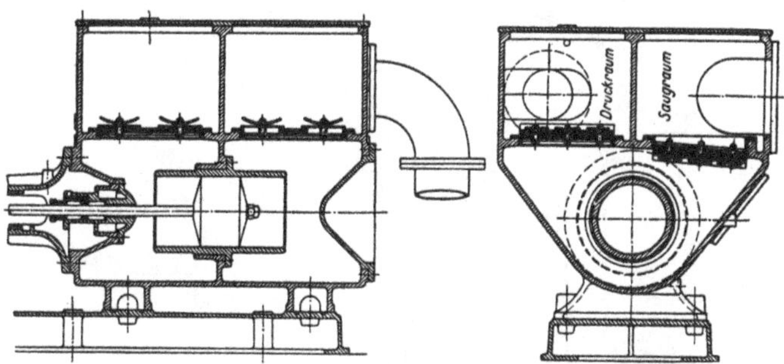

Abb. 5. Liegender Kolben-Einspritz-Kondensator.

Abb. 6 zeigt eine **stehende Differentialpumpe mit vorgeschaltetem stehenden Kondensator.** Wie die Gerippskizze zeigt, ist die Pumpe einfach wirkend im Saugen, dagegen doppelt wirkend im Drücken, und zwar wird

beim Hochgang des Kolbens gesaugt und zugleich eine Förderung entsprechend dem Unterschied der beiden Plungerquerschnitte bewirkt.

Beim Niedergang des Plungers wird eine Förderung entsprechend dem großen Querschnitt des Pumpenkolbens bewirkt.

Demnach verteilt sich die Druckperiode auf Hoch- und Niedergang, wodurch eine ausgleichende Verteilung des Gestängedruckes herbeigeführt wird. Die Pumpe hat zwei Druckräume und benötigt deshalb zwei Tellerventile. Ein Saugventil ist nicht vorhanden; Kolben und Gehäuse sind vielmehr mit Saugschlitzen versehen und der Kolben „steuert“.

Ist der Kolben zwei Drittel seines Weges in die Höhe gegangen, so ist der Eintrittsschlitz voll geöffnet, und das Warmwasser tritt in den Hubraum über, getrieben von dem Überdruck im Kondensator gegenüber dem Hubraum.

. Öffnen und Schließen des Eintrittsschlitzes ist regelbar. Es ist offenbar die günstigste Schlitzöffnung dann vorhanden,

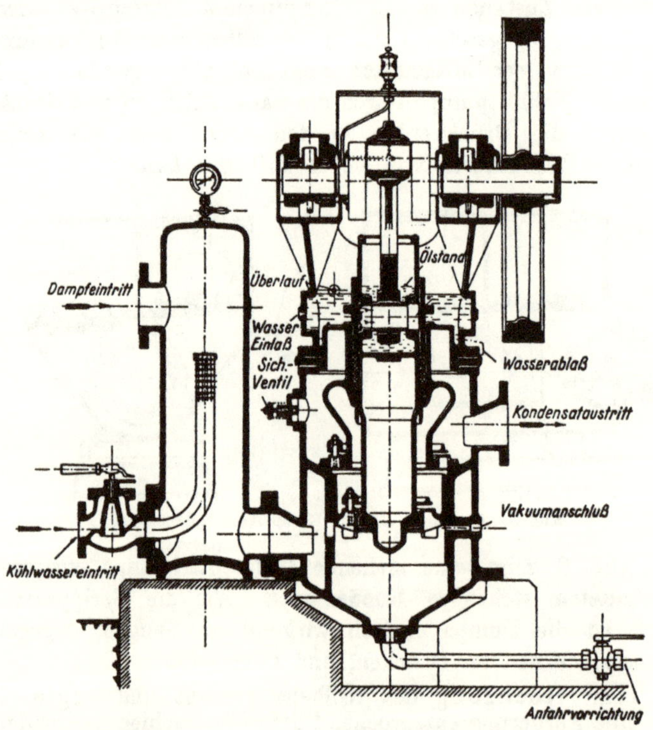

Abb. 6. Differential-Naßluftpumpe mit Vorkondensator „Bauart Balcke".

wenn beim Schließen des Schlitzes gerade Druckausgleich zwischen Kondensator und Hubraum eingetreten ist, so daß kein Rückfließen von Warmwasser möglich ist.

Der Zeitpunkt, wann sich unter Einhaltung dieser Bedingung der Saugschlitz schließen muß, wird von der zu fördernden Wassermenge abhängen; jedenfalls hat die Pumpe für eine jede bestimmte Fördermenge eine ganz bestimmte Schlitzöffnung.

Daraus ergibt sich sofort folgendes: Wird bei gleicher Schlitzstellung die normale Fördermenge größer, so ist ein größerer Druck notwendig, um das Wasser in den Pumpenraum zu pressen; folglich muß der Kondensatordruck größer, also die Luftleere im Kondensator schlechter werden — wird die Fördermenge kleiner, so wird ein Teil des Wassers wieder zurückgedrängt, der volumetrische Wirkungsgrad sinkt, hier-

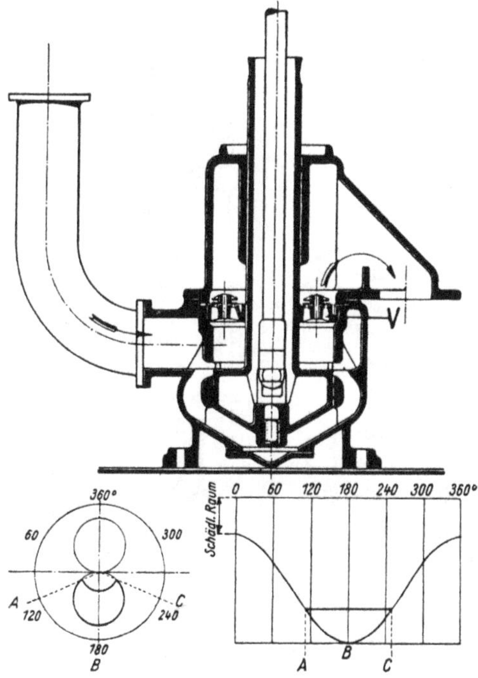

Abb. 7. Edward-Pumpe.

durch wird auch die Luftleere schlechter. Ist also die geforderte Leistung größer oder kleiner als die Normalleistung, für welche die Pumpe gebaut ist, so erhalten wir in jedem Falle eine Verschlechterung des Vakuums. Das ist ein großer Fehler dieser Pumpengattung.

Eine andere Pumpe, welche im übrigen in bezug auf Wirkungsweise und Gang dieselben Mängel hat wie die Differential-Naßluftpumpe, ist die **Edwardpumpe** (Abb. 7). Diese hat aber vor der vorher besprochenen Pumpe den großen Vorteil konstruktiver Einfachheit. Sie ist im Saugen wie im Drücken einfach wirkend und hat infolgedessen nur ein Druckventil *V* in Form eines Ringventils.

Das Saugen geschieht beim Niedergehen des Kolbens, der Saugraum ist demnach über dem Kolben angeordnet. Die Unterseite des Kolbens steht mit dem Kondensator in freier Verbindung.

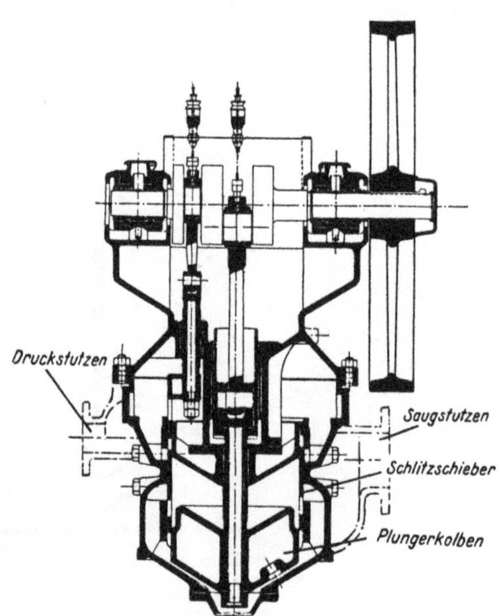

Abb. 8. Gerippskizze der Länge-Pumpe „Bauart Balcke".

Das Warmwasserluftgemisch, welches sich unter dem Kolben befindet, wird beim Niedergehen des Kolbens in dem den Pumpenkörper umschließenden Mantel heraufgedrückt und wird dann einerseits durch die ihm erteilte lebendige Kraft, anderseits durch den Überdruck des Kondensators gegenüber dem Druck im Hubraum in diesen hineingeschleudert. Beim Hochgang des Kolbens wird das Gemisch durch das Ventil *V* in den Austrittsstutzen der Pumpe gedrückt.

Es gibt noch viele Naßluftpumpen ähnlicher Bauart, es haften ihnen allen die gleichen besprochenen Fehler an. Zu diesen treten aber noch einige weitere: Die Ventile sind einem starken Verschleiß ausgesetzt, auch arbeiten sie bei hoher Luftleere und großer Fördermenge hart schlagend. Das aus der Pumpe austretende Wasser darf nur geringe Drucksteigerungen erfahren, zuletzt sind diese Pumpen bei plötzlich veränderter Wasserzufuhr sehr starken Wasserschlägen ausgesetzt. Sie arbeiten infolge ihrer Bauart nur bei geringen Wasserfüllungen und kleinen Schlitzöffnungen einwandfrei.

Diese den bisherigen Naßluftpumpen allgemein anhaftenden Betriebsnachteile führten den Ingenieur Länge zur Konstruktion seiner ventillosen Naßluftpumpe, welche alle diese Nachteile nicht aufweist. Abb. 8 bringt die Gerippskizze und Abb. 9 eine Ausführungsform der Länge-Pumpe von Balcke, Bochum. Es handelt sich um eine reine Schieberpumpe; Länge ist also einen Schritt weiter gegangen wie die Konstrukteure der Differentialpumpe mit Saugschlitzen.

Abb. 9. Ansicht der Länge-Pumpe „Bauart Balcke".

Die **Länge-Pumpe** besitzt einen Steuerschieber mit Schlitzen, ebenso hat der Plunger Schlitze. Diese Schlitze schieben sich übereinander fort und öffnen nacheinander Saug- und Druckraum. Die Arbeitsweise hat Ähnlichkeit mit der Schiebersteuerung von ventillosen Verbrennungsmotoren. Ein bei dieser Konstruktion sofort ins Auge springender Vorteil ist der, daß Schieber und Kolben eine große Abnutzung zulassen, ohne den Gang und das Vakuum zu beeinträchtigen, weil eine gute Wasserabdichtung stattfindet.

Neben diesen an sich schon erheblichen Vorteilen ist ein weiterer darin zu erblicken, daß der Eintritt des Warmwasser-Luftgemisches bereits nach Zurücklegung eines Kolbenweges von 15 v. H. beginnt und der Schluß gleich nach Überlaufen des Totpunktes stattfindet. Es kommt also hier einerseits der volle Hub zur Geltung, anderseits wird dem Wasser der Rücklauf nach dem Kondensator verschlossen. Die Pumpe ist also völlig unempfindlich gegen veränderliche Wasserzufuhr.

Ferner zeigt sich, daß die Länge-Pumpe bei kleinen Abmessungen und großen Wasserfüllungen — also umgekehrt wie bei den vorher besprochenen Pumpen — am vorteilhaftesten arbeitet. Die dem Wasser beim Abwärtsgehen des Plungers erteilte lebendige Energie kommt voll zur Auswirkung, weil die Öffnung der Schlitze schon nach einer Wegzurücklegung von 15 v. H. erfolgt und demnach das Wasser bei der größten Kolbengeschwindigkeit in den Hubraum eintritt. Die Wasserfüllung kann bei der Länge-Pumpe 80 v. H. betragen gegenüber 35 v. H. bei der besprochenen Differential- und Edward-Pumpe.

Neben der Erzeugung hoher Luftleeren kann zuletzt die Pumpe auch größere Förderhöhen, z. B. von 10 m und mehr, ohne harten Gang überwinden.

Neben diesen reinen Naßluftpumpen gibt es auch einige **Sonderkonstruktionen mit getrennter Luftabsaugung**, von welchen hier die Naßluftpumpe Bauart Josse und die Dual-Luftpumpe der Atlaswerke erwähnt sein mögen.

Die einstufige **Josse-Naßluftpumpe** hat einen gemeinsamen Saugstutzen für Wasser und Luft, es wird auf der unteren Kolbenseite Warmwasser und ein Teil der Luft gemeinschaftlich, auf der oberen Kolbenseite aber nur Luft angesaugt. Das Warmwasser fließt durch vom Kolben gesteuerte Schlitze in den Zylinder, die Luft wird durch Metallventile von sehr kleiner Masse und demzufolge geringem Widerstande angesaugt. Zur Erzielung eines hohen volumetrischen Wirkungsgrades wird der schädliche Raum auf der oberen Zylinderseite so klein als möglich gehalten. Es wird ferner durch den Kolben in der unteren Totlage ein kleiner Teil des Warmwassers durch einen Umführungskanal auf die obere Kolbenseite gespritzt, damit der schädliche Raum stets mit Wasser gefüllt und zudem die obere Kolbenseite in wirksamer Weise gekühlt wird. Die Pumpe gibt in abgeflanschtem Zustande, also bei der Luftmenge $V_L = 0$, eine Luftleere von 96,7 v. H.

Bei der **Dual-Luftpumpe** der Atlaswerke in Bremen, welche nach dem Entwurf der englischen Firma G. und J. Weir, Cathcart, gebaut wird, wird Warmwasser und Luft getrennt angesaugt, aber gemeinsam gefördert. Das Warmwasser kann daher mit höherer Temperatur als bei gemeinsamer Absaugung angesaugt werden. Die Atlaswerke bauen neben der normalen

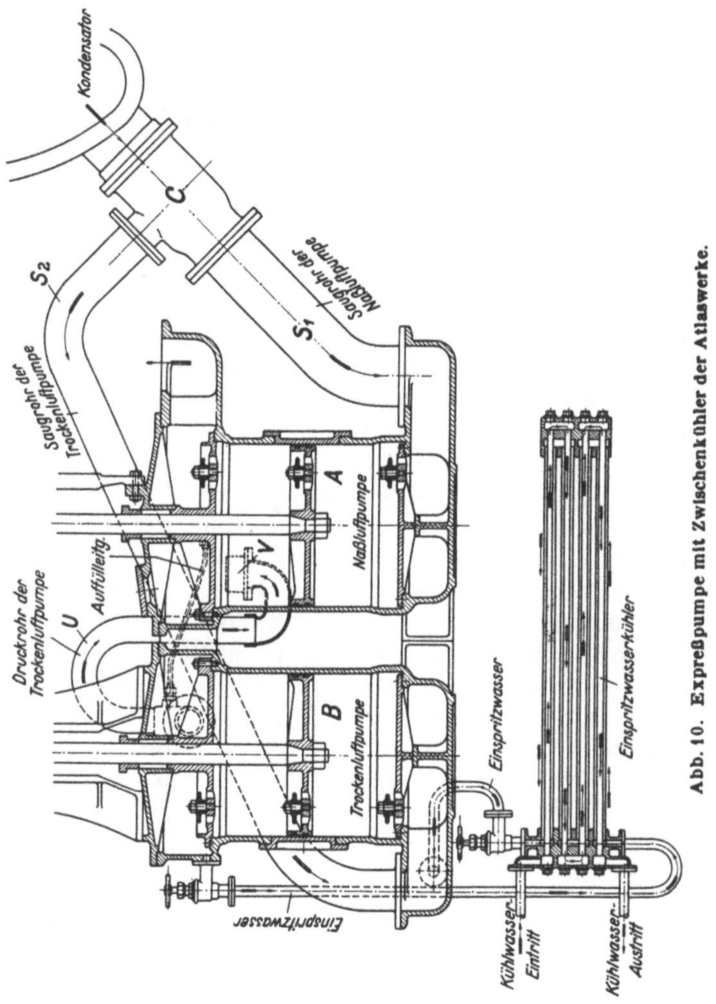

Abb. 10. Expreßpumpe mit Zwischenkühler der Atlaswerke.

Dual-Luftpumpe, bei welcher der Wasser- und Luftzylinder gleichen Durchmesser und Hub haben, die sog. Expreßpumpe mit verschiedenem Zylinderdurchmesser und Hubzahl. Abb. 10

zeigt einen schematischen Schnitt durch eine Expreßpumpe mit Zwischenkühler.

Wir haben hier parallel geschaltet eine Kolben-Trockenluftpumpe und eine Kolben-Naßluftpumpe. Da bei diesem System die Trockenluftpumpe nur Luft verdichtet, kann sie eine wesentlich größere Hubzahl bekommen als die Naßluftpumpe. Bei dem gleichen minutlichen Hubvolumen werden daher die Kolbenfläche und damit sämtliche Pumpenabmessungen wesentlich kleiner ausfallen können. Der Naßluftpumpe fällt in der Hauptsache die Förderung des Kühlwassers und des Dampfkondensates zu, sie kann — weil sie wenig Luft zu fördern hat — entsprechend kleiner gehalten werden.

In der Abb. 10 ist A eine Naßluft- und B eine Trockenluftpumpe. Während das Kondensat und das warme Kühlwasser durch das Saugrohr S_1 in den Saugraum der Pumpe A gelangt, saugt die Trockenluftpumpe B an der Abzweigstelle C durch die Saugleitung S_2 die Luft und Dampfreste ab. Beide Pumpen besitzen je 3 Ventile.

Die Luftpumpe B drückt die verdichtete Luft durch die Überströmleitung U und durch das federbelastete Druckventil V in den Druckraum der Naßluftpumpe, und zwar direkt unterhalb des Druckventiles. In den Saugraum der Trockenluftpumpe wird nun etwas Kühlwasser eingespritzt, welches die Luft bei der Verdichtung kühlt und den mitgerissenen Dampf kondensieren soll. Dieses Einspritzwasser gelangt dann vom Druckraum der Luftpumpe durch einen Wasserkühler wieder in den Saugraum derselben Pumpe zurück. Dieser Arbeitsvorgang wird folgendermaßen erreicht:

Das Ventil V wird so eingestellt, daß der Druckraum der Trockenluftpumpe auf einen Druck von etwa 500 mm QS gehalten wird, wenn der Unterdruck im Kondensator ungefähr 710 mm QS beträgt. Es entsteht durch diese Maßnahme zwischen Druckraum und Saugraum der Trockenluftpumpe eine Druckdifferenz von ca. 200 mm QS, welche ausreicht, um das Einspritzwasser vom Druckraum durch den Zwischenkühler zum Saugraum der Pumpe hinüberzudrücken.

Abb. 11 zeigt einen **reinen Gleichstromkondensator mit getrennter Luftabsaugung,** die Luft wird hier aber nicht besonders gekühlt. Diese Kondensation wird nach Patenten der

Westinghouse-Leblanc-Gesellschaft, Paris, von der Firma Balcke, Bochum, gebaut. Sie besteht aus einem gußeisernen Kondensatorgehäuse *A*, in dessen Unterteil eine Warmwasser-Vakuum-Schleuderpumpe *B* eingebaut ist, der die Aufgabe zufällt, das warme Kühlwasser zusammen mit dem Dampfkondensat aus dem Kondensatorraum zu entfernen. Die sich ausscheidende Luft wird in der Mitte des Kondensators durch

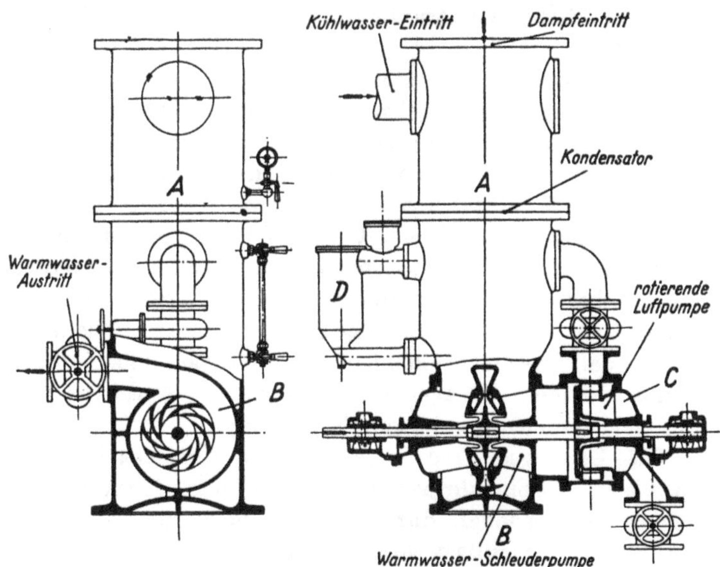

Abb. 11. Gleichstromkondensator „Westinghouse-Leblanc" mit getrennter Luftabsaugung.

eine besondere, meistens rotierende Luftpumpe *C* abgesaugt. Damit diese nun nicht ersäuft, ist ein Wasserspiegelregler *D* vorgesehen, welcher dafür Sorge trägt, daß der Spiegel des warmen Kühlwassers eine gewisse Höhe unterhalb des Saugstutzens der Luftpumpe am Kondensator nicht überschreitet. Dampf und Kühlwasser treten oben ein. Das Kühlwasser wird durch eine Brause zuerst fein zerstäubt und rieselt dann über eingebaute Stufen nach unten. Der obere Teil ist also ein Gleichstrom-Einspritzkondensator mit Stufen.

Die unmittelbar in den Kondensatorraum „hineingezogene" Warmwasserpumpe ist so ausgebildet, daß sie mit einer geringen Zulaufhöhe auskommt und direkt ausgießen oder auf einen Rückkühler drücken kann. Mit der Warmwasserpumpe ist die rotierende Luftpumpe unmittelbar auf einer Arbeitswelle mit dem Antriebselektromotor oder mit einer Kleindampfturbine zusammengeflanscht. Es wird infolgedessen nur eine Grundplatte von geringer Rauminanspruchnahme für Kondensator und Pumpen benötigt. Das Kühlwasser saugt sich der Kondensator infolge seines Vakuums selbst an.

Diese kühne Konstruktion hat sich in der Praxis sehr gut bewährt.

Da infolge der Einbauten die Mischung von Dampf und Kühlwasser sehr innig ist, hat man in diesen Kondensationen bis zu 98 und 99 v. H. der der Wassertemperatur entsprechenden theoretischen Luftleere erzielt. In dem seltenen Ausnahmefall, daß ein gutes Speisewasser von anderer Seite her zur Verfügung steht und somit auf die Wiedergewinnung des Dampfkondensates kein besonderer Wert gelegt zu werden braucht, kann die rotierende Mischkondensation auch für Turbinen verwendet werden. Sie liefert in diesem Falle nicht nur ein der Oberflächenkondensation durchaus ebenbürtiges Vakuum, sondern ist auch nur etwa halb so teuer wie eine Oberflächenkondensation gleicher Leistung.

Die Grundgedanken dieser kühnen Konstruktion sind von vielen Turbinenfirmen aufgegriffen und durch weitere Maßnahmen, besonders durch Vorrichtungen zur Luftabkühlung durch eine **Hilfseinspritzung** vor ihrer Absaugung verbessert worden. Es seien hier die Konstruktionen der A.E.G., M.A.N. und B.B.C. erwähnt. Bei der **Bauart der A.E.G.** gelangt das Kühlwasser in eine mit Öffnungen und Streudüsen ausgestattete Ringkammer und wird durch diese in einen trichterartig sich nach abwärts verjüngenden Mischraum zerstäubt. Es trifft in diesem Mischraum mit dem einströmenden Abdampf zusammen und bringt diesen im wesentlichen zur Kondensation. Die sich ausscheidenden, nicht kondensierbaren Gase streichen außen an dem Trichter wieder hoch und werden vor Eintritt in das Luftabsaugerohr durch einen kleinen besonderen Wasserregen gekühlt. Da aber das zur Luftabkühlung dienende Wasser vorher schon etwas angewärmt wird, ist es nicht möglich, die gleiche Abkühlung der Luft wie beim reinen Gegenstromverfahren zu erzielen.

Wesentlich besser ist in dieser Hinsicht der **Mischkondensator der M.A.N.** Die Luft strömt auch hier durch den Mischtrichter von innen nach außen zum Luftabsaugerohr hin, die

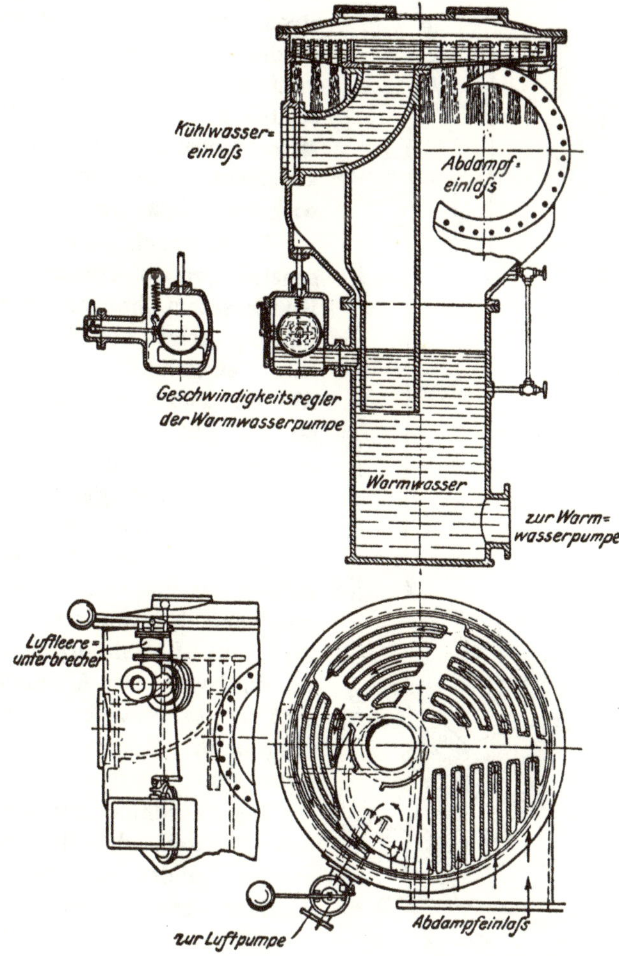

Abb. 12. Gegenstrom-Mischkondensator der „Alberger Pump und Condenser Co. Ltd.“[1])

---

[1]) Abb. 12, 13 u. 17 sind mit Genehmigung des Verlages Julius Springer dem Werke von Dr. Hoefer: „Die Kondensation bei Dampfkraftmaschinen“ 1925 entnommen.

Konstruktion ist aber hier so entwickelt, daß die Luft auf diesem Wege zweimal durch einen kalten Wasserschleier hindurch muß. Der Kondensator arbeitet also nach dem Gleichstromverfahren mit ganz besonders wirksamer Luftkühlung durch Hilfseinspritzung. Auch der **B.B.C.-Mischkondensator** zeigt eine konstruktiv sehr gut entwickelte Hilfseinspritzung[1]).

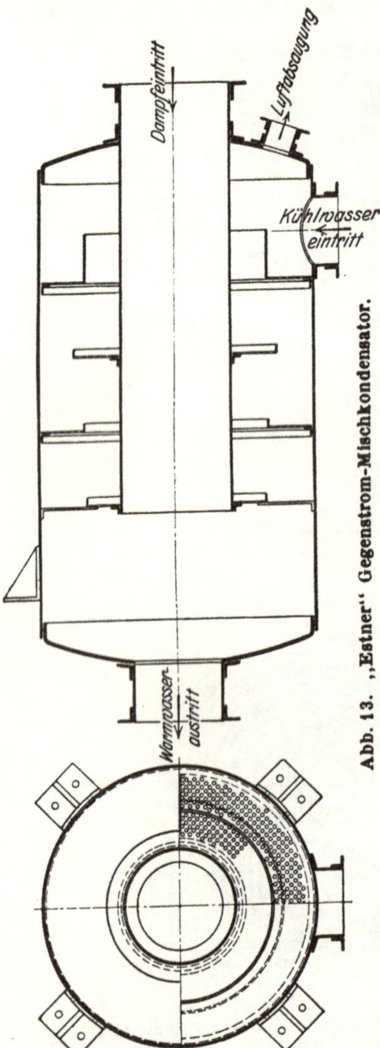

Abb. 13. „Estner" Gegenstrom-Mischkondensator.

Einen nach dem Gegenstromprinzip arbeitenden Kondensator ähnlicher Ausführung zeigt Abb. 12. Er wird ausgeführt von der **Alberger Pump und Condenser Co. Ltd.** Der Kondensationsraum wird durch einen Einbau spiralförmig gestaltet, er enthält ferner gezahnte Überfälle zur feinen Verteilung des von oben herabrieselnden Kühlwassers und wird zur Luftabsaugestelle ständig enger. Der Abdampf tritt in tangentialer Richtung in den Kondensationsraum ein.

Die Anordnung hat aber den Nachteil, daß das im engsten Teil des Dampfraums herabfließende Wasser im wesentlichen nur die Luft kühlt und sich infolgedessen nicht so stark erwärmt wie

[1]) Über die hier nur gestreiften Einzelkonstruktionen verbreitet sich Dr. Hoefer in seinem Buche „Die Kondensation bei Dampfkraftmaschinen" Verlag Springer 1925 ausführlicher.

das übrige Wasser, d. h. es wird nicht voll ausgenutzt. Aus diesem Grunde gleicht der Kondensator in seiner Wirkungsweise mehr einem Gleichstromkondensator mit Nebeneinspritzung zur Abkühlung der Luft.

Beim **Estner-Kondensator** (Abb. 13) wird dagegen der Dampf in **vollkommenem Gegenstrom** zum Wasser geführt. Der Dampf tritt von unten her dem von oben herabrieselnden

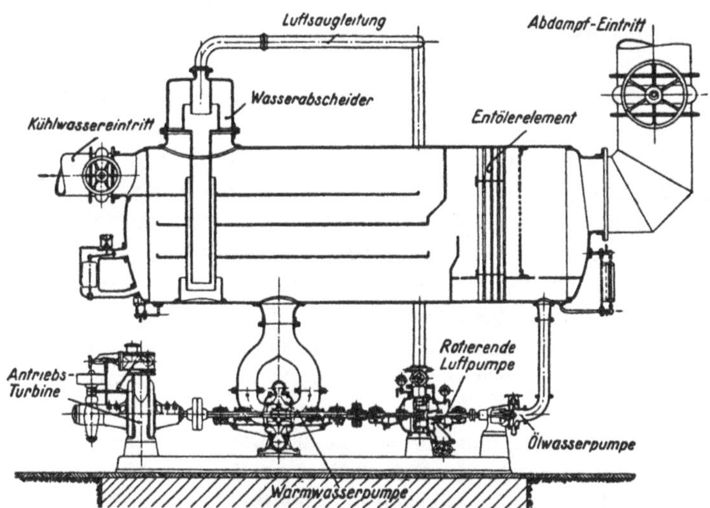

Abb. 14. Liegende Großraum-Mischkondensation „Bauart Balcke".

und durch siebartig gelochte Böden fein verteilten Kühlwasser entgegen. Die Luftabsaugung befindet sich am oberen Deckel des baulich schön entwickelten Kondensators. Die gute konstruktive Entwicklung gestattet, daß der Kondensator auch größere Dampfmengen niederschlägt, ohne in seinen Abmessungen unförmlich zu werden.

Abb. 14 zeigt eine liegende **Großraum-Mischkondensation „Bauart Balcke-Bochum"** für eine große Niederschlagsleistung und einen großen Wasserinhalt, wie sie häufig für Walzenzug und Fördermaschinen — also für Dampfkraftmaschinen mit wechselnden Dampfabgaben — verwendet werden. Rechts ist der Dampfeintritt mit vorgebautem Entöler. Links oben ist der Kühlwassereintritt und darüber angeordnet der Luftdom mit dem Luftabsaugestutzen. Der Dampf wird im Gegen- und Querstrom mehrmals zwangsläufig an dem Kühlwasser vorbeigeführt. Unterhalb des Kondensators ist das Pumpenaggregat angeordnet, bestehend aus einer Kühlwasserpumpe zum Absaugen des Kühlwassers und des Dampfkondensates, einer kleinen Ölwasserpumpe zum Entleeren des Entölers und der trockenen Luftpumpe zur Absaugung der angesammelten Luft. Das Aggregat ist mit einer Antriebsturbine auf einer gemeinsamen Antriebswelle zusammengebaut.

Sehr oft und namentlich bei großen Leistungen läßt man den Mischkondensator sich selbsttätig gegen den Außendruck oder **„barometrisch"** entwässern. Der Kondensator der Abb. 14 wird in diesem Falle auf ein Gerüst so hoch aufgestellt, daß das Warmwasser durch sein eigenes Gewicht nicht nur aus dem Vakuumraum, sondern auch gleich unmittelbar auf den Kaminkühler abfließt, ohne Zuhilfenahme einer besonderen Pumpe, für das Heben auf die Einlaufhöhe des Kühlers. Eine motorbetriebene, rotierende Kaltwasserpumpe drückt das Kühlwasser aus dem Kühlerbassin in den Kondensator hinauf. Das im Kondensator herrschende Vakuum vermindert die Förderhöhe dieser Pumpe, welche also nur beim Anfahren die gesamte statische Förderhöhe zu überwinden hat. Abb. 15 zeigt eine solche von Balcke-Bochum für eine Steinkohlenzeche als Zentralkondensation gebaute Anlage. Die stündliche Dampfmenge beträgt 18000 kg, das Vakuum 85 v. H. bei 10° C Lufttemperatur und weniger als 70 v. H. Feuchtigkeitsgehalt der Luft.

Zur Fortschaffung des Warmwassers aus dem Mischkondensator bedient man sich heute ausschließlich rotierender **Warmwasserpumpen.** Diese haben die Kolbenpumpe völlig verdrängt. Die Vorteile der Zentrifugalpumpen gegenüber den Kolben-Wasserpumpen können wir wie folgt kurz zusammenfassen:

1. geringer Raumbedarf und leichte Fundamente,
2. mäßige Anschaffungs-, Bedienungs- und Reparaturkosten und damit schnelle Abschreibung des Anlagekapitals,
3. keine Ventile oder sonstige empfindliche Teile,
4. Zulassung hoher Umlaufzahlen und daher zum unmittelbaren Antrieb durch Elektromotor oder Turbine geeignet.

Diesen Vorteilen gegenüber wird der durchschnittlich 10 bis 15 v. H. schlechtere Wirkungsgrad und der damit verbundene höhere Kraftbedarf gerne in Kauf genommen.

Abb. 15. Barometrisch entwässerter Mischkondensator „Bauart Balcke-Bochum".

Neben der Warmwasserpumpe benötigt die Mischkondensation mit gesonderter Luftabsaugung noch eine zweckentsprechende Luftpumpe. Dieselbe hat die mit dem Dampf durch Undichtigkeiten der Anlage eingeführte, sowie die sich bei dem Kondensatorunterdruck aus dem Kühlwasser ausscheidende Luft aus dem Kondensationsraum fortwährend zu entfernen. Die Luftpumpen müssen demnach so konstruiert werden, daß sie erhebliche Luftmengen fortschaffen können. Bei Walzenzug- und Fördermaschinen muß zudem mit plötzlichen Lufteinbrüchen gerechnet werden, welche sofort bewältigt werden müssen, damit das Vakuum der Kondensation nicht geschädigt oder sogar abgerissen wird.

Als **Luftpumpen** für größere Anlagen verwandte man früher ausschließlich einfach oder doppelt wirkende Luftpumpen. Diese haben sich zur Erzeugung ganz hoher Luftleeren besonders bewährt. Bei großen Luftmengen erhalten sie jedoch „mammutartige" Abmessungen. — Kein Wunder daher, daß sich mit der Dampfturbine auch die viel kompendiösere rotierende, trockene Luftpumpe entwickelte. Die Entwicklung war aber durch große Schwierigkeiten gehemmt, bis Prof. Stumpf und Westinghaus-Leblanc fast gleichzeitig zwei sich sehr ähnelnde rotierende Luftpumpen auf den Markt brachten.

Die rotierenden Luftpumpen haben aber neben ihren Vorteilen gegenüber der alten Kolbenluftpumpe auch ihre Nachteile; denn sie sind gegenüber schnellem Anfahren und schneller Bewältigung plötzlicher Lufteinbrüche sehr empfindlich. — Besonders in Fällen, wo mit solchen starken Lufteinbrüchen gerechnet werden muß, ist auch heute noch die Kolbenpumpe der rotierenden Luftpumpe vorzuziehen, wir finden sie deshalb vielfach noch heute bei sich barometrisch entwässernden Mischkondensationen.

Abb. 16 zeigt die von **Prof. Stumpf** entworfene und von der **A.E.G.** gebaute, voll beaufschlagte, rotierende Luftpumpe. Sie hat einen von außen motorisch angetriebenen Läufer und einen zu diesem konzentrisch angeordneten feststehenden Verteiler. Die Laufradschaufeln sind nach außen zum Verteiler hin stark verdickt, so daß das Wasser nicht in einem kompakten Strahl austritt, sondern in einzelnen sich fortdauernd folgenden Wasserkolben ausgeworfen wird. Diese Wasserkolben umschließen die zwischen Läufer und Verteiler sich befindende Luft und werfen diese vermöge der im Laufrade erhaltenen lebendigen Energie durch den Verteiler mit großer Geschwindigkeit ins Freie.

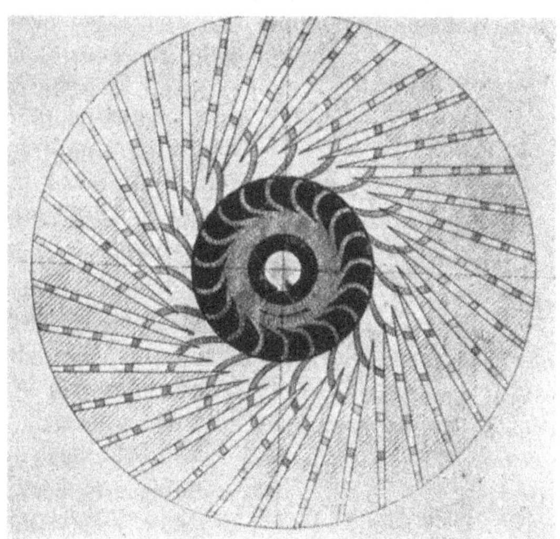

Abb. 16. Rotierende Luftpumpe Bauart „Prof. Stumpf".

Das Kurvenbild 17 zeigt die Ergebnisse von Leistungsversuchen an einer solchen rotierenden A.E.G.-Luftpumpe der

„Wheeler Condenser und Engineering Co. London". Auch hier zeigt sich der nicht gerade günstige Wirkungsgrad, der

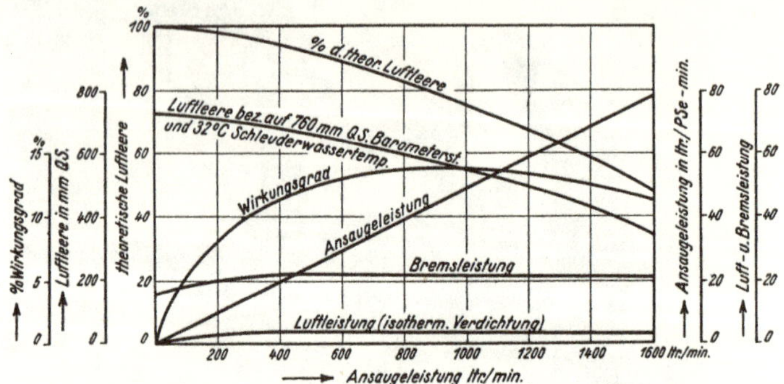

Abb. 17. Leistungsversuche an einer „A. E. G."-Luftpumpe (Bauart Stumpf).

allen rotierenden Luftpumpen mit Wasserbeaufschlagung eigentümlich ist.

Im Gegensatz zur Stumpfpumpe ist die **rotierende Westinghaus-Leblanc-Luftpumpe** nur teilweise beaufschlagt. Abb. 18 zeigt den Arbeitsvorgang. Das im Gehäuse *A* sich befindende Arbeitswasser tritt durch eine Düse *D* vor ein Laufrad *L*. Dieser Läufer *L* wird durch einen Elektromotor oder eine Dampfturbine in schnelle Umdrehung versetzt. Der Läufer ist der einzige bewegte Teil an der Luftpumpe.

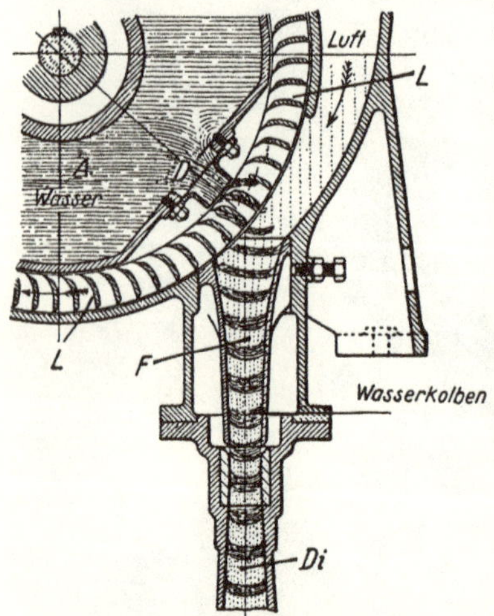

Abb. 18. Arbeitsvorgang bei der WL-Luftpumpe.

Das aus der Düse *D* austretende Arbeitswasser trifft auf den rotierenden Läufer und wird von diesem in dünne, fächerartige Kolben aufgeteilt. Diese dünnen Wasserkölbchen werden mit großer Gewalt und in regelmäßiger Folge in die Fangdüse *F* des Diffusors geschleudert und natürlich mit ihnen auch die zwischen den einzelnen Wasserkolben eingeschlossenen Luftstreifen. An die Fangdüse *F* schließt sich ein Diffusor *Di* an, in welchem das Gemisch von Arbeitswasser und mitgerissener Luft auf den äußeren Atmosphärendruck verdichtet und in das Ablaufbassin hinausgeschleudert wird. Abb. 19 zeigt die allgemeine Anordnung: Das Arbeitswasser befindet sich im Bassin *B*. Das von der Pumpe angesaugte Wasser tritt durch das Gehäuse *A* in die Düse *D*, von dort

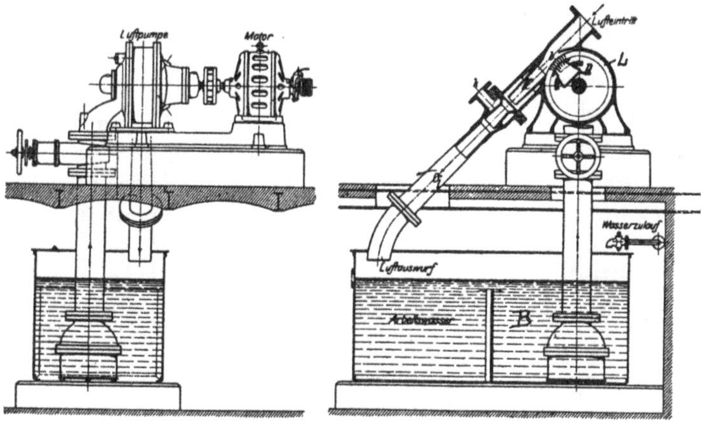

Abb. 19. Allgemeine Anordnung einer W L-Pumpenanlage.

in den Läufer *L*, in die Fangdüse *F* und durch den Diffusor *Di* in das Bassin *B* zurück. Das Arbeitswasser durchläuft also einen Kreislauf.

Es kann als Arbeitswasser Brunnen- oder rückgekühltes Wasser verwendet werden. Der Frischwasserzusatz zur Dekkung der Wasserverluste und zur Verhinderung der Erwärmung des Arbeitswassers in der Pumpe ist erfahrungsgemäß sehr gering, vor allem, weil selbst bei Dauerbetrieb der Luftpumpe nur eine geringe Erwärmung des Arbeitswassers eintritt.

Das Anlassen der Pumpe geschieht mit Hilfe eines Zusatzejektors für Frischdampf, welcher eine geringe zum Ansaugen des Arbeitswassers genügende Luftleere erzeugt. Sobald das Laufrad *L* Wasser durch den Diffusor hindurchschleudert, wird die Frischdampfzufuhr abgesperrt und das Anfahren ist beendet.

Abb. 20 zeigt die Charakteristik einer Westinghousepumpe von 17 PS Kraftbedarf. Derselbe geht mit wachsendem Luftgewicht bis zu einem Maximum von etwa 20 PS bei einem Luftgewicht von etwa 30 kg/h hinauf. Bei weiter wachsendem Luftgewicht fällt derselbe wieder ab und beträgt wieder 17 PS bei 60 kg/h Ansaugeleistung. Mit wachsendem abgesaugten Luftgewicht verschlechtert sich aber die erzielbare Luftleere rapide, die Pumpe ist

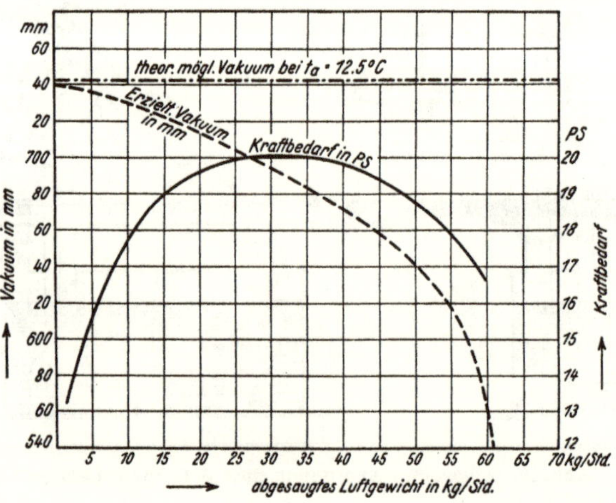

Abb. 20. Charakteristik der rotierenden „Westinghouse-Leblanc"-Luftpumpe.

somit — wie schon angedeutet — sehr empfindlich gegen plötzliche große Lufteinbrüche. Auch ist aus dem Verlauf der Vakuumkurve zu schließen, daß die Entlüftung beim Anfahren nur langsam erfolgt. Bei abgeflanschtem Saugstutzen ergibt die Pumpe ein der Temperatur des Arbeitswassers genau entsprechendes Vakuum.

Heute werden zur Luftabsaugung bei Mischkondensatoren auch sehr oft Wasser- bzw. Dampfstrahl-Luftpumpen verwendet, welche die oben gekennzeichneten Mängel nicht aufweisen. Da sie aber die typischen Luftpumpen für Oberflächenkondensationen sind, sollen sie daselbst besprochen werden. Es genüge hier der Hinweis. Auch sei hier noch kurz auf die Wasserstrahl-Kondensatoren und besonders auf den „**Vielstrahlkondensator**" von **Körting** hingewiesen. Die

Konstruktionen sind allgemein bekannt und stellen insofern eine Klasse für sich dar, als sie keine besonderen Pumpen benötigen.

Die Strahlkondensatoren brauchen ungefähr 30 kg Kühlwasser für 1 kg Dampf. Sie erfordern geringe Wartung und wenig Reparaturkosten. Nach Angaben von Körting kann mit einem Vielstrahlkondensator ein Vakuum von 93 v. H. bei etwa 15° Kühlwassertemperatur erreicht werden.

Zusammenfassend kann über die **Anwendungsmöglichkeit von Mischkondensationen** folgendes gesagt werden:

Eine Mischkondensation kommt in Frage, wenn es sich:

1. um eine kleine Anlage handelt, deren Abdampfmenge zur weiteren Ausnutzung zu gering ist,
2. wenn nur ein Minimum von Anlagekapital in Frage kommt,
3. aus Gründen der Transportfähigkeit,
4. wenn das Kondensat wegen seiner Ölhaltigkeit nicht zur Rückspeisung in den Kessel verwendet werden soll.

Man verwendet die Mischkondensation lediglich bei Kolbendampfmaschinen und größere Aggregate besonders bei stoßweise anfallenden Dampfmengen. Es können auch mehrere Maschinen an eine zentrale Kondensation angeschlossen sein, solche Anlagen nennt man dann **„Zentralkondensationen"**. Große Mischkondensationen finden wir heute noch auf Zechen zur Aufnahme des stoßweise auftretenden Anfalles großer Dampfmengen von Fördermaschinen, Kolbengebläse, Dampfpumpen oder auf Hüttenwerken zum Niederschlag des Abdampfes von Walzenzugmaschinen, Dampfhämmern usw.

Dagegen werden Mischkondensationen niemals bei Dampf-Turbinenanlagen in Anwendung kommen, weil hier ein ölfreies zur Rückspeisung in die Kessel vorzüglich geeignetes Kondensat mit Hilfe von Oberflächen-Kondensatoren gewonnen werden kann.

Abschnitt 2.

Die Oberflächenkondensation.

Inhalt.

Allgemeines.

1. Die Theorie des Oberflächenkondensators.

Die Wärmeleitung. — Die Wärmestrahlung. — Der Wärmeaustausch von Stoff I→ebene Wand→Stoff II. — Die Ableitung der Formel für die Wärmedurchgangszahl „*k*". — Der mittlere Temperaturunterschied zwischen Stoff I und II. — Der Wärmedurchgang von Stoff I→Rohrwand→Stoff II. — Die Wärmedurchgangszahl *k* für Dampf→Wand→Wasser. — Der Einfluß des Kondenswassers auf *k*. — Die Ableitung von „*k*" für eine gewöhnliche und für die Ginabat-Rohranordnung. — Die Berechnung der Kondensatorkühlfläche bei reinem Dampf, ohne Kondensateinfluß. — Die Berechnung derselben bei lufthaltigem Dampf unter Abkühlung des Kondensats. — Die Wärmedurchgangszahl Luft→Wand→Wasser. — Gleichstrom oder Gegenstrom. — Die praktisch erreichbaren Luftleeren. — Die Vorteile der Ginabatkonstruktion gegenüber der normalen Ausführung. — Verschiedene Rohrverteilungen. — Über den Vergleich von Kondensatoren. — Vergleichsversuche zwischen normalen und Ginabat-Kondensatoren. — Über die Steinfreihaltung des Kühlwassers. — Die Rohreinpassung in die Kondensatorböden. — Konstruktionsrichtlinien für Kondensatoren hoher spezifischer Leistung.

2. Die Hilfspumpen für Oberflächenkondensatoren.

Die Wasserstrahlluftpumpe. — Die Müllerdüse. — Parallel- und Hintereinanderschaltung von *WLP* und Kondensatoren. — Die Dampfstrahlluftpumpe. — Die zweite Stufe. — Der Zwischenkondensator — Hoefer und Balcke *DLP* mit und ohne Zwischenkondensator. — Der Vergleich von *DLP*-Bauarten unter sich und mit den *WLP*. — Die Radojet-Pumpen. — Kombinierte *DLP* und *WLP* von Josse und „Contraflo-Condenser". — Die Kühlwasserpumpen. — Die Kondensat- und Kesselspeisepumpen.

3. Die Rückkühlwerke.

Die Notwendigkeit der Rückkühlung. — Die Theorie der Rückkühlung. — Die Ermittelung der durch die Rückkühlung bedingten Wärmeverluste. — Die Bestrebungen, den wärmevernichtenden Kühlturm durch wärmenützende Anlagen zu ersetzen. — Die Kühlzone. — Die Wechselwirkung zwischen Speisewasser- und Kühlwasserkreislauf. — Literaturangabe über Kühlerkonstruktionen.

4. Ausführungsbeispiele von Oberflächen-Kondensationsanlagen.

Das allgemeine Schema einer Oberflächen-Kondensationsanlage. — Die Einzelteile des Kondensators. — Der Mantel. — Die Wasserkammern. — Die Böden. — Das Rohrsystem. — Der Zweiwasserweg- und Dreiwasserweg-Kondensator von Balcke und M.A.N. — Die Auffangbleche. — Die Armaturen. — Der Contraflo-Kondensator. — Die Balcke-Kondensation mit *WLP*. — Der Mirrlees-Watson-Kondensator.

Allgemeines.

Mit der Einführung der Dampfturbine wurden die Ansprüche an die Kondensation bedeutend gesteigert. Man kann in neuzeitlichen Dampfkraftbetrieben, welche auf höchste Wirtschaftlichkeit zu sehen haben, nicht auf das durch Niederschlagung des völlig ölfreien Abdampfes zu gewinnende **Kondensat** verzichten, welches ein **vorzügliches Speisewasser** darstellt und dessen Lieferung den höheren Anschaffungspreis gegenüber einer Mischkondensation reichlich aufhebt. Die alte Mischkondensation wurde infolgedessen durch die ihr überlegene Oberflächenkondensation in Dampfturbinenbetrieben völlig verdrängt.

Der Oberflächenkondensator ist ein Röhrenapparat, dessen Rohre außen vom Abdampf umströmt werden, während das Kühlwasser dieselben durchfließt. Kondensat und Kühlwasser werden also getrennt voneinander gehalten. Das sich bildende Kondenswasser wird zum Kessel zurückgespeist und würde der Menge nach — wenn alle Verluste zu vermeiden wären — den Speisewasserbedarf der Kesselanlage in jedem Augenblick decken. Die Entwicklung einer Hochleistungs-Oberflächenkondensation, welche den vielseitigen, ihr gestellten Aufgaben in möglichst vollkommener Weise genügt, ist eine der Hauptaufgaben der Kondensatwirtschaft.

1. Die Theorie des Oberflächenkondensators.

Beim Oberflächenkondensator spielt die Intensität der Wärmeübertragung vom Dampf auf das Kühlwasser durch die Rohrwandung hindurch eine ausschlaggebende Rolle. Wir müssen deshalb in erster Linie die Bedingungen festzustellen suchen, welche die Wärmeübertragung begünstigen. Allgemein kann eine Übertragung von Wärme von einem Körper K_1 auf einen 2ten Körper K_2 nur erfolgen, wenn der wärmeabgebende Körper K_1 eine höhere Temperatur T_1 besitzt als der wärmeaufnehmende Körper K_2 von der Temperatur T_2. Der Wärmeübergang dauert in diesem Falle so lange, bis K_1 und K_2 ein und dieselbe Temperatur T_m angenommen haben, welche zwischen T_1 und T_2 liegt, so daß $T_1 > T_m > T_2$ ist.

Statt der Körper K_1 und K_2 können wir nun auch zwei benachbarte Elemente ein und desselben Körpers betrachten, falls dieselben nur im betrachteten Augenblick verschiedene Temperaturen besitzen. Wir können uns vorstellen, daß die Wärme von einem Element des Körpers zum andern und so fort durch den materiellen Körper hindurchwandert. Wir bezeichnen dieses Wandern der Wärme als **„Wärmeleitung“**, mit ihr haben wir uns im folgenden eingehend zu beschäftigen. Es ist aber auch möglich, daß ein Übergang von Wärme zwischen zwei nicht in materieller Verbindung miteinander stehenden Körpern stattfindet, sofern diese Körper nur verschiedene Temperaturen haben, und zwar durch Strahlung. Wir bezeichnen daher auch diese Art des Wanderns der Wärme als **„Wärmestrahlung“**.

Zur Ermittelung der Gesetze der Wärmeleitung denken wir uns — wie in Abb. 21 angedeutet — eine materielle Platte von großer Oberfläche und von der Dicke δ. Wir nehmen ferner an, daß auf beiden Seiten sich eine Flüssigkeit von verschiedener, aber **konstanter** Temperatur T_1 und T_2 befindet — etwa siedendes Wasser (I) und schmelzendes Eis (II). Es erfolgt dann eine Wanderung der Wärme von I→II durch die Platte hindurch, und zwar derart, daß durch die Flächeneinheit der Platte in der Zeiteinheit z stets gleiche Wärmemengen hindurchgehen, oder daß der Differentialquotient $\frac{dW}{dz}$, der als Wärmestrom bezeichnet werden kann, dem Platten- oder Stromquerschnitt proportional ist. Ändern sich T_1 und T_2, so steigt oder verringert sich der Wärmestrom mit der Größe von $T_1 - T_2$.

Beobachten wir die Temperaturen Θ_1' und Θ_2' zweier um die Entfernung x voneinander entfernten Elemente in der Linie des Wärmestroms, so ergibt sich, daß die Größe des Wärmestroms proportional dem Temperaturgefälle

$$\frac{\Theta_1' - \Theta_2'}{x} = \frac{\Delta\,\Theta}{x}$$

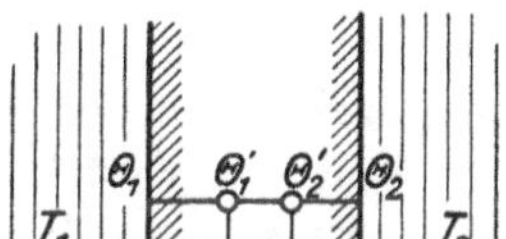

Abb. 21. Schema zur Ermittlung der Gesetze der Wärmeleitung.

ist. Rücken wir nun die beiden Meßstellen ∞ nahe zusammen, d. h. wird x ∞ klein, so wird das Temperaturgefälle durch den Differentialquotienten $-\frac{d\,\Theta}{d\,x}$ dargestellt. Unsere Beobachtungen ergeben abschließend für die Größe des Wärmestromes die Beziehung:

$$\frac{d\,W}{d\,z} = -F \cdot \lambda \cdot \frac{d\,\Theta}{d\,x}.$$

In dieser Formel ist F die Plattenoberfläche in m² und λ eine noch näher zu untersuchende Beizahl. Das negative Vorzeichen deutet an, daß der Wärmestrom in der Richtung der Temperaturabnahme fließt.

Machen wir nun die Voraussetzungen, daß 1. das Temperaturgefälle unabhängig von der Zeit, der Wärmestrom also stationär ist und 2. daß die Beizahl λ von der Temperatur unabhängig ist, so wird $\frac{d\,W}{d\,z} =$ konst., und weiter:

$$W = \lambda \cdot F \frac{\Theta_1' - \Theta_2'}{x} \cdot z;$$

für $x = \delta$ ist alsdann:

$$W = \lambda \cdot F \frac{\Theta_1 - \Theta_2}{\delta} \cdot z \quad . \; . \; . \; . \; . \; . \; . \; . \; . \; (1)$$

Setzen wir nun $F = 1$ m², $\Theta_1 - \Theta_2 = 1^0$ C, $z = 1$ Std. und $\delta = 1$ m, so wird

$$W = \lambda.$$

Die Beizahl λ gibt also die Wärmemenge in kcal an, welche bei stationärer Strömung durch eine Fläche von 1 m^2 bei einem Temperaturgefälle von 1^0C auf 1 m Länge in der Einheit der Zeit hindurchgeht. Man bezeichnet daher λ als **Wärmeleitzahl.** λ hat nach obiger Definition die Dimension kcal/mh^0.

Nun aber findet an den Grenzoberflächen ein Übergang der Wärmemenge W von dem Stoff I an die Wand und an der anderen Grenzfläche der Übergang der gleichen Wärmemenge W von Wand an Stoff II statt. Wärmeübergänge sind nur möglich bei Temperaturunterschieden, d. h. es muß die Bedingung erfüllt sein, daß $T_1 > \Theta_1 > \Theta_2 > T_2$ ist. (Siehe Abb. 21.)

Für diese Wärmeabgabe W bzw. Wärmeaufnahme W bei stationärer Strömung setzt man nun willkürlich:

$$\left.\begin{aligned} W &= a_1 \cdot F\,(T_1 - \Theta_1) \cdot z \\ \text{und} \quad W &= a_2 \cdot F\,(\Theta_2 - T_2) \cdot z \end{aligned}\right\} \quad \ldots\ldots \quad (2)$$

und bezeichnet die Faktoren a_1 und a_2 als **Wärmeübergangszahl.**

Analog obiger Definition für λ gibt die **Wärmeübergangszahl** „a" diejenige Wärmemenge in kcal an, welche bei stationärer Strömung von einem Stoff an eine Wand und umgekehrt auf 1 m^2 in 1 Std. übergeht, wenn der Temperaturunterschied zwischen Stoff und Wand 1^0 C (bzw. umgekehrt) beträgt. Die Dimension von a ist demnach kcal/m^2h^0. a ist kein Festwert, sondern abhängig vom Zustand des Stoffes, vornehmlich von dem Bewegungszustand, von den Temperaturen der Wand und des wärmeabgebenden Stoffes, von der Form, den Abmessungen und besonders von der Beschaffenheit der Grenzfläche.

Die Temperaturen T_1 und T_2 der Wand entziehen sich nun der direkten Beobachtung, es ist daher zweckmäßig, sie in der Formel (1) mit Hilfe der Formel (2) zu eliminieren. Wir erhalten dann:

$$W = \frac{F\,(T_1 - T_2)}{\frac{1}{a_1} + \frac{1}{a_2} + \frac{\delta}{\lambda}} \cdot z \quad \ldots\ldots\ldots \quad (3)$$

Der Nenner der rechten Seite dieser Gleichung ist zweifellos eine die Intensität des Wärmedurchgangs Stoff I→Wand→ Stoff II kennzeichnende Größe. Man setzt daher den Ausdruck:

$$\frac{1}{\alpha_1} + \frac{1}{\alpha_2} + \frac{\delta}{\lambda} = \frac{1}{k}$$

und bezeichnet:

$$k = \frac{1}{\frac{1}{\alpha_1} + \frac{1}{\alpha_2} + \frac{\delta}{\lambda}}$$

als **Wärmedurchgangszahl.** Es wird somit:

$$W = k \cdot F (T_1 - T_2) \cdot z.$$

Setzen wir wieder $F = 1$ m², $T_1 - T_2 = 1^0$ C und $z = 1$ Std., so wird:

$$W = k.$$

Die **Wärmedurchgangszahl** „k" gibt also diejenige Wärmemenge in kcal an, welche in 1 Std. durch 1 m² der Trennfläche bei 1° C Temperaturunterschied zwischen dem wärmeabgebenden und aufnehmenden Stoff von dem abgebenden auf den aufnehmenden übergehen. Die Dimension von k ist also kcal/m²h°.

Wir hatten bisher die Temperaturen T_1 und T_2 als **konstant** angenommen. Bei der Wärmeübertragung ändern sich aber zumeist die Temperaturen T_1 und T_2, und zwar bei ruhenden Flüssigkeiten im Verlauf der Zeit oder bei längs der Trennungsfläche bewegten Flüssigkeiten längs dieser Trennungsfläche, wobei in letzterem Falle die Flüssigkeiten I und II sich in gleicher (Gleichstrom) oder in entgegengesetzter Richtung (Gegenstrom) oder vertikal zueinander (Kreuzstrom) bewegen können.

Nach den Untersuchungen von Prof. Nusselt ist es aber gleichgültig, wie die Strömungsrichtung der Stoffe I und II gegeneinander erfolgt, stets ist die Heizfläche in der Richtung der heißen Flüssigkeit zu rechnen.

Die einfachste Form eines Gegenstrom-Wärmeaustauschers zeigt Abb. 22.

Bezeichnen wir mit T_1' und T_2' die Anfangstemperaturen und entsprechend mit T_1'' und T_2'' die Endtemperaturen der beiden Stoffe und setzen weiter

$$T_1' - T_2' = \Delta'$$

und entsprechend

$$T_1'' - T_2'' = \Delta'',$$

so erhalten wird als **mittlere Temperaturdifferenz** nach Grashoff:

$$\Delta_m = \frac{\Delta' - \Delta''}{\ln \frac{\Delta'}{\Delta''}}.$$

Bei siedendem Wasser oder kondensierendem Dampf ist die Temperatur des Wärmeträgers = konst., d. h. es wird wieder $T_1' = T_1'' = T_1$ bzw. $T_2' = T_2'' = T_2$.

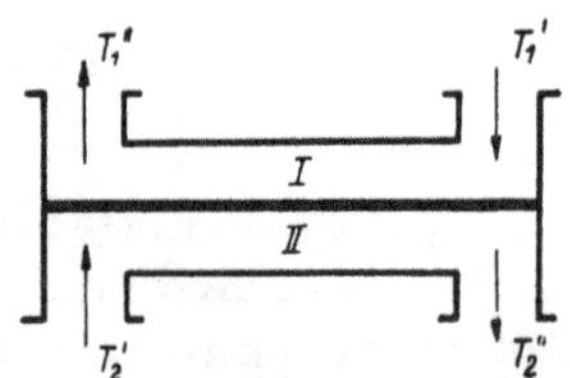

Abb. 22. Schemat. Darstellung eines Gegenstrom-Wärmeaustauschers.

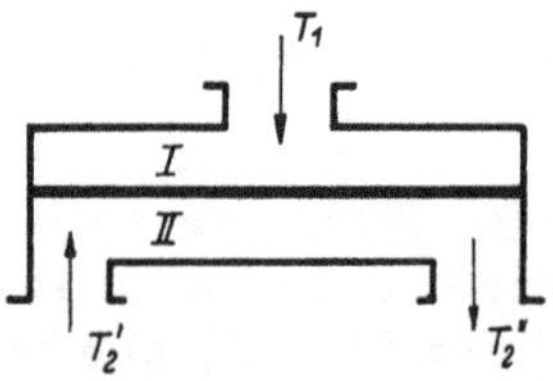

Abb. 23. Schematische Darstellung eines Oberflächen-Kondensators.

Einen solchen Fall haben wir nun offenbar in einem Oberflächenkondensator vor uns. Abb. 23 zeigt die einfachste Form. Auf der einen Seite der Trennfläche befindet sich kondensierender Dampf von der Temperatur T_1, welcher seine freiwerdende Wärme an strömendes Kühlwasser abgibt, dessen Eintrittstemperatur T_2' und Austrittstemperatur T_2'' ist. Die mittlere Temperaturdifferenz ist dann:

$$\Delta_m = \frac{T_1 - T_2' - T_1 + T_2''}{\ln \frac{T_1 - T_2'}{T_1 - T_2''}} = \frac{T_2'' - T_1'}{\ln \frac{T_1 - T_2'}{T_1 - T_2''}}.$$

Setzen wir nun:

$$\begin{aligned} T_1 &= 273 + t_D = \text{der Dampftemperatur,} \\ T_2' &= 273 + t_e = \text{» Eintrittstemperatur} \\ T_2'' &= 273 + t_a = \text{» Austrittstemperatur} \end{aligned} \Bigg\} \text{des Kühlwassers,}$$

so ist:

$$\Delta_m = \frac{t_a - t_e}{\ln \frac{t_D - t_e}{t_D - t_a}}.$$

Die zu übertragende Wärmemenge wird dann gleich:

$$W = F \cdot k \cdot \Delta_m \cdot z.$$

Wir haben also jetzt die beiden hier noch nicht näher festgelegten Größen „F“ und „k“, besonders in ihrer Wechselwirkung aufeinander, zu betrachten.

Bei den von Oberflächenkondensatoren verlangten Niederschlagsleistungen läßt sich nun die Trennfläche nicht mehr als ebene Platte ausbilden. Es ist notwendig, die verlangte große Oberfläche durch Rohrbündel zu erzeugen, welche vom Dampf umflossen und vom Kühlwasser durchflossen werden. Theoretisch sind unsere Betrachtungen über den Wärmedurchgang bei ebenen Platten nicht ohne weiteres auf Rohre übertragbar, weil die Eintritts- und Austrittsflächen der Wärme bei Rohren nicht mehr einander gleich sind.

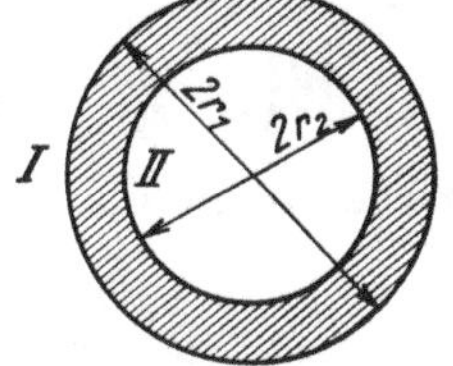

Abb. 24. Bestimmung der Wärme-Austauschfläche bei Rohren.

Die Eintrittsfläche der Wärme hat nach Abb. 24 die Größe

$$F_1 = 2 \pi r_1 \cdot l,$$

wenn l die Länge des Rohres ist; die Austrittsfläche hat nur die Größe:

$$F_2 = 2 \pi r_2 \cdot l.$$

Die Formeln (2) gehen dann über in:

$$\left.\begin{aligned} \frac{W}{r_1} &= 2 \pi l a_1 (T_1 - \Theta_1) \cdot z \\ \frac{W}{r_2} &= 2 \pi l a_2 (\Theta_2 - T_2) \cdot z \end{aligned}\right\} \quad \ldots \ldots \quad (2a)$$

In der Rohrwandung ist aber r auch veränderlich, es wird dann in der Gleichung:

$$\frac{dW}{dz} = - F \cdot \lambda \cdot \frac{d\Theta}{dx},$$

$dx = \pm dr.$

Bei stationärer Strömung ist $\frac{W}{z} =$ konst. und infolgedessen wird

$$\frac{W}{z} = \mp 2 \lambda \pi \cdot l \cdot r \frac{d\Theta}{dr}.$$

Durch Integration zwischen den Grenzen r_1 und r_2 mit $\Theta_1 > \Theta_2$ ergibt sich dann:

$$\frac{W}{z} \ln \frac{r_1}{r_2} = \pm 2 \lambda \pi \cdot l (\Theta_1 - \Theta_2),$$

und zwar mit dem Vorzeichen $\pm$, je nachdem $r_1 \gtrless r_2$ oder die Wärme von außen nach innen bzw. umgekehrt strömt. In unserem Falle fließt die Wärme von außen nach innen, es interessiert uns also hier nur das $+$-Zeichen.

Eliminieren wir abermals die durch Beobachtung nicht erfaßbaren Oberflächentemperaturen Θ_1 und Θ_2 auf demselben Wege wie früher, so erhalten wir:

$$W\left(\frac{1}{\alpha_1 \cdot r_1} + \frac{1}{\lambda} \ln \frac{r_1}{r_2} + \frac{1}{\alpha_2 \cdot r_2}\right) = 2 \pi l (T_1 - T_2) \cdot z.$$

Es ist somit die Wärmedurchgangszahl:

$$\frac{1}{k'} = \frac{1}{\alpha_1 \cdot r_1} + \frac{1}{\lambda} \ln \frac{r_1}{r_2} + \frac{1}{\alpha_2 \cdot r_2}.$$

Bei der Entwicklung war wieder $T_1 =$ konst. und $T_2 =$ konst. angenommen. Ist dies nicht der Fall, so ist wieder Δ_m, wie früher angegeben, zu entwickeln. Es ergibt sich jedenfalls für W die allgemeine Formel:

$$W = 2 \pi l \cdot k' \cdot \Delta_m \cdot z.$$

Es wird sich nun stets ein Wert r_m zwischen r_1 und r_2 ermitteln lassen, für welchen $k' = k$ wird. Würde $\alpha_1 = \alpha_2$ sein, so wäre $r_m = \frac{r_1 + r_2}{2}$. Ist aber eine der beiden Zahlen α_1 oder α_2 sehr klein gegenüber der anderen, so ist r_m von dem, dem kleinen Werte zugeordneten Radius r_1 oder r_2 nur unwesentlich verschieden. Aus diesem Grunde wird bei Oberflächenkondensatoren allgemein die wasserberührte Fläche mit den für eine ebene Wand geltenden Werten von k berechnet. Wir gehen also bei unseren folgenden Betrachtungen stets von der Grundform aus:

$$\frac{1}{k} = \frac{1}{\alpha_1} + \frac{1}{\alpha_2} + \frac{\delta}{\lambda}.$$

Die möglichst einwandfreie Ermittlung der Wärmedurchgangszahl k ist für die Errechnung der Größe der notwendigen Übertragungsfläche „F“ von ausschlaggebender Bedeutung. Seit Joule und Mollier[1]) ist diese Wärmedurchgangszahl für die verschiedensten Stoffe I und II bei den verschiedensten Zuständen Gegenstand zahlreicher und in ihrem Ergebnis zum großen Teil recht unbefriedigender Versuche gewesen. Es hat sich fast niemals eine angenäherte Konstanz der Werte von k ergeben, ohne daß man dabei immer in der Lage gewesen wäre, die Ursache dieser Schwankungen eindeutig festzustellen. Die angestellten Versuche ließen aber anderseits deutlich erkennen, daß bei tropfbaren Flüssigkeiten, welche infolge von Wärmeaustausch durch eine Trennungswand hindurch nur ihre Temperatur, nicht aber z. B. ihre Mengen änderten, die Strömungsgeschwindigkeit längs der Wärmedurchgangsfläche auf den k-Wert von erheblichem Einfluß ist.

Die Strömung hat eine Reibung der Flüssigkeitsteilchen an der festen Wand und damit Wirbelbildung zur Folge, deren Heftigkeit mit der Strömungsgeschwindigkeit wächst. Durch diese Wirbelbildung treten stets neue Teilchen der Flüssigkeit mit der Trennungswand in Wärmeaustausch, um nach stattgefundenem Austausch sich sofort wieder mit den übrigen Teilchen zu mischen. Die angestellten Versuche ergeben, daß die Wärmedurchgangszahl sich ungefähr proportional der Wurzel aus der Strömungsgeschwindigkeit ändert. Die Wärmedurchgangsverhältnisse sind von Ser[2]), Joule, Mollier[1]), Nusselt[3]), Josse[4]) und neuerdings von Ginabat[5]) eingehend geprüft worden[6]).

---

[1]) Vgl. Mollier, „Über den Wärmedurchgang und die darauf bezüglichen Versuchsergebnisse“. Z. d. V. d. I. 1897.

[2]) Ser, Physique Industrielle, Band I, S. 165.

[3]) Nusselt, Z. d. V. d. I. 1911, S. 2021.

[4]) Josse, „Die Verringerung der Abmessungen von Oberflächenkondensatoren“. Z. d. V. d. I.

[5]) Ginabat, Mémoires de l'Association Technique Maritime et Aéronautique. Paris. Session 1924. Deutsch: Dr.-Ing. Heuser in der Zeitschrift „Die Wärme“, 1924, Nr. 48, 49, 50.

[6]) Weiteres siehe: Gröber, „Die Grundgesetze der Wärmeleitung und des Wärmeübergangs“. Springer-Verlag 1921. — Claassen, „Die Wärmeübertragung bei der Verdampfung von Wasser und wässerigen Lösungen.“ Z. d.V. d. I. 1902, S. 418. — Holborn und

Die obigen Betrachtungen über die Begünstigung der Wärmeübertragung durch Wirbelbildung gelten bei Oberflächenkondensatoren für die Wärmeübergangszahl α_2 von Wand auf Wasser. Für sie ergibt sich nach Ser und Josse der Wert

$$\alpha_2 = 4500 \sqrt{v_w},$$

wenn v_w die Geschwindigkeit des Kühlwassers in m/sek in den Rohren bedeutet. (Siehe auch Untersuchungen von Hoefer[1]) und Soennecken[2]).)

Der Ausdruck $\frac{\delta}{\lambda}$ kennzeichnet — wie wir sahen — den Einfluß des Wandungsmaterials auf den Wärmedurchgang. Es ist δ = Wandstärke des Rohres in m, während λ die **Wärmeleitzahl** des Wandungsmaterials bedeutet, diese ist z. B. für Kupfer = 320 — 345, Messing = 50 — 100, Eisen = 56, Zink = 95, Zinn = 54, Nickel = 50 kcal/m h°.

Die Übergangszahl α_1 von Dampf auf Wand ist aber sehr viel schwieriger mit Genauigkeit zu ermitteln, weil die physikalischen Vorgänge, die sich beim Kondensationsvorgang abspielen, noch wenig durchforscht sind.

Aus Versuchen von Joule folgt α_1 = 10000 kcal/m²h°. Aus den Versuchen von English & Donkin fand Soennecken als Mittelwert α_1 = 13000 kcal/m²h° für glatte und 7500 kcal-m²h° für rauhe Rohre. Nusselt[3]) fand aus mehreren Versuchen an einem 22 mm l. Durchm.-Rohr α_1 = 9500 kcal/m²h°.

Nach Versuchen von Josse und Ser kann α_1 = 19000 kcal/m²h° angenommen werden. Hoefer schlägt vor, α_1 = 12000 bis 14000 kcal/m²h° zu setzen.

Im Kondensator befinden sich gleichzeitig Dampf, Luft und Kondenswasser, und zwar in dauernder und zum Teil

---

Dittenberger, „Wärmedurchgang bei Heizflächen". Z. d. V. d. I. 1901. — Austin, „Über den Wärmedurchgang durch Heizflächen". Z. d. V. d. I. 1902, S. 1894 und 1903. — Weighton, Revue de Méchanique 1906, Nr. 5. — Kammerer, Z. d. bayer Rev.-V. 1916.

[1]) Hoefer, „Die Kondensation bei Dampfkraftmaschinen". Verlag Springer 1925.

[2]) Soennecken, „Der Wärmeübergang von Rohrwänden an strömendes Wasser". Bonn 1910.

[3]) Nusselt, „Der Wärmeübergang in Rohrleitung", Berlin 1909.

wirbelnder Bewegung und erschweren den Wärmeaustausch des Dampfes mit dem Kühlwasser, welches die Rohre des Kondensators durchfließt. Die wenigen aufgestellten Theorien, welche auf dem Gesetze von Dalton und auf den Erkenntnissen der spezifischen Wärme der an dem Kondensationsprozeß beteiligten Stoffe beruhen und welche im übrigen mit äußerster Vorsicht aufgestellt wurden, haben keine Ergebnisse gezeitigt, die mit den Erfahrungen der Praxis übereinstimmten. Der Grund lag in der zwar bekannten, aber gar nicht oder nur sehr unzureichend berücksichtigten Wirkung des über die Kühlrohre herabrieselnden **Kondensates als isolierender Stoff.** Hier haben erst in neuester Zeit die Arbeiten von **A. Ginabat** Aufklärung gebracht, welche u. a. ausgehen von dem Versuche von Josse und Gensecke über „Die Verringerung der Abmessungen von Oberflächenkondensatoren" und sich zur Aufgabe stellen, durch **zwangläufige** Bewegung des Kondensates unter Bedeckung des **kleinstmöglichen** Teiles der Rohroberfläche mit isolierendem Kondenswasser die Wärmedurchgangszahlen k von Dampf→Trennungswand→Wasser (bzw. Luft) **eindeutig** und mit den Erfahrungen der Praxis übereinstimmend, sowohl durch Versuche als auch rechnerisch zu erfassen.

Bei den folgenden Betrachtungen gehen wir von der an sich allgemein bekannten Tatsache aus, daß in einem Oberflächenkondensator der Wärmedurchgang ganz beträchtlich durch die Anwesenheit von Luft und ferner durch das Herabrieseln von Kondensat über die Kondensatorrohre behindert wird.

Zur Verringerung der im Kondensator anwesenden Luft sind heute alle notwendigen Maßnahmen getroffen. — Man entlüftet das Kesselspeisewasser, man hält die Apparate und die Rohrleitungen möglichst dicht und bedient sich besonders für diesen Zweck erprobter Hochleistungs-Luftpumpen. Auch sorgt man für die Absaugung der Luft an einer oder mehreren hierfür günstigsten Stellen des Kondensators.

Im Gegensatz hierzu ist auf die Vermeidung oder die Verminderung der Berieselung des Kondensates von einem Kühlrohr zum andern bis vor einigen Jahren sehr wenig

Wert gelegt worden. Wasser besitzt bekanntlich nur ein geringes Leitvermögen. Ist ein Kondensatorrohr von einer Wasserschicht umhüllt, so isoliert dieselbe dessen Oberfläche und spielt alsdann die Rolle eines wärmeundurchlässigen Stoffes, welcher sich zwischen den zu kondensierenden Dampf und die kühlende Oberfläche einschaltet.

Betrachten wir nun ein Rohrbündel der üblichen Anordnung im Dampfraum eines Kondensators (Abb. 25 u. 26).

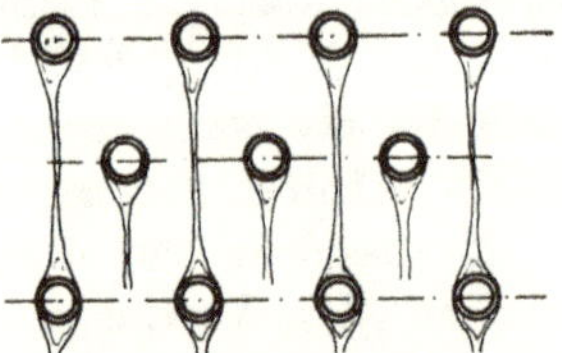

Abb. 25. Kondensatregen bei normaler Rohranordnung.

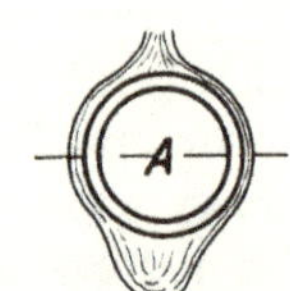

Abb. 26. Kondenswasserfluß um ein Rohr.

Die obersten Rohre eines solchen Bündels werden vom Kondensat am wenigsten benetzt sein. Von ihnen tropft das Niederschlagswasser auf die tiefer liegenden Rohre. Hier sammelt sich auf der Rohroberfläche vermöge der Adhäsion mehr und mehr Wasser an, welches die untersten Rohre des Bündels mit einem immer dicker werdenden Mantel umhüllt. Demzufolge wird die Wärmedurchgangszahl k für die oberen Rohre wesentlich günstiger sein wie für die unteren. Die Bestimmung der Wärmedurchgangszahl k, welche wir zur Berechnung der notwendigen Kühlfläche für eine bestimmte Niederschlagsleistung benötigen, nehmen wir nach Ginabat gesondert für die oberen und für die unteren Rohre eines Kondensatorbündels vor und ermitteln aus diesen beiden Werten alsdann die mittlere Wärmedurchgangszahl für das gesamte Rohrbündel.

Bestimmung der Wärmedurchgangszahl „k_0“ der oberen Rohre eines normalen Kondensators nach Ginabat.

Die oberen Rohre nimmt Ginabat als völlig frei von Kondenswasser an. Er setzt in die Grundformel:

$$\frac{1}{k} = \frac{1}{\alpha_1} + \frac{1}{\alpha_2} + \frac{\delta}{\lambda},$$

nach Versuchen von Ser und Josse

$$\alpha_1 = 19000 \text{ kcal/m}^2\text{h}^0 \text{ und}$$

$$\alpha_2 = 4500 \sqrt{v_w} \text{ kcal/m}^2\text{h}^0$$

ein und nimmt $v_w = 1{,}5$ m/sek an.

Unter Annahme einer Wandungsstärke von $\delta = 0{,}001$ m und Messingrohren von der Wärmeleitzahl $\lambda = 90$ kcal/mh^0 wird: $\frac{\delta}{\lambda} = \frac{0{,}001}{90}$.

Die Formel für k_0 nimmt dann den Ausdruck an:

$$\frac{1}{k_o} = \frac{1}{19000} + \frac{1}{4500\sqrt{1{,}5}} + \frac{0{,}001}{90};$$

oder es ist $k_0 = 4080$ kcal/m^{2}h^0.

Dieser Wert ist sehr häufig durch Laboratoriumsversuche und durch Beobachtungen an Kraftmaschinen im Betriebe bestätigt worden und kann deshalb als genügend genau angenommen werden.

Bestimmung der Wärmedurchgangszahl „k_u“ der **unteren** Rohre eines **normalen** Kondensators.

Ein Rohr, welches in dem unteren Teil eines Rohrbündels liegt, erhält als isolierende Bedeckung eine je nach der Zahl der über ihm liegenden Rohre verschiedene Wassermenge. Die untersten Rohre werden ganz von Wasser umhüllt sein, und es muß nun der Augenblick abgeschätzt werden, in welchem eine völlige Isolierung der Kondensatorrohre durch das sie umhüllende Kondenswasser eintreten wird.

Zur Ermittelung dieses Augenblickes berechnet Ginabat zuerst die Dicke der Wasserhaut um die untersten Kondensatorrohre wie folgt: Er nimmt eine Zahl von 100 horizontalen Rohrreihen im Kondensator an. Bei der gewöhnlichen Anordnung der Rohrbündel im Kondensator, in welchen je zwei vertikale Rohrreihen wohl versetzt zueinander stehen, aber im übrigen in jeder Rohrreihe für sich ein Rohr vertikal über dem andern steht, erhält ein Rohr der untersten Rohrreihe auf seiner oberen Mantellinie das Kondenswasser von 49 darüber liegenden Rohren. Wird nun die Belastung der Kondensation mit 70 kg/m^2 Rohroberfläche angenommen und ferner den Rohren ein äußerer Durchmesser von 22 mm gegeben, so läßt sich errechnen, daß ein Rohr der untersten Reihe je m^2 und je Std. 240 kg Kondenswasser oder 66 cm^3/sek erhält. (Siehe Rohr *A*, Abb. 26.)

Das Wasser teilt sich nun bei der Berührung mit dem Rohr *A* in zwei Teile. Es ist nun durch Versuche erwiesen, daß ein Wassertropfen bei einem Rohr von 22 mm Durchm. in 1 sek von der obersten bis zur untersten Mantellinie herabfließt. Anderseits ist für die weitere Berechnung, für die mittlere Dicke der Flüssigkeitsschicht, welche das Rohr *A* umgibt, die nicht ganz genaue Annahme zu machen, daß die Fortschreitungsgeschwindigkeit auf der äußeren Oberfläche des Rohres eine gleichförmige sei. Unter dieser Voraussetzung ergibt sich eine mittlere Dicke der Flüssigkeitsschicht von rund 1 mm für die unterste Rohrreihe im Kondensator.

Eine umhüllende Wasserschicht von der eben errechneten Stärke führt eine völlige Isolierung der unteren Rohre herbei. Es erscheint nun erklärlich, warum bei direkter Temperaturmessung ein Kondensator mit mehreren Wasserwegen für den unteren Wasserweg eine schlechte Wärmedurchgangszahl ergibt. Wenn nun auch im weiteren angenommen wird, daß die vollständige Isolierung erst in dem Augenblick eintritt, wo die Wasserhaut die Dicke von 1 mm erreicht, so ist doch als ziemlich sicher anzunehmen, daß die völlige Unterbrechung der direkten Berührung zwischen Dampf und Kondensatorwandung schon weit eher eintritt.

In dem Augenblick aber, wo der Dampf das Metall der Wandung nicht mehr unmittelbar berührt, hat das erste Glied der allgemeinen Formel für die Wärmedurchgangszahl k keine Gültigkeit mehr. Wir müssen dieses Glied alsdann durch ein anderes, und zwar logischerweise von der Form des dritten Gliedes, also $\frac{1}{a_1} = \frac{1}{4500\sqrt{v_K}}$ ersetzen, welches sich auf den Wärmeübergang von Metall$\leftrightarrow$Wasser bezieht; nur ist hier $v_K =$ der Fortpflanzungsgeschwindigkeit des Kondensates zu setzen, welches über das Rohr herabrieselt. Diese an sich infolge der Verschiedenheit der Neigung der durchglittenen Oberfläche keinesfalls gleichförmige Geschwindigkeit ermittelte Ginabat unter Zuhilfenahme der Zähigkeit der Flüssigkeit und besonderer, sehr feiner Meßinstrumente zu 0,09 m/sek max., und zwar auf einem Kondensatorrohr, welches eine Betriebszeit von mehreren Monaten hinter sich hatte.

Die Formel für die Wärmedurchgangszahl k_u nimmt alsdann unter der Annahme, daß die Geschwindigkeit des Kühlwassers wie im ersten Falle 1,5 m/sek und die Geschwindigkeit des Kondensates 0,09 m/sek betragen soll, den Ausdruck an:

$$\frac{1}{k_u} = \frac{1}{4500\sqrt{0,09}} + \frac{1}{4500\sqrt{1,50}} + \frac{0,001}{90},$$

woraus sich $k_u = 1070$ kcal/m²h° ergibt.

Diese rechnerisch ermittelte Zahl ist allerdings wesentlich größer als die wirkliche. Es sind durch direkte Temperaturmessungen häufig sehr viel kleinere Zahlen festgestellt worden; auch aus der Formel von Mollier für den Wärmedurchgang von Wasser an Wasser errechnet sich bei der Annahme einer Kondensatgeschwindigkeit von 0,09 m/sek und einer Kühlwassergeschwindigkeit von 1,5 m/sek, die Wärmedurchgangszahl nur zu $k = 630$ kcal/m²h°. Da aber der höhere Wert, den wir errechneten, für die weitere hier folgende Rechnung von Ginabat nur ungünstig ist, wollen wir denselben beibehalten.

Bestimmung der **mittleren** Wärmedurchgangszahl „k_m" des **gesamten** Rohrbündels eines **normalen** Kondensators.

In dem gesamten Rohrbündel werden nun an den verschiedenen Stellen sehr verschiedene örtliche Wärmedurchgangszahlen auftreten. Ihre äußersten Grenzen sind $k_o = 4080$ in den obersten Rohren und $k_u = 1070$ kcal/m²h° in den untersten Rohren.

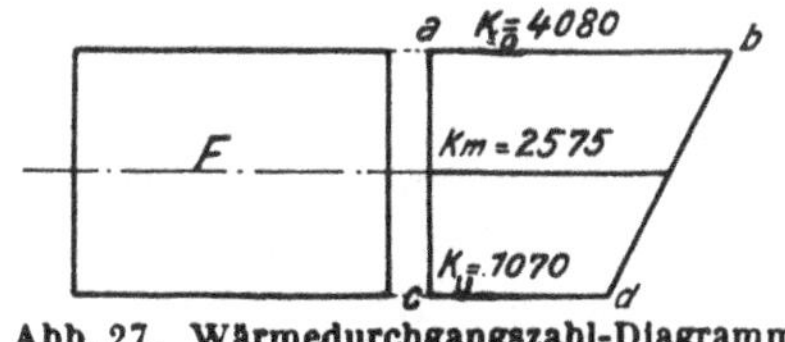

Abb. 27. Wärmedurchgangszahl-Diagramm bei normaler Rohranordnung.

Abb. 27 soll ein solches Rohrbündel veranschaulichen. Es interessiert aber nur die Höhe a—c des Rohrbündels, welche in irgendeinem Maßstabe aufzutragen ist. (Keinesfalls soll F etwa die Fläche F des Kondensators darstellen.) Rechts oben ist in dem Wärmedurchgangszahl-Diagramm eine Linie *a—b* gezeichnet, welche in irgendeinem Maßstabe den Wert $k_0 = 4080$ darstellt, sowie unten die Linie *c—d*, welche in dem gleichen Maßstab den Wert $k_u = 1070$ kcal/m²h⁰ kennzeichnen soll.

Ginabat glaubt sich nun durch Versuche zu der weiteren Annahme berechtigt, daß die Abnahme der Wärmedurchgangszahlen durch das Rohrbündel hindurch nach einem gradliegenden Gesetz entsprechend der Linie *b—d* erfolgt. In diesem Fall ermittelt sich die mittlere Wärmedurchgangszahl zu:

$$k'_m = \frac{k_0 + k_u}{2} = \frac{4080 + 1070}{2} = 2575 \text{ kcal/m}^2\text{h}^0.$$

Diesen Wert, den Ginabat für einen Kondensator mit gewöhnlicher Rohranordnung findet, stimmt mit dem in der Praxis gefundenen Werte überein, er gibt uns auf diese Weise zugleich eine gewisse Bestätigung für die gemachte Annahme, daß die Abnahme des *k*-Wertes gradlinig um so größer wird, je tiefer wir in dem Rohrbündel des Kondensators hinunterkommen.

Abb. 25 zeigt nicht nur die gewöhnliche Anordnung der Rohre in einem normalen Kondensator, sondern zugleich den ungünstigsten Fall der Berührungsdauer. Die Rohre sind hier eines unter dem andern in vertikalen Reihen angeordnet, so daß das Kondenswasser, welches sich in Tröpfchen auf dem obersten Rohr bildet, an der unteren Seite dieses Rohres sich sammeln wird, um dann auf das nächste Rohr herunterzufallen, welches unmittelbar darunterliegt usf. Da in diesem Falle die Trefffläche, auf welche das Wasser auftropft, rechtwinkelig zu der Fallrichtung des Wassers steht, so wird der Kondenswasserregen beim Auftreffen plötzlich aufgehalten. Dann fließt er mit wachsender Geschwindigkeit um das Rohr herum, indem er sich in zwei isolierenden Schichten über die Oberfläche des Rohres verteilt, welche unten wieder ineinanderfließen. Unter diesen Umständen ist die schädliche Berührungsdauer des Wassers mit dem Metall jedenfalls die überhaupt längstmögliche.

Der günstigste überhaupt zu erzielende Fall der Berührungsdauer ist nun offenbar dann gegeben, wenn die Vertikale durch den Abtropfpunkt jedes Rohres zugleich **Tangente** an den rechts oder links liegenden äußersten Punkt des horizontalen Durchmessers des darunterliegenden Rohres ist (Abb. 28 u. 29). Es muß also bei dieser Anordnung die Flüssigkeit tangential zum Rohre herabfallen. Die Fallgeschwindigkeit wird jetzt viel weniger verringert werden. Da nur die Zähigkeit bremsend wirkt, wird der Tropfen sehr rasch den unteren Rohrbogen durchlaufen, sich an dem tiefsten Punkt aufs neue bilden, um weiter zu fallen usf. bis zum tiefsten Punkt des Kondensators. Man könnte an dieser Stelle einwenden, daß der in dem Kondensator einströmende Abdampf die Bewegung der herabfallenden Kondenswassertropfen stört und sie mitreißt. Diesem Einwand begegnet Ginabat mit der Überlegung, daß das sehr verdünnte Gasgemisch in einem Kondensator hoher Luftleere als masselos angesehen werden kann und aus diesem Grunde nur eine sehr geringe Wirkung auf den Regen des herabrieselnden Wassers haben könnte. Er weist an Hand einer Rechnung nach, daß bei einer Abdampfgeschwindigkeit von 75 m/sek der Strom des Dampfes die Kondenswassertropfen, welche über die Rohre niederrieseln, unter dem Einfluß der Zähigkeit nur höchstens um ½ mm ablenken könnte[1]).

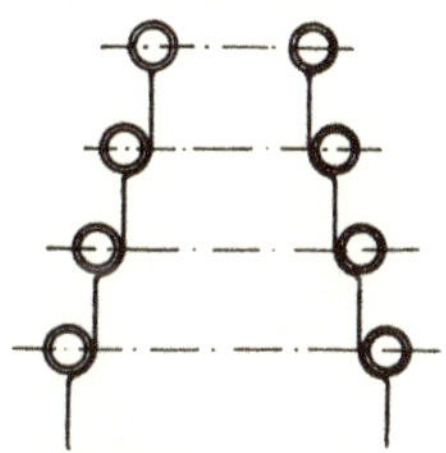
Abb. 28 u. 29. Kondenswasserregen bei der Ginabat-Rohranordnung.

Jedenfalls ergibt sich aber einwandsfrei, daß durch die Ginabatanordnung der Kühlwasserrohre die Dauer und die Ausdehnung der Berührung zwischen Flüssigkeit und Rohr auf das geringste Maß herabgesetzt wird. Die vom Kondenswasser benetzte Oberfläche ist theoretisch nur noch ¼ der früheren, während die übrigen ¾ vollkommen trocken bleiben und deshalb ungestört die Kondensation des Wasserdampfes durchführen können.

Werden nun, wie Abb. 30 u. 31 zeigen, weitere Rohrreihen neben die ersten der Abb. 28 u. 29 gesetzt, indem die Rohrmittelpunkte in die Ecken eines gleichseitigen Dreiecks

---

[1]) Weiteres s. Buch des Verfassers: „Abwärmeverwertung zu Kraft und Heizungszwecken“. V.D.I.-Verlag 1926. S. 53 u. f.

von der Seitenlänge des dreifachen Rohrradius verlegt werden, so ergeben sich Rohnester, deren Reihen in einem Winkel von etwa 11—15° gegen die Horizontale geneigt sind. Diese

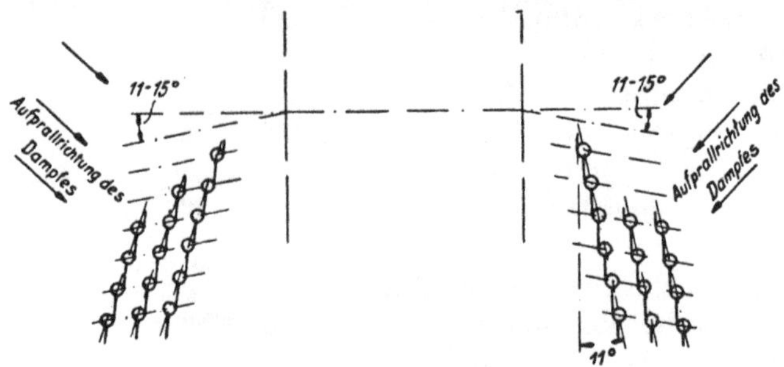

Abb. 30 u. 31. Ginabat-Rohrsegmente.

Art der Gruppierung der Kühlwasserrohre im Kondensator erlaubt:

1. die größte Menge von Kühlwasserrohren in einem gegebenen Raum unterzubringen;
2. eine **gleichmäßige** Verteilung des einströmenden Abdampfes innerhalb des Kondensators, weil die Rohrzwischenräume gleichmäßig sind und ferner der Widerstand gegen die Dampfströmung an allen Punkten derselbe ist.

Auf eine weitere sehr wichtige Einzelheit müssen wir hier noch eingehen: Bei der Betrachtung der Abbildungen sehen wir, daß alle benetzten Teile der Rohre bei der Ginabatanordnung in **einem** und alle trockenen Teile der Rohre im **andern** (nämlich entgegengesetzten) Sinne gerichtet sind. Nur diese trockenen Rohrteile sollen aber zunächst vom Dampfstrom getroffen werden. Es muß der Dampf deshalb in der Richtung der eingezeichneten Pfeile *f*—*f* auftreffen und gegebenenfalls durch Leitflächen geführt werden. Auf diese Weise wird der benetzten Oberfläche ihre Hauptrolle: die Weiterleitung des Flüssigkeitsstromes durch den Kondensator hindurch zur Sammel- und Anzapfstelle allein überlassen.

Durch die vorbeschriebene Anordnung der Kühlrohre ist die bestmöglichste Kondensationswirkung zu erzielen. Die Rohrnester der Abb. 30 u. 31 werden so nebeneinandergesetzt, daß die benetzte Oberfläche des einen gegen die des andern angeordnet ist. Auf diese Weise wird das Kondensatorelement der Abb. 32 erhalten, welches sinngemäß von allen Seiten von Dampf umspült werden muß. Die gesamte

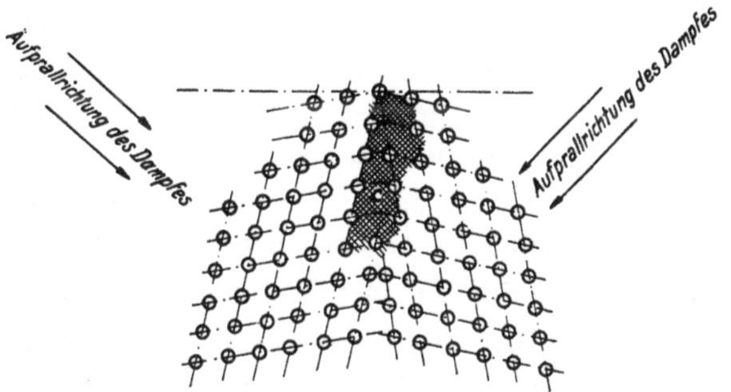

Abb. 32. Ginabat-Kondensatorrohrelemente.

notwendige Kühlfläche zerfällt in einzelne solcher Kondensatorelemente. Zwischen je zwei Elementen muß für den Zutritt des Dampfes genügend Raum gelassen werden. Ferner müssen die unteren Kondensatorelemente gegen den Kondenswasserregen der oberen Elemente durch Abführungsflächen abgedeckt sein. Aus diesen Betrachtungen ergibt sich zwangläufig die in Abb. 33 schematisch dargestellte Grundform des Ginabat-Kondensators.

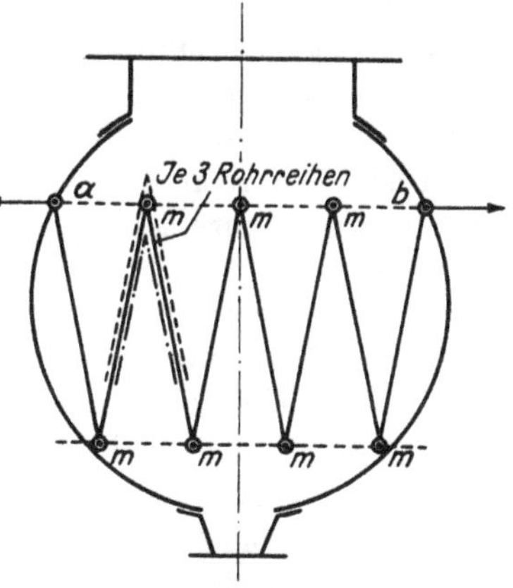

Abb. 33. Die Grundform des Ginabat-Kondensators.

Für den Konstrukteur ist die Ermittelung der mittleren Wärmedurchgangszahl „k_r“ **eines Rohres** nach der Ginabatanordnung von erheblicher Wichtigkeit. Es zeigt sich sofort, daß die früher aufgestellte Berechnung dieser Zahl keine Gültigkeit mehr haben kann, weil nunmehr **alle** Kondensatorrohre **gleichmäßig** mit Kondenswasser und Dampf beaufschlagt werden.

Wenn für den weiteren Verlauf der Rechnung die Annahme gemacht würde, daß jedes Rohr nur auf $\frac{1}{4}$ seines Umfanges benetzt wird, so würden wir außer acht lassen, daß ein Wassertropfen kein mathematischer Punkt ist. Wir müssen seine räumliche Ausdehnung dadurch in Rechnung setzen, daß als benetzter Bogen nicht das Segment $\widehat{ab}$, sondern das Segment $\widehat{cd} = \frac{1}{3}$ des Rohrumfanges (Abb. 34) betrachtet wird.

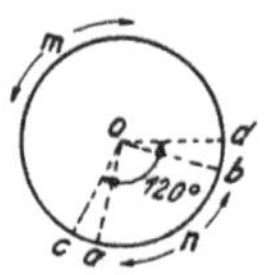

Abb. 34. Benetzter Rohrumfang bei der Ginabat-anordnung.

Es hat dann jedes Rohr **zwei** Wärmedurchgangszahlen, nämlich den des trockenen Bogens $\widehat{cmd}$, für den der Wert k_o festgestellt wurde, und den des Bogens $\widehat{cnd}$ ähnlich dem eines völlig benetzten Rohres im unteren Teil des normalen Rohrbündels, für den wir den Wert k_u ermittelten. Da nun der Bogen $\widehat{cmd} = 2$mal Bogen $\widehat{cnd}$ ist, wird die mittlere Wärmedurchgangszahl k_r für ein Rohr

$$k_r = \frac{2\,k_o + k_u}{3} = \frac{4080 \cdot 2 + 1070}{3} = 3076 \text{ kcal/m}^2\text{h}^0.$$

Die Zahl k_r für **ein** Rohr läßt sich aber nicht als mittlere Wärmedurchgangszahl für das **gesamte Rohrbündel** ansprechen; denn die obersten Rohre eines Bündels sind vollkommen trocken, für sie gilt uneingeschränkt der Wert $k_o = 4080$ kcal/m²h⁰. Die Zahl $k_r = 3076$ kcal/m²h⁰ gilt vielmehr für alle diejenigen Rohre, an denen die Wasserstärke am benetzten Drittel ≥ 1 mm ist, so daß also für dieses Bogenstück eine völlige Isolierung der Wand gegen die Einwirkung des Dampfes stattfindet. Die Rohre, auf welche der Wert k_r angewendet werden muß, gehen nun in dem Rohrbündel weit höher hinauf als wie beim Rohrbündel der Abb. 27.

Bei der Anordnung des hier zur Betrachtung stehenden Ginabat-Rohrbündels teilt sich das auf ein Rohr herabrieselnde Wasser **nicht** in zwei Teile wie in Abb. 26. Es kommt hier nur eine Seite in Frage, und an dieser fließt nun auch der ganze Tropfen herunter. Es wird also die gleiche Dicke der Flüssigkeitsschicht gegenüber dem Fall der Abb. 26 unter sonst gleichen Verhältnissen doppelt so schnell erreicht. Wird die Annahme aufrechterhalten, daß in der Abb. 25 die vollkommene Isolierung bei der untersten Rohrschicht erreicht wird, so wird bei dem hier betrachteten Fall die völlige Isolierung des benetzten Teiles in der Mitte des Rohrbündels beginnen. Das Rohrbündel sei in Abb. 35 durch F in dem früher gekennzeichneten Sinne dargestellt, es ist dann die

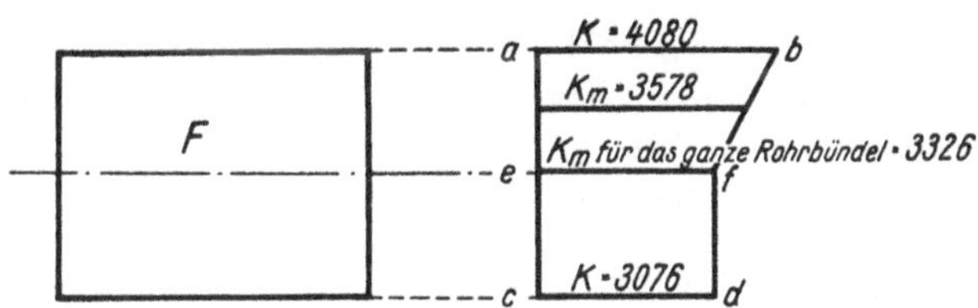

Abb. 35. Wärmedurchgangszahl — Diagramm bei der Ginabat-Rohranordnung.

Linie e—f die Trennlinie, bis zu welcher von unten her gerechnet der Wert $k_r = 3076$ kcal/m²h⁰ Gültigkeit hat. Von hier ab steigt der k-Wert dann gradlinig gemäß der Linie f—b bis zum Werte $k_o = 4080$ kcal/m²h⁰ für die oberen vollkommen unbenetzten Rohre. Die mittlere Wärmedurchgangszahl der oberen Hälfte ist dann:

$$k_s = \frac{k_o + k_r}{2} = \frac{4080 + 3076}{2} = 3578 \text{ kcal/m}^2 \text{h}^0.$$

Die mittlere Wärmedurchgangszahl der unteren Hälfte war:

$$k_r = 3078 \text{ kcal/m}^2 \text{h}^0;$$

hieraus ergibt sich als mittlere Wärmedurchgangszahl des gesamten Bündels:

$$k_m = \frac{k_s + k_r}{2} = \frac{3578 + 3076}{2} = 3326 \text{ kcal/m}^2 \text{h}^0.$$

Beim Vergleich dieses ermittelten Wertes mit der mittleren Wärmedurchgangszahl k_m' eines gewöhnlichen Kondensators $= 2575$ kcal/m²h⁰ ergibt sich, daß der k-Wert für die Ginabatanordnung 1,29mal größer ist als die für einen gewöhnlichen Kondensator nach Abb. 25, oder anders ausgedrückt, die Kühlfläche verringert sich bei gleicher Niederschlagleistung nach der Ginabatanordnung um 25 v. H.

Es verbleibt uns nun noch die Aufgabe, **die Kühlfläche zum Kondensieren von D kg/h Dampf zu berechnen.**

Hätten wir im Kondensationsraum **reinen** Wasserdampf (d. h. ohne Luftgehalt), so wäre F aus der gefundenen Beziehung:

$$W = F \cdot k \cdot \Delta_m = F \cdot k \frac{t_a - t_e}{\ln \frac{t_D - t_e}{t_D - t_a}}$$

zu berechnen. In diesem Falle bliebe auch eine Abkühlung des Kondensates unberücksichtigt. Der mittlere Temperaturunterschied ergäbe sich unter diesen vereinfachenden Annahmen aus der Beziehung:

$$\Delta_m = t_D - t_m = \frac{t_a - t_e}{\ln \frac{t_D - t_e}{t_D - t_a}}$$

zu

$$t_m = t_D - \frac{t_a - t_e}{\ln \frac{t_D - t_e}{t_D - t_a}}.$$

Für rohe Überschlagsberechnungen kann auch die mittlere Wassertemperatur $= \frac{t_e + t_a}{2}$ und entsprechend

$$t_m = t_D - \frac{t_e + t_a}{2}$$

gesetzt werden. Dann würde:

$$W = F \cdot k \left(t_D - \frac{t_e + t_a}{2} \right)$$

werden. Da nun die übertragende Wärmemenge $W = Q\,(t_a - t_e)$ kcal/h sein muß, so wird:

$$F = \frac{Q\,(t_a - t_e)}{k\left(t_D - \frac{t_e + t_a}{2}\right)} \text{ m}^2.$$

Bei der genaueren Berechnung der Kühlfläche müssen wir jedoch den sehr wesentlichen **Einfluß der Luft** berücksichtigen, und zwar müssen wir unsere Aufgabe wie folgt anfassen:

Wir denken uns ein Kühlelement dF, welches eine Dampfmenge dG von gewissem Luftgehalt niederschlagen soll. Bei der Dampfkondensation sinkt die Dampftemperatur t_D um dt_D, wobei dem Dampf die Teilwärmemenge $d\,W_1$ entzogen wird. Da die Luft nun innig mit dem Dampf gemischt ist, kann angenommen werden, daß das restliche Dampf-Luftgemisch die Temperatur $t_D - dt_D$ angenommen hat. Es ist daher erforderlich, daß das Kühlelement dF der Luft eine Wärmemenge dW_2 entzieht, um diese Abkühlung von t_D auf $t_D - dt_D$ auszuführen. Wärmegleichgewicht kann aber nur herrschen, wenn auch die gesamte bis dahin gebildete Kondensatmenge $D - G$ um den Betrag dt_D abgekühlt wird, da seine Temperatur am Ende von dF dem dort herrschenden Dampfteildruck p_D entsprechen muß, d. h. es muß der Kondensatmenge $D - G$ die Wärmemenge dW_3 entzogen werden. Die gesamte durch das Kühlelement dF zu entziehende Wärmemenge ist dann:

$$dW = dW_1 + dW_2 + dW_3.$$

Es ist nun

$$dW_1 = dG(i - t_D),$$

wenn i den Wärmeinhalt des Dampfes an der betreffenden Kondensatorstelle bedeutet.

$$dW_2 = L \cdot c_L \cdot dt_D,$$

wenn L das Luftgewicht, $c_L = c_p$ die spezifische Wärme der Luft bei konstantem Druck[1]) bedeutet.

$$dW_3 = (D - G) \cdot c_W \cdot dt_D,$$

wenn c_W die mit der Temperatur etwas veränderliche spez. Wärme des Kondenswassers bedeutet. Es kann aber annäherungsweise $c_W = 1$ gesetzt werden.

Wir können uns nun das Kühlelement dF in drei ungleiche Teile geteilt denken, dF_1, dF_2 und dF_3, von denen dF_1 den Dampf zu kondensieren hat, dF_2 die gesamte Luftmenge L um dt_D und dF_3 die bis dahin niedergeschlagene Kondensatmenge $D - G$ um dt_D zu kühlen hat. Sind nun k_1, k_2 und k_3 die Wärmedurchgangszahlen von

Dampf → Trennwand → Wasser,
Luft → » → »
Kondensat → » → »

---

[1]) Obige Angabe ist nur angenähert richtig; in Wirklichkeit ist $c_L > c_p$ je nach den Verhältnissen.

so ist anderseits:

$$dW_1 = dF_1 \cdot k_1 \cdot (t_D - t),$$
$$dW_2 = dF_2 \cdot k_2 \cdot (t_D - t).$$
$$dW_3 = dF_3 \cdot k_3 \cdot (t_D - t).$$

Durch Gleichsetzung der betreffenden Formeln für dW wäre die Größe der Teilelemente dF_1, dF_2, dF_3 definiert und somit auch das betrachtete Kühlelement:

$$dF = dF_1 + dF_2 + dF_3.$$

Von diesen in das Wesen der Kondensation eindringenden Betrachtungen ausgehend, findet Dr. Hoefer[1]) für die gesamte Kondensatorkühlfläche den Ausdruck:

$$F = \overbrace{\frac{Q}{k_1}\ln\frac{t_K - t_e}{t_K - t_a}}^{F_1} + \overbrace{\frac{L\cdot c_p}{k_2}\ln\frac{t_K - t_e}{t_L - t_e}}^{F_2} + \overbrace{\frac{D}{k_3}\ln\frac{t_K - t_e}{t_L - t_e}}^{F_3}.$$

Es bedeutet hierin t_L die Temperatur der Luft beim Austritt aus dem Kondensator und t_K die des Kondensators. Die obige Formel ist für **Gegenstrom** abgeleitet und gilt für den Fall, daß Kondensat und Luft gemeinsam abgesaugt werden. Findet eine getrennte Absaugung statt, so hängt F_3 von der Bauart und den Betriebsverhältnissen des Kondensators ab; allgemein aber gilt, daß bei $t_K \lesseqgtr t_L$:

$$F_3 \gtrless \frac{D}{k_3}\cdot\ln\frac{t_K - t_e}{t_L - t_e}$$

ist.

Zu bestimmen ist nun noch das abzukühlende Luftgewicht L und die Wärmedurchgangszahl k_2 von Luft→Wand →Wasser. Luft dringt einmal durch Undichtigkeiten der Anlage ein, sodann kann sie mit dem Speisewasser in die Anlage eingeführt werden. Die mit dem Speisewasser eingeführte Luftmenge kann sehr klein gehalten und bei zweckentsprechender Ausbildung des dritten Teiles des Speisewasserkreislaufes praktisch gleich **Null** gesetzt werden.

Die durch Undichtigkeiten eindringende Luftmenge wird bei Kolbenmaschinen größer sein als bei Turbinen. Da nun Kolbenmaschinen — wegen der Ölhaltigkeit des Abdampfes

---

[1]) Dr. Hoefer, „Die Kondensation bei Dampfkraftmaschinen." Verlag Springer 1925.

— heute selten mit Oberflächenkondensationen ausgerüstet werden, kommt praktisch für uns nur die Turbine in Frage. Die Bestimmung der Größe der Luftmenge ist noch nicht einwandfrei durchgeführt. Versuche, besonders an Kolbenmaschinen, zeigen in ihren Ergebnissen starke Abweichungen voneinander. Dr. Hoefer gibt folgende Näherungsformeln an: Für Dampfturbinen mit Einzelkondensation:

$$L = 3 + 4{,}5 \left(\frac{D \text{ kg/h}}{10000}\right)^{0{,}9} \text{kg/h},$$

und für Kolbenmaschinen:

$$L = 10 + \frac{D \text{ kg/h}}{1000} \text{ kg/h}.$$

Die **Wärmedurchgangszahl von Luft→Trennwand→Wasser** ist sehr viel ungünstiger als der k_1-Wert von Dampf→Trennwand→Wasser. Er ist bedingt durch den Bewegungszustand und durch die Dichte der Luft, und zwar ist die Wärmeübertragung von Luft an Wasser nach Versuchen von Prof. Josse um so geringer, je dünner die Luft ist und um so größer, je höher die Strömungsgeschwindigkeit der Luft ist. Josse fand aus seinen Versuchen, daß an den Stellen des Kondensators, wo sich verdünnte Luft sammelt, bei verschiedenen Strömungsgeschwindigkeiten folgende Wärmedurchgangszahlen angenommen werden können:

$$v = 0{,}390 \qquad 0{,}250 \qquad 0{,}20 \text{ m/sek},$$
$$k_2 = 1000 \text{ bis } 500 \text{ bis } 80 \text{ kcal/m}^2\text{h}^0.$$

Die Frage, ob **Gleichstrom oder Gegenstrom** bei Oberflächenkondensatoren vorteilhafter ist, hängt wieder vom Verhalten der Luft ab; denn wenn nur reiner Dampf niedergeschlagen würde, so wäre es wegen der konstanten Dampftemperatur offenbar gleichgültig, ob Gleich- oder Gegenstrom angewendet wird.

Da nun aber stets Luft vorhanden ist, entscheidet sich die Frage zugunsten des Gegenstroms, weil hier für die Luftkühlung ein wesentlich höheres Temperaturgefälle zur Verfügung gestellt werden kann. Auch ist es möglich, die Luft unter die Kühlwasseraustrittstemperatur t_a abzukühlen, was bei Gleichstrom, auch bei noch so großer Kühlfläche F_2, nicht möglich ist.

Die Abkühlung der Luft muß stets am Kühlwassereintritt geschehen bzw. an Stellen mit noch möglichst niedriger Kühlwassertemperatur. Auch ist eine **getrennte** Absaugung von Luft und Kondensat zu empfehlen, weil andernfalls das Kondensat gleichfalls und damit unnötig tief herabgekühlt werden muß. Das Kondensat soll aber stets so warm als möglich aus dem Kondensator der Kondensatpumpe zufließen.

Es ist nun die Frage zu klären, wie hoch **die praktisch erreichbare Luftleere** beim Kondensationsprozeß ist. Die zu erzielende Luftleere ist dabei im wesentlichen abhängig von der Kühlwassermenge und der Eintrittstemperatur des Kühlwassers in den Kondensator.

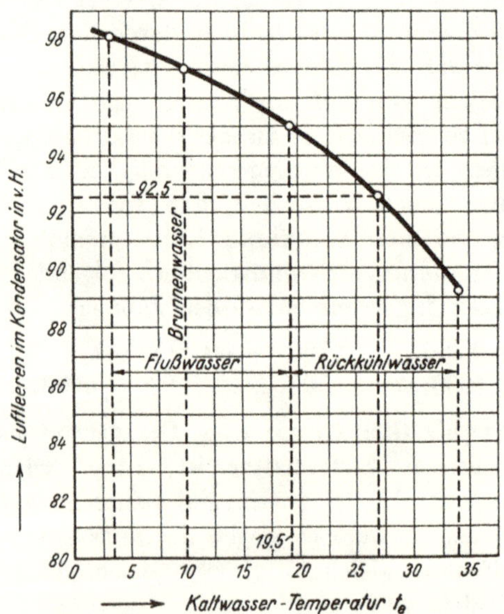

Abb. 36. **Praktisch erreichbare Luftleeren beim Kondensationsprozeß.**

Die Abb. 36 gibt uns darüber Aufschluß: Es sind in einem Koordinatensystem als Abszissen die Temperaturen des kalten Kühlwassers und als Ordinaten die Luftleeren aufgetragen. Wir sehen das bei der Verwendung von Brunnenwasser aus Tiefbrunnen, das natürlich nur für kleinere

Anlagen in ausreichenden Mengen beschafft werden kann, mit einer das ganze Jahr hindurch fast gleichbleibenden Temperatur von etwa 10° C, eine Luftleere von 97 v. H. erzeugt werden kann.

Steht der Kondensation Fluß- oder Seewasser zur Verfügung, dessen Temperatur mit der Jahreszeit schwankt, so werden sich Luftleeren in den eingezeichneten Grenzen von etwa 95 bis 98,2 v. H. erzielen lassen.

Muß das Kühlwasser aber rückgekühlt werden, so müssen wir uns mit schlechteren Luftleeren zufrieden geben. Die Kaltwassertemperatur ist abhängig von der Außenlufttemperatur und dem Feuchtigkeitsgehalt der Luft und bewegt sich etwa von 19,5 bis 34° C. Das erreichbare Vakuum kann für Mitteldeutschland im Jahresmittel zu 92,5 v. H. — im Kondensator gemessen — angenommen werden[1]).

Unsere bisherigen Betrachtungen lassen nun den Schluß zu, daß derjenige Oberflächenkondensator am **günstigsten** arbeitet, welcher unter gegebenen Verhältnissen mit der kleinsten Kühlfläche *F* die höchste Luftleere, die höchste Kondensatablauftemperatur und die niedrigste Lufttemperatur erzeugt.

Vergleichen wir nun einen Kondensator mit **Ginabat-Rohranordnung** mit einem gewöhnlichen Oberflächenkondensator, so erkennen wir, daß gerade die Ginabatkonstruktion obige Bedingungen für den günstigsten Kondensator weit befriedigender erfüllt als der normale Apparat; denn er ergibt gegenüber der Normalkonstruktion folgende **Vorteile:**

1. Eine wirksamere Ausnutzung der Kühlfläche;
2. Eine weitgehende Verringerung der Berührungsfläche der bei der Dampfkondensation frei werdenden Luft mit den Rohren, welche die Niederschlagstätigkeit auszuführen haben, bei gleichzeitiger guter Kühlung der abzusaugenden Luftmenge.
3. Die Erhaltung der Temperatur des Kondensats auf fast derjenigen des in den Kondensator einströmenden Maschinenabdampfes.

---

[1]) Über die Messung der Luftleere siehe Vortrag von Hans Rißmann, Bochum. V.D.I. 29. April 1920, Bochumer Bezirksverein, „Anlagen zur Verhütung von Wassersteinbildung in Oberflächenkondensationen."

4. Die Aufrechterhaltung der höchsten Wärmedurchgangszahl bei Überlastungen.
5. Eine erhebliche Verringerung des Druckverlustes im Rohrbündel gegenüber dem normalen Kondensator.

Zur Erläuterung der einzelnen Vorzüge ist folgendes zu sagen:

1. Die wirksame Ausnutzung der Rohroberfläche wird nicht allein dadurch erzielt, daß ein möglichst großer Teil derselben vom herabfließenden Kondenswasser unbenetzt bleibt, sondern vor allem dadurch, daß der Dampf jedes einzelne Rohr unter den denkbar günstigsten Umständen in der Richtung des Radius OS (in Abb. 37) trifft, welcher die trockene Oberfläche in zwei gleiche Teile teilt.

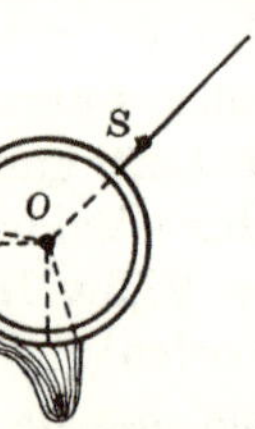

Abb. 37. Kondensatführung nach Ginabat.

2. Die weitgehende Verringerung der Berührungsflächen der durch die Kondensation des Abdampfes frei werdenden Luft mit den in Tätigkeit befindlichen Rohren ergibt sich von selbst aus der Art der Lagerung zweier Rohrnester eines Elementes zueinander. Durch die Aneinandersetzung dieser Nester bildet sich von selbst ein Zwischenraum (C Abb. 32) heraus, welcher gleichzeitig auch den Kanal des geringsten Widerstandes darstellt und durch welchen zwangläufig die sich beim Niederschlagsprozeß ausscheidende Luft nach der Luftabsaugungestelle hinströmen wird. Als weitere vorteilhafte Zugabe dieser Nesteranordnung gesellt sich noch der Umstand hinzu, daß die zur Absaugestelle hinziehende Luft den Kondensationsprozeß auf den dem Dampfraum zugewendeten Rohrreihen wenig stören kann. Da weiterhin die dem Luftkanal zunächst liegenden Rohre — eben infolge ihrer Lage — am Kondensationsprozeß nicht mehr teilnehmen können, werden sie um so mehr die Herunterkühlung der sich ausscheidenden Luft und Hand in Hand damit den Kraftbedarf der Luftpumpe zur Absaugung des Luftvolumens herabdrücken können. — Es ist das Geniale dieser Konstruktion, daß sich ein Vorteil aus dem andern ergibt. —

3. Die Erhaltung der Temperatur des Kondensats auf fast derjenigen des in den Kondensator eintretenden Dampfes

wird dadurch erzielt, daß einmal das Kondenswasser die Rohre nur sehr wenig berührt und infolgedessen nicht die reichliche Gelegenheit zur Abkühlung hat wie in einem gewöhnlichen Kondensator (nach Abb. 25) und ferner aber auch dadurch, daß die einzelnen Fäden des herabrieselnden Kondensates durch die Eigenart der Anordnung der Rohrsegmente sich dem einströmenden Dampfe entgegen bewegen (siehe Abb. 30 u. 31) und so vom Dampf wieder angewärmt werden müssen.

4. Der Kondensator von Ginabat zeigt ferner die Geneigtheit, die höchste Wärmedurchgangszahl bei Überlastungen aufrechtzuerhalten, und zwar ist diese Eigenart nicht nur rechnerisch nachzuweisen sondern auch an mehr als hundert Kondensatoren, welche sich bis heute im Betrieb befinden, festgestellt worden.

Theoretisch läßt sich diese Eigenart wie folgt erklären:

In Abb. 38 ist ein Kondensator mit einem Rohrbündel *F* nach Abb. 25 und ein Kondensator mit einem Rohrbündel *F'*

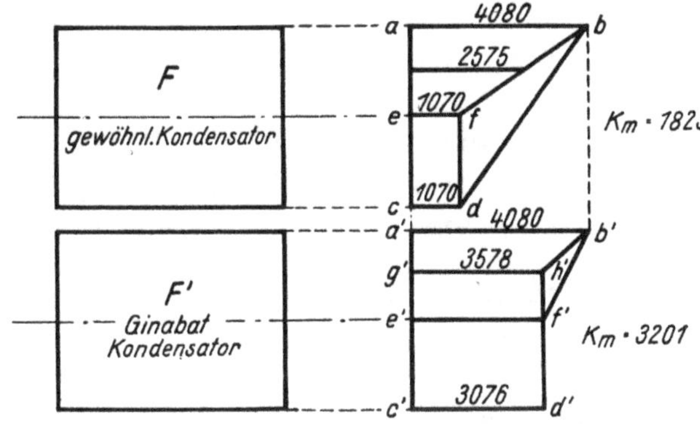

Abb. 38. Wärmedurchgangszahl-Diagramme für Überlastung.

nach Ginabat dargestellt. Für den **gewöhnlichen** Kondensator ist das Diagramm für die einzelnen Wärmedurchgangszahlen $= a - b - c - d$.

Für den **Ginabat**-Kondensator hat das Koeffizientendiagramm die Form $a' - b' - f' - d' - e'$. Es ist dabei angenommen worden, daß bei dem gewöhnlichen Kondensator nur die untersten Rohre vollkommen durch das herabrieselnde Kondenswasser isoliert werden. Der kleinste k-Wert ist also $= c - d$.

Es wird ferner die Annahme gemacht, daß die vollständige Isolierung des benetzten Teiles der Rohre beim Ginabatkondensator auf der Mitte des betreffenden Diagrammes, also in der Linie $e' - f'$ liegt. Wird jetzt die Niederschlagsleistung verdoppelt, so rückt für den gewöhnlichen Kondensator die Höhenlage der völlig isolierten Rohre nach $e - f$, und zwar in die Mitte der Gesamthöhe auf, und für den Ginabatkondensator auf die Linie $g' - h'$, welche die Mittellinie für die obere Hälfte des Diagramms darstellt.

Wird nun die Belastung verdoppelt, so ändert sich das Diagramm, und zwar beim **gewöhnlichen** Kondensator in $a - b - f - d - c$ und beim **Ginabat**-Kondensator in $a' - b' - h' - d' - c'$.

Berechnen wir nun die mittlere Wärmedurchgangszahl dieser beiden Rohrbündel nach derselben Art wie früher, so ergibt sich für das Rohrbündel F als

Wärmedurchgangszahl der **oberen** Hälfte:

$$\frac{4080 + 1070}{2} = 2575 \text{ kcal/m}^2 \text{h}^0,$$

für die Wärmedurchgangszahl der **unteren** Hälfte:

$$1070 \text{ kcal/m}^2 \text{h}^0$$

und somit für die **mittlere** Wärmedurchgangszahl:

$$\frac{2575 + 1070}{2} = 1823 \text{ kcal/m}^2 \text{h}^0.$$

Für das Rohrbündel F' ist

der k-Wert des **obersten Viertels**:

$$\frac{4080 + 3076}{2} = 3578 \text{ kcal/m}^2 \text{h}^0.$$

der k-Wert der **drei unteren** Viertel:

$$3076 \text{ kcal/m}^2 \text{h}^0$$

und demnach die **mittlere** Wärmedurchgangszahl:

$$\frac{3578 + 3076 \cdot 3}{4} = 3201 \text{ kcal/m}^2 \text{h}^0.$$

Somit ergibt ein Kondensator der Ginabat-Rohranordnung eine Leistungsverbesserung von 76 v. H. gegenüber einem gewöhnlichen Kondensator guter Bauart bei doppelter Belastung.

5. Die Verringerung des Druckverlustes gegenüber gewöhnlichen Kondensatoren läßt sich leicht erklären, wenn wir uns an den Punkten „*a*" und „*b*" der einzelnen Segmente (s. Abb. 33) eine Kraft in der Richtung der eingezeichneten Pfeile wirkend denken und uns zugleich vorstellen, daß die Rohrsegmente in den Punkten „*m*" mit Gelenken versehen wären. In diesem Falle könnten wir das ganze Aggregat zu einem flachen Rohrbündel auseinanderziehen, dessen Breite die Abwicklung des äußeren Umfanges der Kondensatorelemente darstellte und dessen Dicke gleich derjenigen eines Rohrnestes wäre. Dieses flache Röhrenbündel setzt dem Durchgang des Dampfes fast keinen Widerstand entgegen.

Mit den verhältnismäßig weitgehenden Ausführungen über die günstigste Rohranordnung in einem Kondensator wollten wir uns klar machen, nach welchen Richtlinien die Verteilung der Kühlwasserrohre vorzunehmen oder die Kühlfläche *F* im Kondensator unterzubringen ist. Die Abb. 39 bis 43 bringen fünf **verschiedene Verteilungsarten der Rohre der Kühlfläche** nach Vorschlägen ausländischer und deutscher Firmen. Abb. 39 zeigt, wie wir es nicht machen sollen! — Der Schiffskondensator englischer Konstruktion ist einfach von oben bis unten voll gepackt worden. Abb. 40 zeigt den leisen Ansatz, dem Dampf das Eindringen in die Kühlfläche etwas zu erleichtern. Abb. 41 und besonders Abb. 42 einer Rohrverteilung der B.B.C. zeigen erhebliche Fortschritte auf dem Wege, durch konstruktive Maßnahmen den Dampf zwangläufig in die Kühlfläche hineinzuziehen. Der B.B.C.-Kondensator der Abb. 42 stellt den Übergang zum Ginabatkondensator der Abb. 43 dar.

Die Vorteile der Verringerung der Kühlfläche können aber nur in Erscheinung treten, wenn der Kondensator sonst technisch einwandfrei durchkonstruiert ist und wenn besonders die Luftabsaugung eine recht scharfe ist.

Es ist nun notwendig, diese auf theoretischem Wege gefundene **„günstigste Rohranordnung"**, ferner die für diese

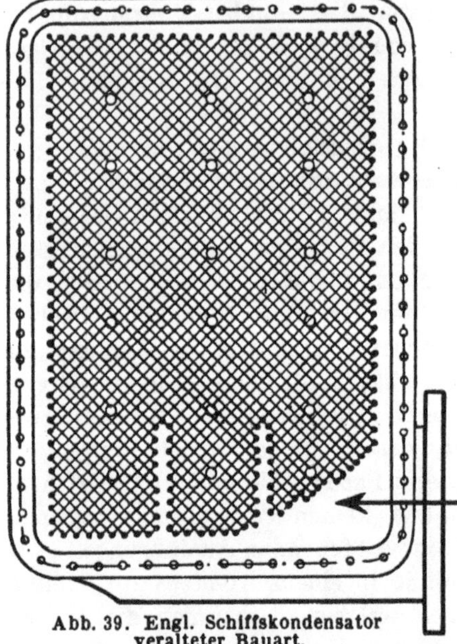

Abb. 39. Engl. Schiffskondensator veralteter Bauart.

Ginabat-Rohranordnung gefundenen Wärmedurchgangszahlen und zuletzt die vorhin abgeleiteten Vorteile der Ginabatkonstruktion gegenüber einem normalen Oberflächenkondensator durch vergleichende Versuche zu beweisen. Es ist hier die Stelle, **Grundsätzliches über die vergleichende Bewertung von Kondensatoren** einzuflechten:

Die Kondensatoren werden gemeinhin nach der Größe der Wärmedurchgangszahlen bewertet, da dieser Wert allen Veränderlichen des Apparates Rechnung trägt und rasch ein Urteil über die Wirksamkeit der Rohroberfläche ermöglicht. Handelt es sich aber darum, die **besonderen** Vorzüge zweier verschiedenartig konstruierter Kondensatoren miteinander zu vergleichen, so genügt die einfache Vergleichung der k-Werte keinesfalls.

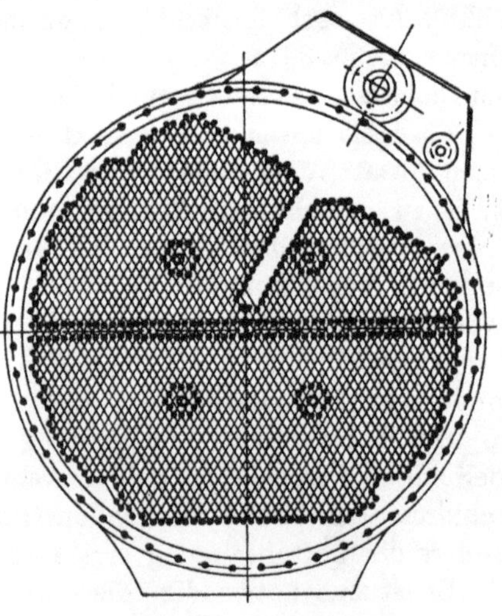

Abb. 40. Neuerer Schiffskondensator.

Zunächst einmal können wir keine k-Werte miteinandervergleichen, die an zwei Konden-

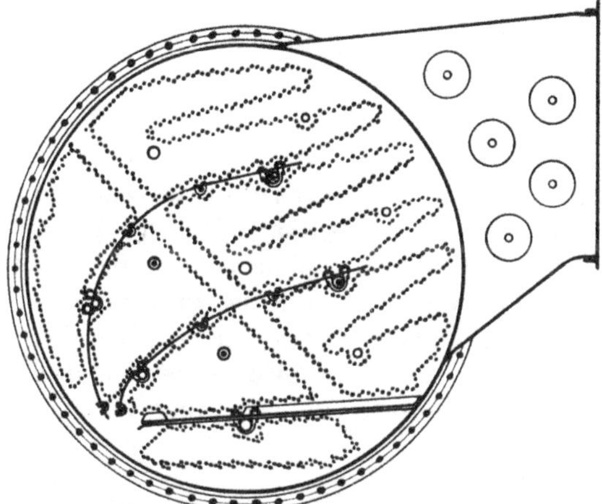

Abb. 41. Oberflächen-Kondensator der »Contraflo-Condenser and Kinetic Air Pump Coy. Ltd.«, London.

satoren mit verschiedenen Kühlflächen festgestellt worden sind. Wir haben gesehen, daß die Rohre im unteren Teile eines Rohrbündels um so mehr unter Wasser gesetzt werden, je mehr Rohre sich über ihnen befinden.

Um diesen Gedanken genauer darzulegen, greifen wir

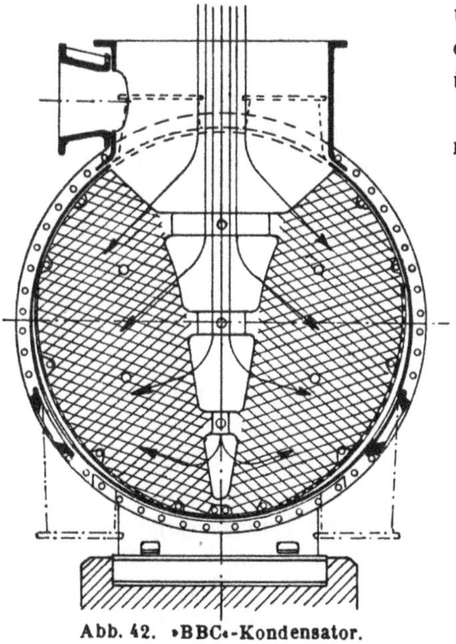

Abb. 42. »BBC«-Kondensator.

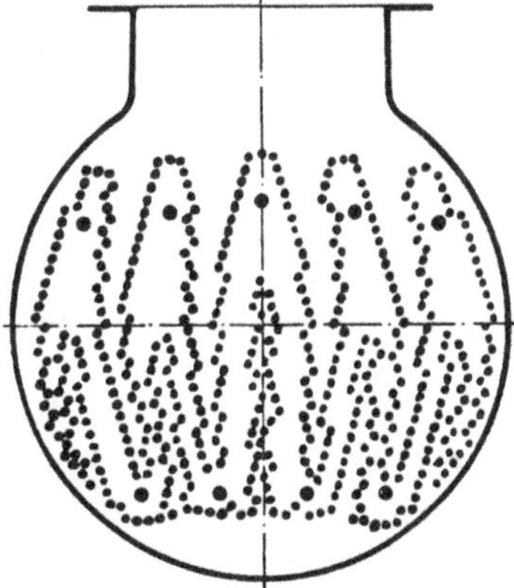

Abb. 43. »Ginabat«-Kondensator.

nochmals auf das Rohrbündel *F* in Abb. 27 zurück. Wir haben vorausgesetzt, daß sich in diesem Kondensator der *k*-Wert nach dem geradlinigen Gesetz „*b*—*d*" ändert. Die Wärmedurchgangszahl der Rohre in der Mitte des Bündels wäre dann 2575 kcal/m²h⁰.

Wir entwerfen nun in Gedanken einen anderen Kondensator, welcher genau der oberen Hälfte des Rohrbündels *F* entspricht und dieselbe Dampfmenge pro m² kondensieren soll. Offenbar werden die Rohre des unteren Teiles des gedachten neuen Apparates immer noch die gleichen Wärmedurchgangszahlen = 2575 kcal/m²h⁰ haben, weil die Stärke des Regens sich nicht geändert hat. Aber der mittlere Wert k_m'' ändert sich von 2575 auf

$$k_m'' = \frac{4080 + 2575}{2} = 3327 \text{ kcal/m}^2\text{h}^0.$$

Führen wir schließlich die Überlegung ins Extrem und beschränken das Rohrbündel auf ein einziges Rohr, so erhalten wir als mittlere Durchgangszahl den Wert

$$k_m''' = 4080 \text{ kcal/m}^2\text{h}^0.$$

Wir verstehen jetzt, warum kleine Kondensatoren hohe *k*-Werte aufweisen, und erkennen den Irrtum, welchen wir begehen würden, wenn wir Kondensatoren verschiedener Kühlflächen mit Hilfe ihres *k*-Wertes vergleichen wollten.

Neben der Kühlfläche spielt die Größe der **Kühlwassergeschwindigkeit** in den Rohren bei der vergleichenden Bewertung zweier Kondensatoren eine ausschlaggebende Rolle:

Das Kühlwasser, welches einen Kondensator durchströmt, tritt in zweifacher Weise bei der Berechnung der Wärmedurchgangszahl in Erscheinung, nämlich mit seiner Menge und mit seiner Geschwindigkeit.

Bei gegebener Menge können wir die Geschwindigkeit in den Rohren ändern, indem wir die Anzahl der Wasserwege ändern. Wir nehmen — auf unsere früheren Betrachtungen zurückgreifend — an, daß der mittlere *k*-Wert eines Rohrbündels mit der Quadratwurzel aus der Kühlwassergeschwindigkeit wächst und untersuchen im folgenden die Größe des Fehlers, den wir begehen, wenn wir zwei Kondensatoren mit verschiedenen Kühlwassergeschwindigkeiten vergleichen. Wir setzen einen Apparat mit zwei Wasserwegen und eine Kühl wassergeschwindigkeit $v_w = 1{,}5$ m/sek voraus und unterwerfen denselben einer einzigen Änderung: Wir erhöhen die Zahl der Wasserwege auf 3 und lassen unter Vergrößerung der Pumpenleistung die gleiche Wassermenge durch diesen Dreiwasserweg-Kondensator strömen. Es wird dann die Geschwindigkeit in den Rohren:

$$v' = \frac{1{,}5 \times 3}{2} = 2{,}25 \text{ m/sek.}$$

Ist die mittlere Wärmedurchgangszahl des Bündels vorher z. B. 2575 kcal/m²h⁰ gewesen, so erhöht sie sich nunmehr auf

$$2575 \sqrt{\frac{2{,}25}{1{,}5}} \cong 3140 \text{ kcal/m}^2 \text{h}^0 \cdot$$

Diese Verbesserung ist der Vergrößerung der Pumpenleistung zuzuschreiben, die aber dem Betriebe viel kostet. Wir erkennen aber, daß die angegebene Änderung eintritt, wenn die Kühlwassergeschwindigkeiten sehr voneinander verschieden sind. Es ist aus diesem Grunde nicht möglich, Kondensatoren mit verschiedenen Wassergeschwindigkeiten oder mit einer verschiedenen Zahl von Wasserwegen unmittelbar miteinander zu vergleichen.

Es hat sich gezeigt, daß die Kühlwasserführung im Gegenstrom notwendig ist, wenn wir gute Wärmedurchgangszahlen erhalten wollen, es hat sich aber auch gezeigt, daß der k-Wert sich mit der Zahl der Wasserwege durch das Rohrbündel erhöht. Ziehen wir die Versuche von Bertien und Weigthon in den Kreis unserer Betrachtungen, welche deutlich die Verbesserung der Luftleere bei einer Umkehrung des Kühlwasserstromes zeigen, so ergibt sich, daß das Rohrbündel mit nur einem Wasserweg einen geringeren Wirkungsgrad haben muß, als das eines Apparates mit reinem Gegenstrom, welcher zwei Wasserwege umfaßt. Der Unterschied ist noch größer gegenüber einem Dreiwasserweg-Kondensator.

Als weitere Gesichtspunkte kommen bei einer vergleichenden Bewertung zweier Kondensatoren die Temperatur des Kühlwassers, das niederzuschlagende Dampfgewicht pro m², die Länge der Rohrbündel im Vergleich mit ihrem Durchmesser, die Dichtheit der Vakuumräume und die innere und äußere Verschmutzung der Rohre hinzu. Die Verschmutzung hemmt den Wärmeaustausch, und es versteht sich auch von selbst, daß sie bei zum Vergleich gestellten Kondensatoren die gleiche sein muß, wenn es nicht möglich gewesen ist, vor dem Versuch eine Reinigung der Rohre beider Kondensatoren vorzunehmen.

Wir kommen also zu dem Ergebnis, daß wir nur Kondensatoren vergleichen dürfen, welche dieselben Daten haben und sich einzig und allein in der geradezu bewertenden Anordnung unterscheiden. In jedem Falle müssen wir uns dieser Bedingung möglichst nähern und uns bemühen, eine vollkommene Dichtheit der Apparate zu erreichen, da die Gegenwart von Luft an den Rohren geeignet ist, alle Versuchsergebnisse zu verfälschen.

Unter diesen Gesichtspunkten sind nun in der Zentrale der „Union d'Electricité" in Gennevilliers bei Paris und auf der Elektrischen Zentrale Comines vergleichende Versuche zwischen normalen und Ginabatkondensatoren vorgenommen worden, deren Ergebnisse hier kurz wiedergegeben sein mögen, da sie unsere auf theoretischem Wege gefundenen Erkenntnisse bestätigen. Im übrigen sind viele andere vergleichende Versuche mit ähnlichen Ergebnissen durchgeführt worden, aber bei den nachstehend beschriebenen waren in eindeutiger Weise alle soeben entwickelten Vorbedingungen für einen lückenlosen Vergleich erfüllt.

Das Kraftwerk in Gennevilliers besitzt zurzeit fünf Turbogeneratoren mit einer maximalen Leistung von 40 000 kWh, deren einer (Nr. 1) mit einem Kondensator gewöhnlicher Bauart, die vier andern aber mit Kondensatoren nach Ginabat ausgestattet sind[1]). Die Kondensatoren haben gleiche Abmessungen, gleiche Rohrzahl, gleiche Kühlfläche, gleiche Kühlwassermenge, gleiche Bauart und Zahl der Luftpumpen, der Wasserpumpen usw., der Unterschied besteht nur in der **Anordnung** der Rohre. Für einen lückenlosen Vergleich der verschiedenen Einbauarten der Rohre sind also bei dieser Anlage alle notwendigen Vorbedingungen erfüllt.

---

[1]) Die Ausführungslizenz für Ginabat-Kondensatoren in Deutschland hat die Firma Balcke-Bochum erworben.

Zahlentafel 1.

Versuche an einem Ginabat-Kondensator der Union d'Electricité, Zentrale Gennevilliers.

Daten des Ginabat-Kondensators:	
Kühlfläche	3500 m²
Zahl der Wasserwege	1
Rohrzahl	7500
Rohrabmessungen	20 × 22 mm.

Versuchs-Nr.	1	2	3
Dampfmenge . . . . kg/h	150 100	166 500	179 500
abs. Dampfspannung am Kondensatorstutzen . . . . mm QS	24,3	25,81	27,1
der Dampfspannung, entspr. Temperatur . . . . °C	25,5	26,55	27,4
mittlere Kühlwassertemperatur:			
am Eintritt . . . . . . °C	15,5	15,5	15,6
am Austritt . . . . . . °C	20,0	21,19	21,7
Temperatur des Kondensates °C	24,28	25,01	21,1
Temperatur der abgesaugten Luft . . . . °C	19,54	20,51	21,1
Luftleere, bez. auf 760 mm QS v.H.	96,8	96,6	96,43
Wärmedurchgangszahl . . kcal/m²h°	3301	3324	3367

Zahlentafel 2.

Vergleichsversuche an 2 Kondensatoren in der Zentrale Gennevilliers.

Daten der 2 Kondensatoren:	
Kühlfläche	3500 m²
Zahl der Wasserwege	1
Rohrzahl	7500
Rohrabmessungen	20 × 22 mm.

Kondensator-Bauart	Ginabat	normal
Dampfgewicht . . . . kg/h	118 230	106 000
Überhitzungstemperatur . . . . °C	322,25	322,7
absolute Dampfspannung am Kondensatorstutzen . . . . mm QS	25,5	30,65
der Dampfspannung, entspr. Temperatur °C	26,3	29,51
mittlere Kühlwassertemperatur:		
am Eintritt . . . . °C	17,5	18,0
am Austritt . . . . °C	20,70	21,2
Temperatur des Kondensates . . . . . °C	25,05	27,0
Luftleere, bez. auf 760 mm QS . . . . v.H.	96,65	95,97
Wärmedurchgangszahl . . . . . kcal/m²h°	2600	1698

Zahlentafel 3.

Vergleichsversuche an 2 Kondensatoren in der Zentrale Comines.

Daten der 2 Kondensatoren:
- Kühlfläche . . . . 2700 m²
- Zahl der Wasserwege . . 2
- Rohrzahl 7500
- Rohrabmessungen . 20 × 22 mm.

Kondensator-Bauart	Ginabat	normal
Dampfgewicht . . . . kg/h	76 440	80 080
Spannung am Dampfsammler . . . . ata	18	18,1
Überhitzungstemperatur . . . . °C	325	328
absolute Spannung am Kondensatorstutzen . . . . mm QS	31	40,85
der Dampfspannung, entspr. Temperatur °C	29,7	34,57
mittlere Kühlwassertemperatur:		
am Eintritt . . . . °C	19	19,05
am Austritt . . . . °C	24,8	25,23
Temperatur des Kondensates . . . . . °C	26,16	29,2
Luftleere, bez. auf 760 mm QS . . . v.H.	95,90	94,6
Wärmedurchgangszahl . . . . . kcal/m²h°	2110	1336

Die Zahlentafel 1 zeigt die an dem Maschinensatz Nr. 4 nach einer vorhergehenden Rohrreinigung aufgenommenen Werte. Die Reinigung war unvollkommen, da auf der inneren Rohrwand ein leichter Steinansatz bestehen blieb. Die Dampfmengen wurden mit größter Sorgfalt gemessen. Sie entsprechen einem Betriebe der Apparate bei großer Belastung (zwei Aggregate waren bis fast zur maximalen Leistung belastet). Die Werte der Wärmedurchgangszahlen k, die im übrigen hoch über den gebräuchlichen liegen, würden mit einem vollkommen reinen Kondensator noch größer und wiederum noch größer gewesen sein, wenn zwei oder drei Wasserwege anstatt eines einzigen vorhanden gewesen wären.

Die Wärmedurchgangszahl k wurde nach der Formel:

$$k = \frac{D \cdot i_2}{F \cdot \Delta m},$$

ermittelt, worin i_2 den Wärmeinhalt des in den Kondensator einströmenden Abdampfes bedeutet (siehe Abschnitt 2, S. 45). i_2 schwankte bei diesen Anlagen zwischen 552 und 555 kcal/kg.

Die Zahlentafel 2 ermöglicht einen Vergleich zwischen den beiden in Frage stehenden Kondensatoren. Die beiden Apparate waren die gleiche Anzahl von Stunden seit der letzten Reinigung, welche mehr als einen Monat zurücklag, in Betrieb gewesen. Die eingesetzten Zahlen wurden bei Versuchen mit verringerter Belastung von etwa 20000 kW aufgenommen, und zwar aus Gründen, die mit den Kondensatoren in keinem Zusammenhang standen. Der Wert des Verhältnisses der beiden Wärmedurchgangszahlen ergab sich zu 2600/1698 = 1,53, welcher damit eine Verbesserung von 53 v. H. zugunsten des Kondensators der Ginabatbauart auswies.

Die Kurven der Abb. 44 beziehen sich auf Versuche an dem Maschinensatz Nr. 3 während eines Winters. Die erzielten hohen Luftleeren konnten bei allen Belastungen auf-

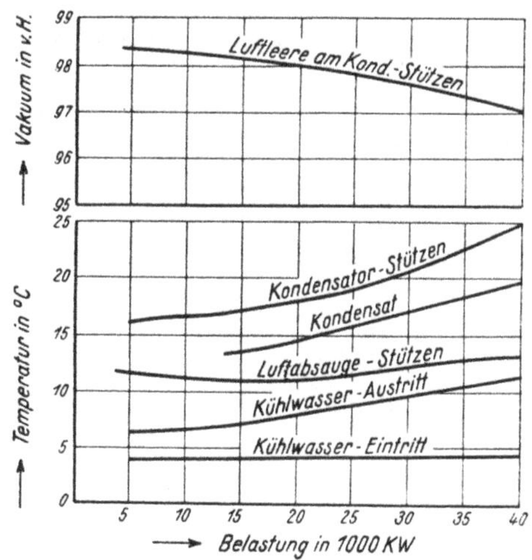

Abb. 44. Versuchsergebnisse an Ginabat-Kondensatoren.

rechterhalten werden, woraus sich die Geeignetheit der Ginabatkondensatoren große Belastungen zu ertragen, ergibt. Auch zeigte die Kondensat-Ablauftemperatur einen verhältnismäßig hohen Wert, obwohl das Kühlwasser sehr kalt war.

Diese Versuchsergebnisse im Großkraftwerk Gennevilliers werden befestigt durch die in Zahlentafel 3 zusammengestellten Versuchsergebnisse an zwei Kondensatoren der Elektrischen Zentrale Comines.

Die untersuchten Kondensatoren wurden nach den gleichen Zeichnungen gebaut. Sie haben die gleiche Kühlfläche und die gleiche Rohrzahl, die Strahlapparate und die Pumpen sind genau die gleichen, der Unterschied bestand auch hier nur in der **Anordnung** der Rohre. Im übrigen waren diese Rohre mit einer Schicht von organischen Stoffen, und zwar Abfällen von Gerbereien belegt, welche den Wirkungsgrad ungünstig beeinflußten. Es handelte sich dabei um zähe Stoffe. Die Rohre wurden acht Tage vor dem Versuch mit einer Lösung von Salzsäure gereinigt und nach stattgehabter Reinigung genau die gleiche Anzahl von Stunden bis zur Inangriffnahme der Versuche in Betrieb gehalten. Die Dauer jedes Versuches war eine Stunde, während welcher die Belastung der beiden Turbogeneratoren gleich und vollkommen konstant gehalten wurde. Die Versuchswerte wurden in Abständen von 10 Minuten abgelesen. Die Temperaturen wurden mit kontrollierten und in Zehntelgrade geteilten Thermometern gemessen, die Drücke wurden mit Quecksilber-Vakuummetern festgestellt. Das Verhältnis der Wärmedurchgangszahlen ergab hier einen noch günstigeren Wert als bei den Versuchen in Gennevilliers, und zwar 2110/1336 = 1,58.

Wir haben nun die Konstruktionsbedingungen kennengelernt, welche wir einhalten müssen, um einen Kondensator hoher spezifischer Leistung, d. h. möglichst hoher Dampf-Niederschlagsleistung zu bauen. Unsere Aufgabe ist hiermit aber noch nicht abgeschlossen; denn es gilt noch die **zwei** folgenden **Bedingungen** zu erfüllen:

1. das Vakuum auf dem größtmöglichen Wert im Betriebe dauernd konstant zu erhalten, und
2. das Dampfkondensat ohne Verunreinigungen an den Kessel zurückzuliefern.

Die besonders für den Turbinenbetrieb äußerst wichtige Forderung der **dauernden Konstanterhaltung des garantierten Vakuums** ist nur dadurch zu erhalten, daß die Rohre mit Kühlwasser beschickt werden, welches **dauernd und voll-**

kommen steinfrei ist. Es sind mehrere Verfahren angewendet worden, um Kondensatoren steinfrei zu halten, sie werden im folgenden Abschnitt besprochen werden. Besonders das Impfverfahren gibt die Möglichkeit, durch das sog. Impfen des Kühlwassers die Kondensationsanlage tagaus tagein auf dem Vakuum zu halten, für welches sie gebaut war, und somit auch die Kraftmaschine dauernd unter **den** Verhältnissen arbeiten zu lassen, für welche ihr Dampfverbrauch garantiert worden war. Diese dauernde Steinfreiheit des Kühlwassers ist ganz besonders für den Ginabatkondensator ausschlaggebend.

Steinfreies Kühlwasser bringt aber noch den sehr wesentlichen Vorteil mit sich, daß die Rohre beiderseits in den Rohrböden eingewalzt werden können. Hierdurch entfällt die Möglichkeit von Leckstellen an Stopfbüchsen.

Die Rohreinwalzung ist eine sehr wichtige Konstruktionsbedingung für einen Hochleistungskondensator; denn es hat sich gezeigt, daß nur eingewalzte Rohre im Dauerbetriebe vollkommen dicht halten können. Die Gefahr des Undichtwerdens infolge Wärmedehnung ist hier sehr gering gegenüber der Möglichkeit des Undichtwerdens von Rohren, welche in Stopfbüchsen laufen. Sachgemäß eingewalzte Rohre halten in jahrelangem Betriebe vollkommen dicht, während es stets Schwierigkeiten bereitet hat, die große Anzahl der kleinen Stopfbüchsen dicht zu halten. Zudem sind die Wärmedehnungskoeffizienten der Rohre, Rohrböden und des Kondensatormantels so wenig voneinander verschieden, daß sie als belanglos außer acht gelassen werden können.

Das absolute Dichthalten des Rohrsystems durch Einwalzen der Rohre in die Böden ist nun insofern von großer Bedeutung für den Kondensatorbetrieb, als **verhütet** werden muß, daß durch Leckstellen **unreines Kühlwasser sich mit dem gewonnenen chemisch reinen Turbinenkondensat mischt.** Turbinenkondensat stellt das reinste Kesselspeisewasser dar, welches überhaupt erzielt werden kann, einmal enthält es keine Steinbildner, welche die Kesselrohre der Dampfkesselanlage mit Stein belegen könnten, und anderseits ist das Kondensat entlüftet. Es enthält somit keine Gase mehr, besonders nicht den sehr gefürchteten Sauerstoff.

Die Gasfreiheit des Kondensats steht in doppelter Beziehung zum Vakuum im Kondensator! Nicht nur erzeugt ein hohes Vakuum gut entgastes Kondensat, sondern es ergibt auch umgekehrt entlüftetes Kondensat (bei Verwendung als Kesselspeisewasser) gasfreien Kesseldampf. Infolgedessen ist auch der Abdampf luftfreier, und mit diesem Abdampf wiederum fällt die Erzeugung hohen Vakuums der Kondensatorluftpumpe weit leichter, d. h. ihre Bemessung und der Kraftbedarf können knapper gewählt werden. Wir sehen also, daß ein dauernd hohes Vakuum — infolge dauernd reiner Kühlflächen — dauernd gut entgastes Speisewasser ergibt und das gut entgastes Speisewasser umgekehrt die Erzielung eines hohen Vakuums erleichtert. Es lassen sich also unsere Betrachtungen dahingehend abschließen, daß der Konstrukteur beim Entwurf einer neuzeitlichen Turbinenkondensation **folgende Richtlinien** zu befolgen hat:

1. **Erzielung eines höchstmöglichen Vakuums nach der Kraftmaschine hin.**
2. **Lieferung der erforderlichen Menge einwandfreien Kesselspeisewassers nach der Dampfkesselanlage hin.**
3. **Hohe spezifische Leistung.**
4. **Verwendung von Hochleistungs-Hilfsmaschinen und der Verminderung ihres Kraftbedarfes auf das geringste Maß.**

Wir haben nunmehr zunächst die Aufgabe zu lösen, an Hand der gewonnenen Erkenntnisse die Konstruktionsbedingungen für die für einen Hochleistungskondensator notwendigen Hilfspumpen zu entwickeln.

2. Die Hilfspumpen für Oberflächenkondensatoren.

Mit den sich immer stärker steigernden Ansprüchen an die Wirtschaftlichkeit der Turbinenanlage erhöhten sich in gleichem Maße die Leistungsanforderungen an die Kondensation. Sie sollte nicht nur höchstes Vakuum geben — möglichst entsprechend der Warmwassertemperatur des ablaufenden Kühlwassers — sondern auch ein einwandfreies Kesselspeisewasser in genügender Menge und von möglichst hoher Temperatur zum Kessel zurückliefern und zugleich eine hohe spezifische Leistung, d. h. geringen Raum- und Leistungsbedarf aufweisen. Es ist leicht einzusehen, daß Hand in Hand mit den gesteigerten Anforderungen an den Kondensator auch die Ansprüche an die Leistungsfähigkeit der Pumpen und hier ganz besonders an die der Luftpumpe stiegen. Alle bei Mischkondensationen gebräuchlichen trockenen und nassen Pumpen zur Absaugung der Luft kommen für einen Hochleistungs-Oberflächenkondensator heute nicht mehr in Frage. **Es hat sich ergeben, daß nur mit Wasser oder mit Dampf betriebene Strahlluftpumpen mit geschlossenem Arbeitsstrahl befähigt sind, alle Anforderungen an die Luftabsaugung bei neuzeitlichen Oberflächenkondensatoren zu erfüllen.** Wir werden uns also mit ihnen im folgenden etwas eingehender beschäftigen müssen.

Die **Strahlpumpen** zeichnen sich durch die Energie der Luftabsaugung aus, sie sind deshalb besonders für den Gibanatkondensator als Luftpumpe unerläßlich. Sie arbeiten entweder mit einem geschlossenen Wasserstrahl oder Dampfstrahl, der sich durch feststehende Düsen und Diffusoren fortbewegt und hierbei die Luft mitreißt und verdichtet. Durch das Fehlen bewegter Teile haben die Strahlpumpen auch keine Abnutzung, selbst nicht in jahrelangem Dauerbetriebe. Auch ist infolgedessen eine Störung des Betriebes undenkbar, solange das Arbeitswasser oder der Betriebsdampf vorhanden ist. Es entfällt ferner der Verbrauch an Schmiermitteln.

a) Die Wasserstrahl-Luftpumpe.

Die Wasserstrahl-Luftpumpe beruht auf denselben Grundlagen wie die rotierende *WL*-Luftpumpe, welche wir im vorigen Abschnitt unter den Hilfsmaschinen für große Mischkondensatoren kennenlernten. Wie bei den *WL*-Pumpen wird auch in der Strahlluftpumpe das mit einer Geschwindigkeit von etwa 2,0 m/sek eintretende Arbeitswasser auf eine höhere Geschwindigkeit gebracht und dieser Geschwindigkeitszuwachs in einem Diffusor wieder in Druck umgesetzt, welcher dazu dient, das Arbeitswasser + der angesaugten Luftmenge aus dem Strahlapparat in das Freie zu drücken. Nur die Art und Weise der Erzeugung des Geschwindigkeitszuwachses des Arbeitswassers ist verschieden. Bei der

WL-Luftpumpe tritt das Wasser mit geringem Druck in einen von außen motorisch angetriebenen Läufer, bei dem Strahler dagegen tritt das Wasser mit Überdruck in eine Strahldüse; der Überdruck wird durch Querschnittsverengung bis zur Düsenmündung in Geschwindigkeit umgesetzt. Theoretisch — also bei Außerachtlassung aller Wirkungsgrade — müßte also der Kraftbedarf des rotierenden Läufers der *WL*-Pumpe gleich dem Kraftbedarf der Erzeugung des Überdruckes des Arbeitswassers beim Eintritt in den Apparat bei der Strahlluftpumpe sein, bei gleicher Saugeleistung und sonst gleichen Ansaugeverhältnissen der beiden zum Vergleich gestellten Luftpumpen.

An Hand der Abb. 45, welche die einfachste Form eines solchen Wasserstrahlers wiedergibt, läßt sich die Wirkungsweise wie folgt erklären:

Das Arbeitswasser tritt mit einem Drucke $= p$ ata und einer Geschwindigkeit $w = 2{,}0$ m/sek in die Düse „*D*" ein. Der Druck p wird infolge der allmählich eintretenden Querschnittsverengung der Düse in Geschwindigkeit umgesetzt,

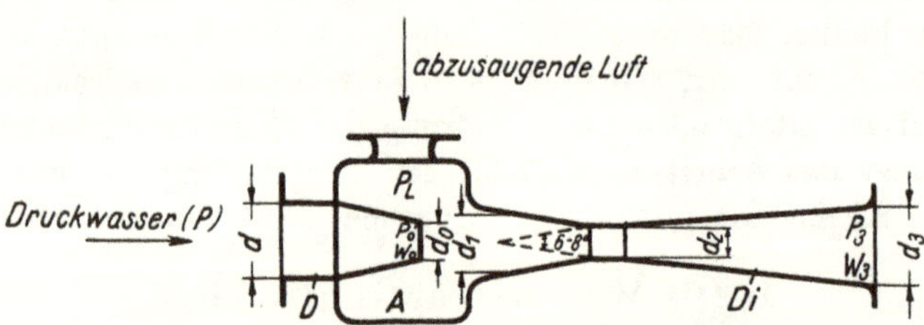

Abb. 45. Schema der Wasserstrahl-Luftpumpe.

und zwar derart, daß theoretisch an der Mündung der Düse der Druck $= p_0 = 0$ geworden ist. Im Ansaugeraum „*A*" der Strahlpumpe befindet sich Luft von der Spannung p_L. Da nun $p_L > p_0$ ist, muß die Luft in den Wasserstrahl eindringen, daneben wird sie noch durch Reibung der Luft und Wassermoleküle aneinander mit in den anschließenden Diffusor „*Di*" geschleudert.

Das Wasser-Luft-Gemisch gelangt also mit der Geschwindigkeit w in die Eintrittsöffnung des Diffusors. Dieser muß nun so ausgebildet werden, daß in ihm eine allmähliche

Umsetzung der Geschwindigkeit des Gemisches in Druck erfolgt, welcher so zu bemessen ist, daß die Geschwindigkeit des Gemisches am Austritt des Diffusors $w_3 = w$ beträgt.

Sehr wichtig ist die Ausbildung des Wasserstrahls und die Einführung desselben in den Auffangteil des Diffusors. Dr. P. H. **Müller** hat in seiner Düse zur guten Ausbildung des Wasserstrahls einen Drallkörper (s. Abb. 46) eingebaut, welcher den Wasserstrahl aufteilt und ihm beim Vorwärtsschießen gleichzeitig eine Drehbewegung erteilt. Die Wirkung ist mit einer Schnecke vergleichbar, welche die in den Wasserstrahl eintretende Luft „korkenzieherartig" in den Diffusor hineinschrauben soll.

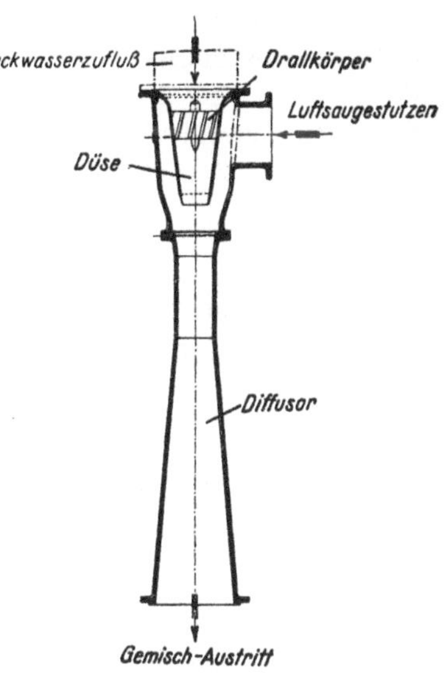

Abb. 46. Müller-Düse.

Die Diffusoröffnung muß so ausgebildet werden, daß ihr Durchmesser $d_1 > d_0$ der Düse ist. Ferner muß die Einführung des Wasser-Luft-Gemisches möglichst reibungs- und wirbellos geschehen. Aus diesem Grunde ist es ratsam, den Übergang vom Auffangteil des Diffusors zum Druckteil mit dem Durchmesser $d_2 = d_0$ möglichst ein Stück parallel zu führen, um die Wasser-Luftfäden wirbellos zu ordnen und geordnet in den Druckteil einzuführen. Die Querschnittserweiterung des Diffusors muß langsam und gleichmäßig geschehen, um Wirbelverluste zu vermeiden. Deshalb darf der Kegelwinkel des Druckkonus a nicht mehr wie 6—8° betragen. Der Konstrukteur achte besonders auf die Ausbildung des Diffusors; sein Wirkungsgrad ist mit 0,5 bei guter Ausführung an sich schon schlecht genug! —

Der Eintrittsdurchmesser d in die Düse berechnet sich aus der gewählten Wassergeschwindigkeit $w = 0{,}2$ bis $0{,}25$ m/sek und der gewählten Wassermenge Q' kg/sek nach der Strömungsgleichung:

$$\frac{\pi d^2}{4} w \cdot = Q'.$$

Der Düsendurchmesser d_0 berechnet sich aus der Betrachtung, daß der Druck p_0 des Wassers an dieser Stelle = 0 werden soll, es ist also die ganze Druckhöhe in Geschwindigkeit umzusetzen. Es ist somit:

$$\frac{w_0^2}{2g} = \frac{w^2}{2g} + \frac{p}{\gamma},$$

worin λ das spez. Gewicht des Wassers bedeutet.

Hieraus ergibt sich:

$$w_0 = \sqrt{w^2 + 2g \cdot \frac{p}{\gamma}} \cdot$$

Nach der Strömungsgleichung ist dann:

$$\frac{d_0'^2 \cdot \pi}{4} \cdot w_0 = Q'.$$

Soweit theoretisch! In Wirklichkeit kann p_0 nicht = 0 sein, sondern muß irgendeinen positiven Wert haben, je nach der zu fördernden Wassermenge und deren Temperatur. Man wählt daher den Durchmesser der Düsenmündung $d_0 = 1{,}1$ —1,2 d_0'.

Den Eintrittsdurchmesser in den Diffusor $= d_1$ hatten wir schon zu $\geqq d_0$ bestimmt, man setzt $d_1 = 1{,}1$—1,2 d_0. Der Durchmesser des Diffusoraustrittes d_3 ist $= d =$ dem Durchmesser des Eintrittes in die Arbeitsdüse des Strahles zu machen.

Die Menge des Arbeitswassers und der gewählte Druck desselben sind voneinander derart abhängig, daß man bei kleineren Wassermengen größere Drücke, also auch größere Geschwindigkeiten und umgekehrt wählt. Die Wassermenge kann zwischen 0,2 bis zur gesamten Kühlwassermenge und dementsprechend die Drücke des Arbeitswassers zwischen 6—2 ata schwanken, je nach der gewählten Einschaltung der Strahlpumpe in den Kühlwasserkreislauf der Kondensation, auf welche wir jetzt zu sprechen kommen.

Daß die ganze Konstruktion der Wasserstrahl-Luftpumpe aus dem Gedanken entsprungen ist, daß Kühlwasser der

Kondensation als Arbeitswasser zu verwenden, braucht wohl nicht erst betont zu werden; es fragt sich nur, wie die Pumpe am zweckmäßigsten in den Kühlwasserstromkreis einzubauen ist. Grundsätzlich können zwei Wege eingeschlagen werden.

Die sog. Hintereinanderschaltung von Strahlpumpe und Kondensator oder die Parallelschaltung, wie die Abb. 47 u. 48 schematisch veranschaulichen.

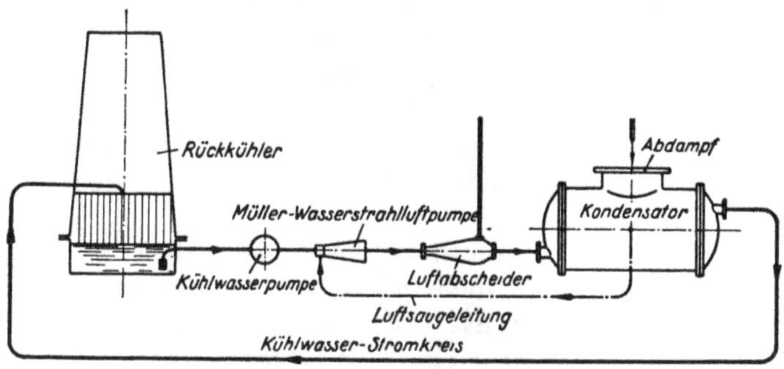

Abb. 47. Die Hintereinanderschaltung von Kondensator und Luftpumpe.

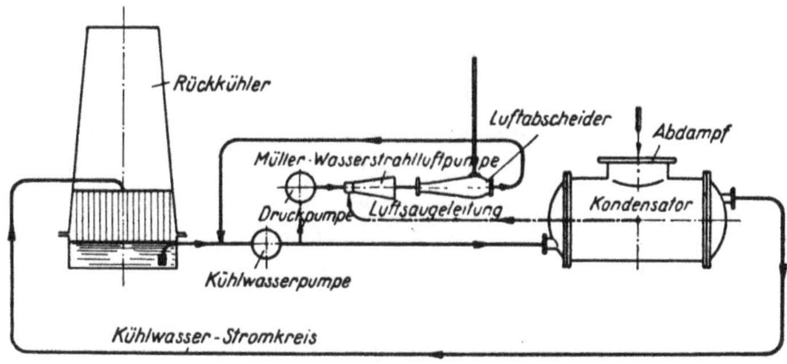

Abb. 48. Die Parallelschaltung von Kondensator und Luftpumpe.

Bei der **Hintereinanderschaltung** fließt das gesamte Kühlwasser mit erhöhtem Druck durch die Strahlpumpe, dann durch den Luftabscheider zum Kondensator. Es liegen sofort vier Übelstände auf der Hand. Durch den Durchfluß des gesamten Kühlwassers ist der Konstrukteur in der Wahl der Abmessungen der Pumpe und in der Ausbildung derselben sehr behindert. Ferner muß die Kühlwasserpumpe das gesamte

Kühlwasser auf den für die Luftpumpe und für eine bestimmte Ansaugeleistung notwendigen Druck p bringen. Den an sich schon hohen Leistungsbedarf der Kühlwasserpumpe aber noch höher zu treiben, heißt über die Grenze der Wirtschaftlichkeit hinausgehen. Ferner aber erwärmt sich das Kühlwasser in der Luftpumpe und tritt wärmer in den Kondensator ein als ohne Strahlluftpumpe, ein Vakuumabfall — wenn auch geringfügig — ist die Folge. Auch läßt sich die Luft im Luftabscheider nicht ganz entfernen. Das Kühlwasser bleibt lufthaltiger und die Wärmedurchgangszahl von Dampf auf Wasser wird niedriger — wenn auch nur in geringfügiger Weise. Aber Geringfügigkeiten addieren sich und sind in der Summe für einen Hochleistungskondensator — wie wir ihn auffassen — nicht brauchbar.

Bei der **Parallelschaltung** (Abb. 48) fallen zwar alle diese Übelstände fort, dafür wird aber die Förderleistung der Kühlwasserpumpe um das Arbeitswasser der Strahlluftpumpe höher, und es ist ferner eine weitere Pumpe notwendig, um dieses vom Hauptkühlwasserstromkreis abgezweigte Arbeitswasser auf den für den Strahler notwendigen Druck zu bringen. Anderseits kann das Einschalten der Luftpumpe keine Rückwirkungen auf den Kondensator haben. Die Schaltung nach Abb. 48 ist in jedem Falle vorzuziehen.

Der Wasserstrahlapparat muß so nahe wie angängig an der Absaugestelle des Kondensators angebracht werden, um die Ansaugeleistung so klein wie möglich zu halten. In der schematischen Darstellung der Parallel- und Hintereinanderschaltung ist dieser Umstand der Übersichtlichkeit halber außer acht gelassen.

Es muß ferner noch Vorsorge getroffen sein, daß bei Fallen des Überdrucks des Arbeitswassers nicht ein Zerstören des Vakuums im Kondensator und ein Überlaufen von Wasser zu diesem durch die Ansaugeleitung stattfinden kann. Zu diesem Zwecke hat Dr. P. H. Müller ein federbelastetes Belüftungsventil in Verbindung mit einer Drosselklappe in der Luftsaugeleitung zwischen Strahlpumpe und Kondensator in Anwendung gebracht.

Dasselbe wird bei sinkendem Wasserdruck durch Federkraft geöffnet, es strömt infolgedessen Luft ein und die Drosselklappe wird geschlossen. Damit ist die Verbindung von Strahlluftpumpe und Kondensator unterbrochen. Diese setzt erst wieder ein, wenn der Überdruck des Arbeitswassers den Sollwert wieder erreicht hat. In diesem Augenblick schließt dann der Wasserdruck das Belüftungsventil, die Drosselklappe öffnet sich sowie im Saugraum des Strahlers ein größerer Unterdruck hergestellt ist als im Kondensator.

b) Die Dampfstrahl-Luftpumpe.

Wenn auch grundsätzlich der Arbeitsvorgang in der Dampfstrahlpumpe derselbe ist wie bei der Wasserstrahlpumpe, so sind im einzelnen doch die Vorgänge bei der Dampfstrahlpumpe insofern wesentlich verwickelter, als das zugeführte Arbeitsmedium hochgespannter, überhitzter Dampf ist, welcher im Strahler die verschiedensten Zustandsänderungen durchmacht. Es hat sich ferner ergeben, daß sich mit einem einfachen Dampfstrahlapparat — einer sog. einstufigen Pumpe — wohl ein ausgezeichnetes Vakuum erzielen läßt, daß aber der Dampfverbrauch im Vergleich zur erzeugten Leistung viel zu unwirtschaftlich ist. Eine Herabminderung des Dampfverbrauches war nur in einer **zwei-** oder mehrstufigen Dampfstrahlpumpe erzielbar. Wir sind daher gezwungen, beim Turbinenbetrieb solche mehrstufigen Pumpen — trotz erheblich verwickelteren Aufbaues — zu verwenden. Das Druckgefälle wird in diesem Falle auf mehrere Stufen unterteilt. Es kann z. B. ein zweistufiger Apparat als aus zwei einzelnen hintereinandergeschalteten einstufigen

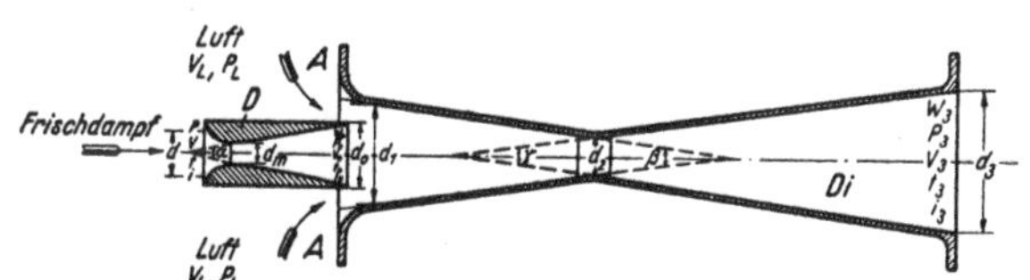

Abb. 49. Schema einer einstufigen Dampfstrahl-Luftpumpe.

Dampfstrahlern zusammengesetzt betrachtet werden. Um die Vorgänge richtig zu erfassen, betrachten wir zunächst den einfachsten Fall einer **einstufigen** Dampfstrahl-Luftpumpe, wie ihn Abb. 49, darstellt und nehmen im übrigen noch an, daß der Strahler im **abgeflanschten** Zustande arbeitet; er hat also nur in seinem Ansaugeraum „*A*“ Luftleere zu erzeugen und aufrechtzuerhalten.

Wie Abb. 49 zeigt, ist der Arbeitsvorgang an sich derselbe wie bei der Wasserstrahlluftpumpe. In die Düse „*D*“ tritt Dampf von hoher Spannung vom Zustande p, t, v ein. Durch richtige Düsenausbildung wird in dieser die gesamte Pressungsenergie des Arbeitsdampfes in Geschwindigkeit umgesetzt. Wir nehmen demnach an, daß im Ansaugeraum absolute Luftleere herrscht und daß somit der Dampf von der Spannung p auf $p_0 = 0$ expandieren kann. In dem anschließenden Diffusor „*Di*“ wird alsdann der Dampf mit der abgesaugten Luft auf Atmosphärendruck verdichtet und ausgestoßen.

Bei der Umsetzung der Pressungsenergie in der Düse „*D*“ auf die Geschwindigkeit w_0 geht der Wärmeinhalt des Dampfes vom Anfangsbetrage i auf i_0 zurück. Die Differenz $i - i_0$ läßt sich am einfachsten mit Hilfe des Molierschen *IS*-Diagramms finden (s. Abb. 50)[1]).

Der Anfangszustand des Frischdampfes beim Eintritt in die Düse ist durch den Schnittpunkt *A* der dem Dampfzustand entsprechenden p- und t-Kurve im *IS*-Diagramm festgelegt. Wir nehmen an, daß der Dampf bis auf den im Ansaugeraum der Pumpe herrschenden Druck p_0 (= z. B. 0,04 ata) herunterexpandieren soll und daß die Expansion vollkommen adiabatisch verlaufe. Die Adiabate im *IS*-Diagramm ist eine Senkrechte, und wir erhalten den gesuchten Betrag $i - i_0$, wenn wir durch *A* bis zum Schnittpunkt *B* mit der Linie gleichen p_0-Druckes die Ordinate ziehen. Es ist dann:

$$i - i_0 = AB = A\,\frac{w_{th}^2}{2g},$$

worin *A* das mechanische Wärmeäquivalent = 1/426,9 bedeutet. Die theoretische Ausströmungsgeschwindigkeit w_{th} aus der Düse ist wesentlich höher wie die effektive Geschwindigkeit w_0. Es kann $w_0 = \varphi \cdot w_{th}$ gesetzt werden, worin der Faktor φ nach den Versuchen von Dr. Christlein = 0,95 bei den hier in Betracht kommenden Überschallgeschwindigkeiten von 1200 bis 1400 m/sek gesetzt werden kann. Dem effektiven w_0 entspricht das geänderte Wärmegefälle $i - i_0'$,

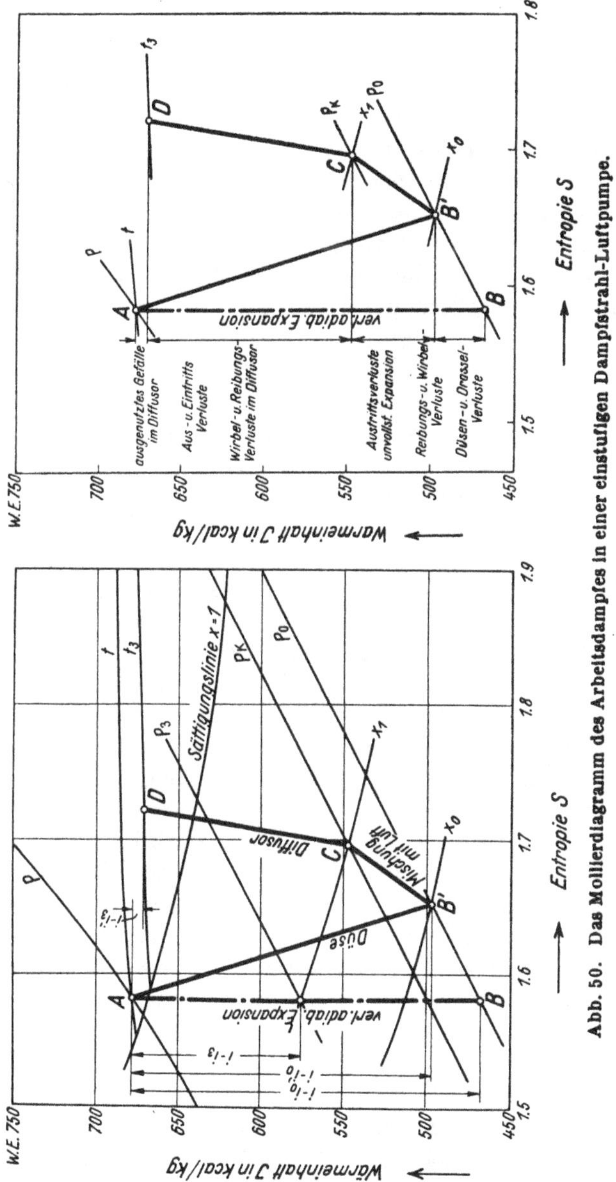

Abb. 50. Das Mollierdiagramm des Arbeitsdampfes in einer einstufigen Dampfstrahl-Luftpumpe.

---

[1]) Die linke Seite der Abb. 50, ferner Abb. 52, 59 u. 60, 66, 67 u. 69 dieses Abschnittes sind mit Genehmigung des Verlages Julius Springer dem Werke von Dr. Hoefer, „Die Kondensation bei Dampfkraftmaschinen" 1925 entnommen.

welches wir vom Punkte A aus abtragen. Die Horizontale durch den Endpunkt von $i - i_0'$ trifft die Drucklinie p_0 im Punkte B'. Die Linie AB' im IS-Diagramm kennzeichnet dann die wirkliche Expansion in der Düse. Der Dampfgehalt beim Verlassen der Düse ist dann x_0 und das spezifische Volumen des Dampfes $v_0 = x_0 \cdot v_s$, wenn v_s das spezifische Volumen des trocken gesättigten Dampfes von p_0 ata ist.

Ist der Querschnitt der Mündung der Düse $= F_0$, so gilt die Strömungsgleichung:

$$F_0 \cdot \varphi \cdot w_{th} = \frac{D \cdot v_0}{3600},$$

worin D das stündliche Dampfgewicht bedeutet. Aus dieser Beziehung berechnet sich alsdann der Durchmesser d_0 der Düsenmündung.

Wir haben bei der Rechnung angenommen, daß die Düse so ausgebildet ist, daß der Dampf bei der Expansion von p auf p_0 eine möglichst hohe Geschwindigkeit von 1200 bis 1400 m/sek erreicht. Zu diesem Zweck muß die Düse von der Dampfeintrittseite aus zuerst bis auf den engsten Querschnitt mit dem Durchmesser d_m verengt werden. Ließen wir diesen engsten Querschnitt zugleich die Mündung der Düse sein, so würde bei allmählicher Druckabnahme im Ansaugeraum gegenüber dem Frischdampfdruck die Geschwindigkeit des ausströmenden Dampfes zunächst bis zum Wert 450 m/sek steigen und diesen bei $p_0 = 0{,}57\,p$ erreicht haben. Von hier ab würde die Geschwindigkeit auch bei weiterer Druckabnahme = konstant = 450 m/sek bleiben. Die Erklärung ist wohl dadurch gegeben, daß der aus der Düse austretende Dampf das Bestreben hat, in dem Ansaugeraum von wesentlich niederem Druck nach allen Seiten hin sich auszudehnen, auch nach rückwärts. Durch die Ausdehnung nach rückwärts findet aber ein Aufstauen des Dampfes statt und dieser erzeugte Rückdruck wird um so stärker sein, je größer der Druckunterschied zwischen p und p_0 wird.

Setzen wir aber an diesen engsten Querschnitt eine konische Erweiterung an, so würde der aus dem engsten Querschnitt austretende Dampf sich zwar auch hier ausdehnen, er wird aber durch die Wandungen des angesetzten konischen Teils daran gehindert, dies nach allen Seiten zu tun und so wird jetzt die dem Dampf innewohnende Energie besonders dazu verwendet, den Dampf nach vorne zu beschleunigen, d. h. durch Vorsetzen der konischen Erweiterung vor den engsten Querschnitt ist eine wesentlich größere Geschwindigkeit als 450 m/sek zu erzielen (Überschallgeschwindigkeiten).

Zur Festlegung der Düsenform ist noch die Bestimmung des Durchmessers d_m des engsten Querschnittes und des Kegelwinkels des erweiterten Teiles der Düse notwendig. Ist p ata der Druck des Frischdampfes, v sein spez. Volumen in m^3/kg, so ist der engste Querschnitt F_m:

$$F_m = \frac{D}{3{,}6\,\psi}\sqrt{\frac{v}{p}}\,^{1)},$$

in welcher Formel $\psi = 20$ für trocken gesättigten Dampf und $\psi = 21$ für überhitzten Dampf zu setzen ist. Hieraus berechnet sich dann der gesuchte Durchmesser d_m. Der Düsenwinkel α kann nach Dr. Hoefer[2]) unbedenklich $= 30^0$ gewählt werden, denn ein großer Düsenwinkel hat den Vorteil, daß die Reibungswiderstände kleiner und somit die Austrittsgeschwindigkeit größer wird wie bei kleineren Düsenwinkeln.

Kehren wir nun zum IS-Diagramm Abb. 50 zurück und denken wir uns jetzt die arbeitende Pumpe nicht mehr abgeflanscht, sondern an die Ansaugeleitung des Kondensators angeschlossen. Es ist in diesem Falle ein stündliches Luftvolumen V_L vom Drucke p_L abzusaugen. Wir nehmen an, daß sich ein Druck in der Höhe von p_K im Ansaugeraum einstelle, der Dampf wird dann nicht auf den Gegendruck p_0, sondern nur auf p_K expandieren. Er mischt sich mit Luft und tritt in den Diffusor „Di" ein. Auch der Dampfgehalt x_1 ist jetzt ein anderer wie vorher. Der Punkt „C" im IS-Diagramm kennzeichnet den Dampfzustand nach der Mischung und vor der Verdichtung im Diffusor, also etwa

---

[1]) Schüle, „Technische Thermodynamik", Vierte Auflage. Berlin 1921. Verlag Springer.

[2]) Dr. Hoefer, „Die Kondensation bei Dampfkraftmaschinen" 1925. Verlag Springer.

an der Stelle des Durchmessers d_1. Diesen Durchmesser wählen wir zweckmäßig zu $d_1 = 1{,}1$—$1{,}25\, d_0$. Den Kegelwinkel β des Einführungsteils bis zum engsten Querschnitt d_2 des Diffusors wählen wir zu 4—6° und machen im übrigen dieses Kegelstück sehr schlank, um tunlichst Verluste zu vermeiden. Der Mund des Kegelstückes, welches der Düsenmündung zugekehrt ist, soll gut abgerundet werden, um die Luft dem Dampf gut zuzuführen.

Es beginnt nun im Druckteil des Diffusors die Verdichtung des Dampf-Luft-Gemisches auf Atmosphärendruck p_3. Die Austrittsgeschwindigkeit des Gemisches aus dem Diffusor soll $w_3 = 40$—60 m/sek sein. Es wird also zur Druckumsetzung ein theoretisches Wärmegefälle $i - i_3$, bezogen auf den Gegendruck p_3 verbraucht. In Wirklichkeit wird nur etwa $^1/_{10}$ des theoretischen Wärmegefälles $= i - i_3'$ im IS-Diagramm in nutzbare Verdichtungsarbeit umgesetzt. Die Horizontale durch den Endpunkt des aufgetragenen Gefälles $i - i_3'$ trifft die Linie gleicher Temperatur t_3 im Punkte „D“, welcher im Überhitzungsgebiet liegt. Für die Berechnung des Durchmessers des Austrittsquerschnittes setzen wir einfachheitshalber $v_3 =$ dem spez. Volumen des trocken gesättigten Dampfes beim Gegendruck p_3. Ist D das Dampfgewicht und L das Luftgewicht in kg/h (bei $p_3 = 1$), so ist:

$$\frac{d_3 \pi}{4} = \frac{(D + L) \cdot v_3}{3600 \cdot w_3}.$$

Dem Kegelwinkel γ des Druckteils des Diffusors machen wir $= 6$—$8°$, nicht höher, um die Wirbelverluste und damit den

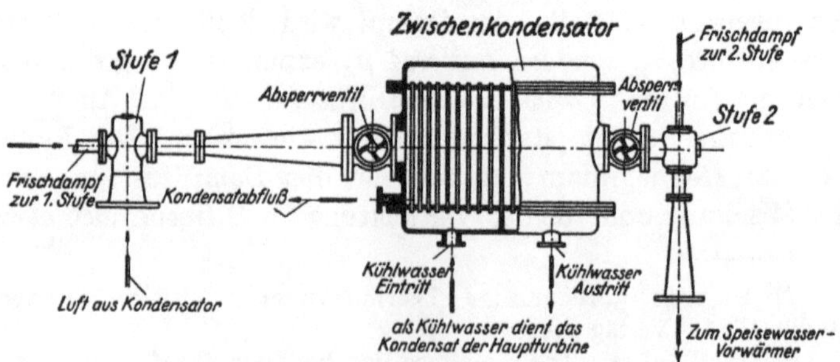

Abb. 51. Schema einer Dampfstrahl-Luftpumpe mit Zwischenkondensator.

Wirkungsgrad des Diffusors nicht noch mehr zu verschlechtern. Die rechte Figur der Abb. 50 veranschaulicht die bei

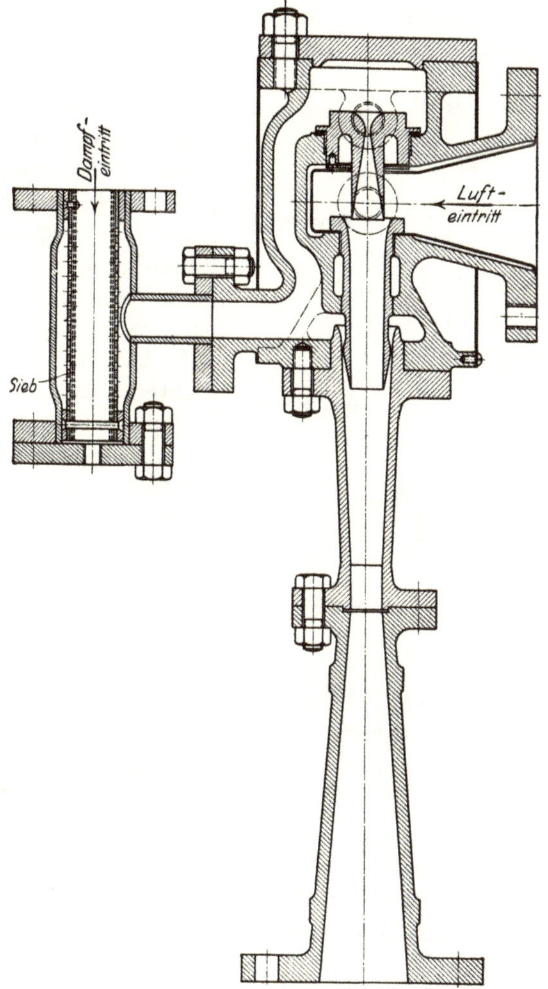

Abb. 52. Zweistufige Dampfstrahlpumpe „Bauart Hoefer" ohne Zwischenkondensator.

der Luftabsaugung und Verdichtung in der Dampfstrahlpumpe auftretenden Verluste. Zuletzt ist die abgerundete

Einlaufmündung des Diffusors etwas über die Dampfdüse herüberzuziehen.

Wie wir sahen, können Dampfstrahl-Luftpumpen hohe Luftleeren über 85 v. H. des Barometerstandes bei einigermaßen wirtschaftlichem Dampfverbrauche nur in zwei oder mehreren Stufen überwinden. Die Ausführung in **zwei Stufen** ist die gebräuchlichste. Die Berechnung jeder Stufe ist an Hand obiger Unterlagen auszuführen[1]). Man hat nun in der zweiten Stufe nicht nur Luft vom Zwischendruck auf Außendruck zu verdichten, sondern auch Dampf. Um diese letztere unnütze Arbeitsleistung zu vermeiden und damit den an sich schon hohen Dampfverbrauch der gesamten Luftpumpe herabzudrükken, schaltet man heute — wie Abb. 51 schematisch zeigt — einen **Zwischenkondensator** ein, in welchem der Arbeitsdampf der ersten Stufe niedergeschlagen wird. Die zweite Stufe hat also nur Luft auf den herrschenden Barometerstand weiter zu verdichten und auszustoßen. Durch diese Maßnahme wird der Dampfverbrauch auf die Hälfte herabgesetzt wie bei der Dampfstrahl-Luftpumpe gleicher Leistung, aber ohne Zwischenkondensator.

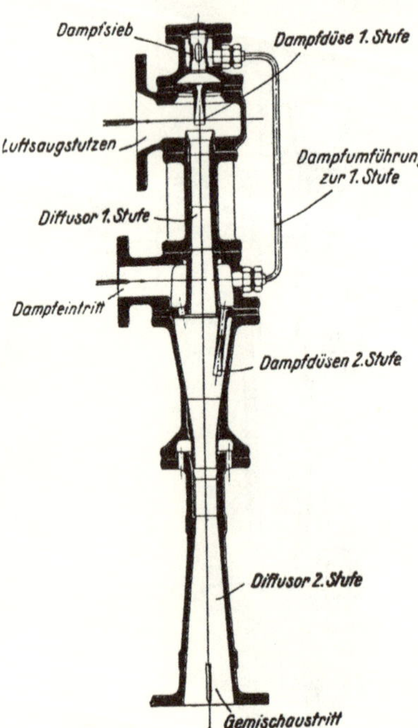

Abb. 53. Zweistufige Dampfstrahlpumpe, „Bauart Balcke" ohne Zwischenkondensator.

Die Abb. 52 u. 53 zeigen den Schnitt durch eine **zweistufige Dampfstrahlpumpe ohne Zwischenkondensator** „Bau-

[1]) Soll der Dampf der Stufe I Geschwindigkeitsenergie zur Ausnutzung in der Stufe II belassen werden, so ist der Diffusor nur bis zum engsten Querschnitt auszubilden.

art Dr. Hoefer und Balcke-Bochum". Abb. 54 u. 55 bringen eine zweistufige Dampfstrahlpumpe mit Zwischenkondensator zwischen der ersten und zweiten Stufe, und zwar zeigt Bild 55 eine zweistufige Strahlpumpe mit zusammengebautem Zwischenkondensator und Vorwärmer Bauart Balcke-Bochum. Das Kondensat der Hauptturbine durchfließt zuerst den Zwischenkondensator und dann den an die zweite Stufe angeschlossenen Vorwärmer. Vom Dampfaufwand bzw. Wärme-

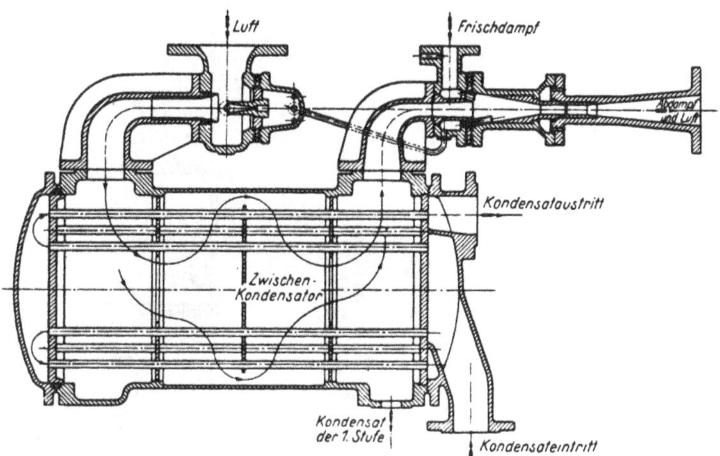

Abb. 54. Zweistufige Dampfstrahl-Luftpumpe mit Zwischenkondensator, „Bauart Balcke".

aufwand der Dampfstrahlpumpe geht also an dieser Stelle nichts verloren.

Abb. 56 zeigt die Notwendigkeit der **zweistufigen** Anordnung[1]). Die unterste Kurve gibt die Luftleistung einer zweistufigen Dampfstrahlpumpe, die oberste die einer einstufigen von gleichem Dampfverbrauch (550 kg/h) an. Es zeigt sich, daß bei schlechtem Vakuum mit der einstufigen sogar mehr Luft gefördert werden kann, daß jedoch hohe Luftleeren nur mit zwei- und mehrstufigen Pumpen erzielt werden können. Selbst eine Vergrößerung der einstufigen Pumpe auf den gleichen Dampfverbrauch wie ihn die zweistufige Pumpe hat, bringt nur

[1]) Dr. Heuser, Vortrag vor V.D.I. Hamburg über „Neuerungen an Kondensationsanlagen". 1925.

eine Erhöhung der Luftleistung bei schlechtem Vakuum, nicht aber eine bessere Luftleere.

Die Wasserstrahlluftpumpe hat gegenüber der Dampfstrahlluftpumpe einen erheblichen wirtschaftlichen Vorteil, aber auch zwei besondere Nachteile zu verzeichnen.

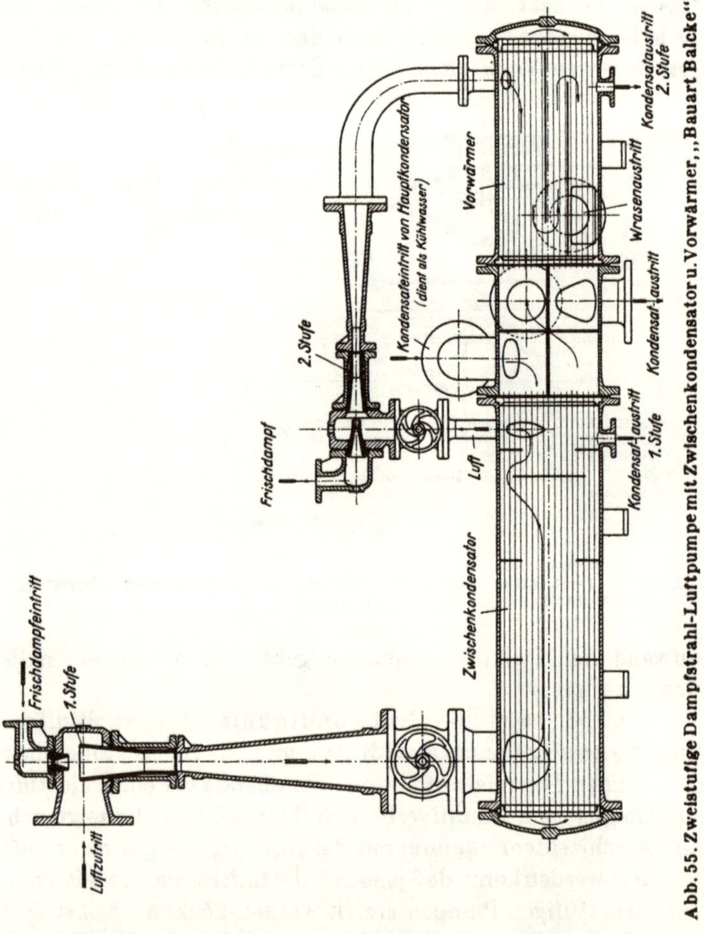

Abb. 55. Zweistufige Dampfstrahl-Luftpumpe mit Zwischenkondensator u. Vorwärmer „Bauart Balcke".

Der **Vorteil** der Wasserstrahlluftpumpe liegt darin, daß sie keinen hochgespannten Frischdampf als Arbeitsmittel benötigt, und daß man nicht gezwungen ist, den in der Dampfstrahlpumpe entspannten Dampf zur Vorwärmung des Speisewassers zu gebrauchen; denn hierzu finden sich in jedem Betriebe noch andere nutzbar zu machende Abwärmequellen (vom Regenerativverfahren wird hier abgesehen). Sodann tritt im Dampfkessel selbst bei jedem Kilogramm erzeugten Frischdampfes durch den Entropiesturz zwischen Heizgase und Kesselwandung ein großer Verlust auf. In der Mehrerzeugung von Frischdampf im Kessel zum Betrieb der Dampfstrahlpumpe liegt also ein Verlust, der der Dampfstrahlpumpe auf das Konto zu schreiben ist.

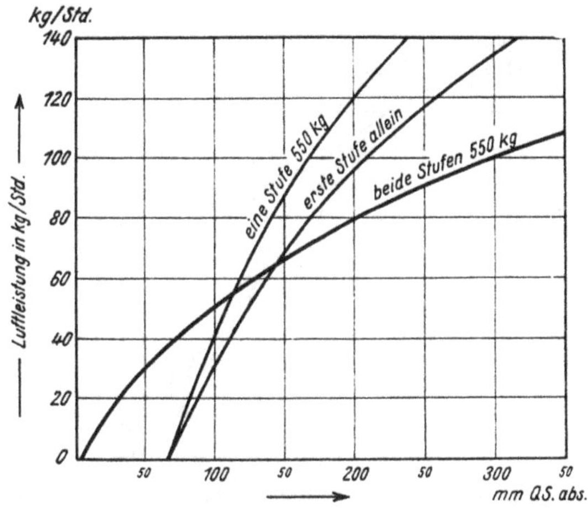

Abb. 56. Charakteristik einer ein- und zweistufigen *DLP*.

Als ein Nachteil der Wasserstrahlluftpumpe ist es zu bezeichnen, daß sie keinesfalls eine höhere Luftleere erzeugen kann, als der Temperatur des Betriebswassers entspricht und anderseits ist der Kraftbedarf zumeist auch etwas höher als bei der Dampfstrahlpumpe. Als weiterer Nachteil kommt hinzu, daß die Wasserstrahlpumpe nicht mit Kondensat betrieben werden kann. Die Luftpumpe saugt mit der Luft natürlich auch eine dem Dampfteildruck entsprechendes Dampfgewicht mit ab, welches etwa 0,13 v. H. der Abdampfmenge beträgt, im übrigen aber abhängig ist vom Verhältnis des Luftgewichtes zum Dampfgewicht und ferner von der Unterkühlung der abzusaugenden Luft. Die mitabgesaugte Dampfmenge ist aber bei der Wasserstrahlluftpumpe als Kondensatverlust in der Wärmebilanz der Anlage, und zwar auf das Konto eben dieser Pumpe zu buchen. Welche Pumpe man vorziehen will, ist Geschmacksache, besonders bei Bordanlagen. Das Verhalten der Wasserstrahl- und Dampfstrahlpumpen zueinander bei gleichen Betriebsverhältnissen, kann den folgenden Charakteristiken entnommen und bei der Wahl dieser oder jener Pumpengattung als Unterlage herangezogen werden.

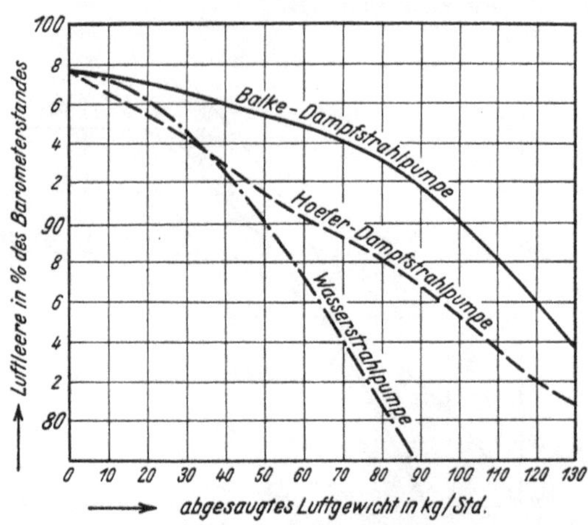

Abb. 57. Charakteristik von *DLP* und *WLP* unter gleichen Betriebsverhältnissen.

Die beiden unteren Kurven der Abb. 57 zeigen Vergleichsversuche nach Angaben Dr. Hoefers, welche an Bord eines Torpedobootes zwischen einer Hoefer-*DLP* und einer guten *WLP* ausgeführt wurden. Es handelt sich hierbei aber um eine ältere Hoeferbauart. Es sind die abgesaugten Luftgewichte in kg/h in Abhängigkeit vom Vakuum in v.H. aufgetragen, bezogen auf 760 mm QS Barometerstand. Die Daten beziehen sich ferner auf 20° C Schleuderwasser und Kondensattemperatur. Die Hoeferpumpe hatte einen Dampfverbrauch von 760 kg/h bei 12 ata Zudampf und 1,1 ata Gegendruck. Wie sehr die moderne Dampfstrahlpumpe denen älterer Bauart überlegen ist, zeigt die in dieselbe Kurventafel eingezeichnete Charakteristik einer neuesten *DLP* „Bauart Balcke-Bochum" von gleichem Dampfverbrauch, Zudampf und Gegendruck, wie die oben zum Vergleichsversuch verwendete ältere Hoeferbauart. Damit der Kurvenvergleich keinen falschen Eindruck erweckt, muß noch an dieser Stelle gesagt werden, daß die neueste Hoefer-*DLP* der neuzeitlichen Balcke-*DLP* bezüglich Dampfverbrauch und Luftleistung etwas überlegen erscheint, doch ist die Hoeferpumpe anderseits in den höchsten Luftleeren gegen schwankende Luftabsaugemengen empfindlicher als die Balcke-*DLP*. Das Kurvenbild könnte den Rückschluß erlauben, daß bei Bordanlagen die *DLP* eine bessere Luftleere erzielt, als die *WLP*

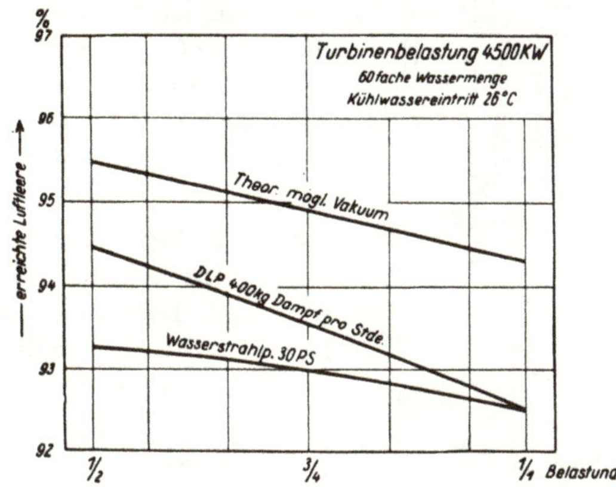

Abb. 58. Vergleich zwischen *DLP* und *WLP* bei Rückkühlbetrieben.

gleicher umgerechneter Leistung. Es ist aber nicht außer acht zu lassen, daß es bei Bordanlagen und bei Verwendung von Wasserstrahlpumpen darauf ankommt, welche Meere der betreffende Dampfer am häufigsten befährt.

Das Kurvenbild 58 zeigt — im Gegensatz zum vorigen — den Vergleich zwischen *DLP* und *WLP* bei Rückkühlbetrieben, und zwar unter den bei Landanlagen üblichen normalen Verhältnissen. Nur ist hier als Abszisse nicht das abgesaugte Luftgewicht, sondern die Belastung gewählt. Verglichen sind zwei Pumpen, die bei Vollbelastung das gleiche Vakuum ergeben; denn 30 PS der Wasserstrahlpumpe entsprechen bei gemeinsamem Antrieb mit den andern Kondensationspumpen etwa 400 kg/h Dampfverbrauch. Es zeigt sich hier ganz zweifellos ein Mehrverbrauch der *DLP* gegenüber der *WLP*, anderseits aber erzielt bei allen Teilbelastungen die Dampfstrahlpumpe höhere Luftleeren als die Wasserstrahlpumpe.

Eine sehr interessante amerikanische Konstruktion ist die **Radojet-Dampfstrahlpumpe,** welche in Abb. 59 ohne und in Abb. 60 mit Zwischenkondensator abgebildet ist. Sie ist insofern beachtenswert, als sie in der zweiten Stufe — aus dem Bestreben heraus, der abzusaugenden Luft eine große Oberfläche des Dampfstrahles zu bieten — den Dampf scheibenförmig ausbreitet. Die erste Stufe zeigt in der Konstruktion gegenüber der älteren Balcke-Westinghouse-Konstruktion mit mehreren kleinen Düsen keine bemerkenswerte Abweichung. Die Luft wird auf beiden Seiten dieses Dampfstrahles in den die Dampfscheibe umhüllenden ringförmigen Diffusor hineingerissen und durch diesen sowie durch den Druckstutzen ins Freie gefördert. Das Dehnungsverhältnis des Dampfes in der Scheibendüse läßt sich durch seitliches Verschieben der einen beweglichen Düsenwand verändern, so daß jeder Apparat für die günstigsten Verhältnisse eingestellt werden kann. Der Dampfverbrauch wird hierdurch nicht beeinflußt, weil der engste Querschnitt der Düse in dem festen Teil sitzt und durch die Verschiebung des beweglichen Teiles nicht verändert wird. Es ist jedoch nachteilig, daß die Verschiebung der Düsenplatte eine Verschiebung der Mittelebene der Düse gegenüber der Mittelebene des Diffusors mit sich bringt. Auch kann die Austrittsenergie der Stufe I nicht in Stufe II ausgenutzt werden. Der Zwischenkondensator ist daher bei der Radojet-

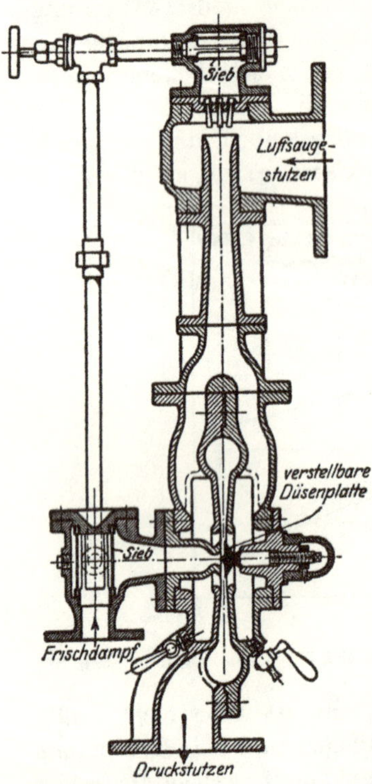

Abb. 59. „Radojet"-Dampfstrahlpumpe ohne Zwischenkondensator.

pumpe besonders angebracht, damit der Wärmeinhalt des Abdampfes der Stufe I möglichst an das vom Oberflächenkondensator der Hauptmaschine kommende Kondensat abgeführt wird. Auch der Dampf der Stufe II wird einem Vorwärmer

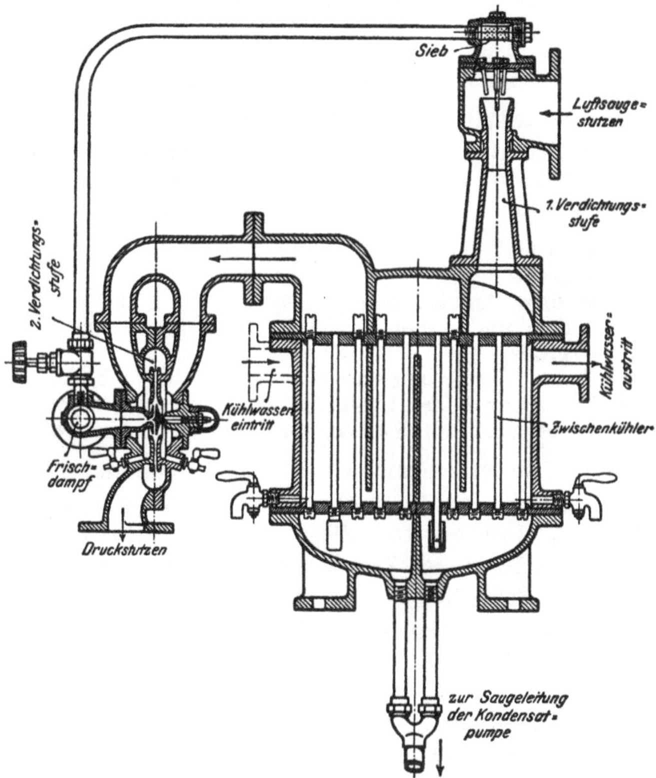

Abb. 60. „Radojet"-Dampfstrahlpumpe mit Zwischenkondensator.

zugeführt, welcher in der Abb. 60 der Übersichtlichkeit halber fortgelassen ist[1]).

Von den Prof. Josse und Gensecke und von der Contraflo-Condenser and Kinetic Air Pump Coy Ltd., London, sind kombinierte Dampf-Wasserstrahl-Luftpumpen ausgebildet worden. Die Stufe I wird als Dampfstrahl, die Stufe II als Wasser-

[1]) Weitere Konstruktionen siehe Hoefer.

strahlpumpe ausgebildet. Der Vorteil besteht darin, daß Stufe I im Gegensatz zu den vorbeschriebenen Dampfstrahlpumpen mit Abdampf betrieben werden kann, der nach Arbeitsleistung wieder in einem vom Kondensat der Hauptmaschine durchflossenen Oberflächenkondensator niedergeschlagen wird.

c) Die Kühlwasserpumpen.

Zur Fortschaffung des Warmwassers aus dem Oberflächenkondensator bedient man sich heute ausschließlich der Kreiselpumpen. Ihre Vorteile gegenüber den Kolbenwasserpumpen können wir wie folgt kurz zusammenfassen:

a) Verschwindend geringer Raumbedarf und leichte Fundamente.
b) Mäßige Anschaffungs-, Bedienungs- und Reparaturkosten und damit schnelle Abschreibung des Anlagekapitals.
c) Keine Ventile oder sonstige empfindliche Teile.
d) Zulassung hoher Umlaufzahlen und daher zum direkten Antrieb durch Elektromotor oder Turbine geeignet.

Der Warmwasserpumpe ist bei Kondensationsanlagen die Aufgabe gestellt, große warme Wassermengen auf geringe Druckhöhen von 20 bis 25 m zu fördern. Es kommen also für diesen Zweck nur Niederdruck-Kreiselpumpen in Betracht mit ein- oder zweiseitigem Einlauf und mit oder ohne Leitapparat. Für die Berechnung solcher Pumpen muß hier auf die einschlägige große Literatur verwiesen werden[1]). In bezug auf die Gesamtanordnung der Kondensationsanlage sei aber hier noch folgendes erwähnt:

Alle Kreiselpumpen müssen mit einer Auffüllvorrichtung versehen sein, weil sie das Wasser aus dem Stillstand nicht selbständig ansaugen können. Durch diese Auffüllvorrichtung wird die Pumpe und die Saugleitung vor der Inbetriebnahme mit Wasser aufgefüllt. Dieselbe ist entweder ein einfacher Fülltrichter, oder aber ein Vakuumanschluß. Damit die Flüssigkeit beim Auffüllen nicht zurücklaufen kann, ist unterhalb des tiefsten Saugwasserspiegels am Ende der Saug-

[1]) Siehe Quantz, „Kreiselpumpen", Verlag Springer, Berlin 1922. — Dr. Hoefer, „Kondensation bei Dampfkraftmaschinen". Verlag Springer, Berlin 1925.

leitung ein Saugkorb angebracht, welcher mit einem Fußventil in Form einer ledernen Rückschlagklappe versehen ist.

Bei Druckhöhen über 12 m oder bei größerer Länge der Druckleitung wird unmittelbar am Pumpendruckstutzen eine Rückschlagklappe eingebaut, um die Pumpe bei plötzlichem Stillstande vor Wasserrückschlägen zu schützen.

Ferner muß am Pumpendruckstutzen noch ein Regulierschieber eingebaut werden, welcher beim Anfahren der Pumpe geschlossen sein muß, um eine Überlastung der Antriebsmaschine beim Anlaufen zu vermeiden. Das Arbeiten von Zentrifugalpumpen gegen nur teilweise geöffnete oder sogar vorübergehend völlig geschlossene Regulierschieber ist durchaus gefahrlos, da schädliche Drucksteigerungen in der Pumpe niemals auftreten können.

d) Die Kondensat- und Kesselspeisewasserpumpen.

Während die Kühlwasserpumpen zur Förderung großer Wassermengen dienen und bei ihnen oft zur Bewältigung dieser Wassermengen mehrere Laufräder parallel geschaltet werden, fällt den Kondensatpumpen die Aufgabe zu, die 50—60mal geringere Kondensatmenge zuweilen unmittelbar aus dem Vakuum des Kondensators in den Dampfkessel zu speisen, und zwar gegen Drücke, welche heute bis zu 100 und mehr ata heraufgehen können. Um diese Förderhöhen zu überwinden, müssen hier mehrere Laufräder, also mehrere Druckstufen, hintereinandergeschaltet werden. Es ist heute möglich, solche Pumpen mit 20 Stufen und bei einer Tourenzahl von 3000 p. Min. bis zu einer Druckhöhe von $h = 2000$ m WS fördern zu lassen, welche Druckhöhe einem Kesseldruck von 200 ata entspricht.

Zumeist aber arbeitet die Kondensatpumpe auf einen zwischen Kondensator und Kessel als Ausgleichsbehälter eingeschalteten Speisewassersammelbehälter, von welchem aus eine weitere Hochdruckspeisepumpe das Speisewasser der Kesselanlage zudrückt. Hierüber wird im Abschnitt 4 noch ausführlich gesprochen werden.

Unter den vielen geläufigen Konstruktionen sei hier nur die recht interessante allerdings etwas veraltete Bau-

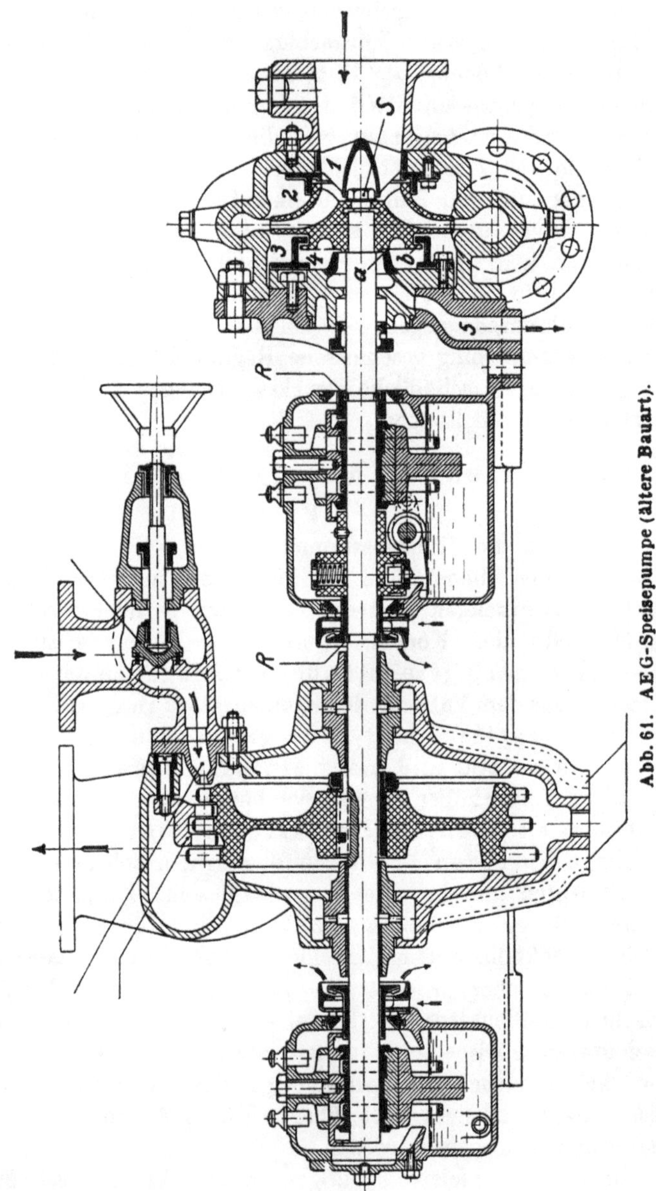

Abb. 61. AEG-Speisepumpe (ältere Bauart).

art der AEG für mittlere Drücke herausgegriffen (siehe Abb. 61[1]).

Diese **AEG-Speisepumpe** ist einstufig und ohne Leitrad. Infolge ihrer hohen Tourenzahl von 5000—8000 p. Min. kann sie Drücke bis zu 25—30 ata in einer Stufe überwinden. Das Laufrad der Pumpe sitzt fliegend auf der verlängerten Turbinenwelle, besteht aus Bronze und ist durch eine besondere Druckausgleichvorrichtung axial entlastet. Dies wird bewirkt durch einen besonderen Schleifring auf der Rückseite des Rades, wodurch verschieden große Räume 2 und 3 entstehen, welche zunächst einen Schub nach der Turbinenseite bewirken. Diesem auftretenden Schub wirkt der Druck in der Entlastungskammer 4 entgegen, welcher sich selbständig einstellen muß, weil ein Verschieben des Rades nach links den Ablaufquerschnitt bei „*a*" verringern und den Zulauf bei „*b*" vergrößern würde und damit auch den Druck in der Entlastungskammer.

Das hindurchtretende Wasser läuft bei *b* ab. Als Antriebsturbine ist eine einstufige, teilweise beaufschlagte Gleichdruckturbine mit drei Geschwindigkeitsstufen gewählt, deren Welle in zwei Ringschmierlagern läuft, welche mit großen Ölkammern versehen sind. Die zweiteiligen Ringe *R* sichern die Welle am inneren Lager gegen Verschiebung. Die Regelung der Turbopumpe erfolgt durch einen Hannemannschen Regler. Bei außergewöhnlichem Leistungsbedarf der Pumpe kann durch ein Zusatzventil von Hand aus die Dampfzufuhr verstärkt werden.

3. Die Rückkühlwerke.

Wie wir sahen, sind zum Betriebe von Kondensationen ganz erhebliche Kühlwassermengen erforderlich, die zumeist nicht laufend frisch beschafft werden können. Man hat deshalb Rückkühlanlagen geschaffen, in denen das im Kondensator erwärmte Kühlwasser in fein verteiltem Zustande herabrieselt, mit der durchstreichenden Luft in Berührung gebracht wird und hierbei an die nicht vollkommen gesättigte, durch-

---

[1]) Die neuzeitliche Pumpe weist gegenüber der hier beschriebenen Konstruktion eine Anzahl konstruktiver Verbesserungen auf.

strömende Luft durch Verdunstung eine gewisse Wassermenge bis zur Sättigung der sich erwärmenden Luft abgibt.

Durch Wärmeentziehung infolge Verdunstung wird das übrige Wasser gekühlt. Mit der Verdunstung ist also ein gewisser Wasserverlust verbunden, der laufend ersetzt werden muß. Der Verdunstungsverlust beträgt im Winter etwa 60 v. H. der niedergeschlagenen Dampfmenge und im Sommer etwa 90 v. H. Die zuerst gebauten Gradierwerke wurden später durch **Kühltürme** ersetzt, welche der Ing. Hans Balcke im Jahre 1894 erfand und welche heute über die ganze Erde verbreitet sind.

Wie auch im einzelnen die Konstruktion eines solchen Kaminkühlers durchgeführt sein mag, so besteht er doch grundsätzlich aus einem Berieselungsteil, welchem die Aufgabe zufällt, das warme rückzukühlende Wasser in genügend fein verteilter Form der kühlenden Luft im Quer- oder Gegenstrom entgegenzuführen und aus einem Kamin, welchem die Aufgabe zufällt, die zur wirksamen Kühlung des vom Kondensator kommenden Warmwassers erforderlichen Luftmengen mit der notwendigen Geschwindigkeit durch dieses Warmwasser hindurch zu saugen. Der Kaminkühler ist also ein Wärmeaustauschapparat. Sein Arbeiten beruht auf folgender Hauptgleichung:

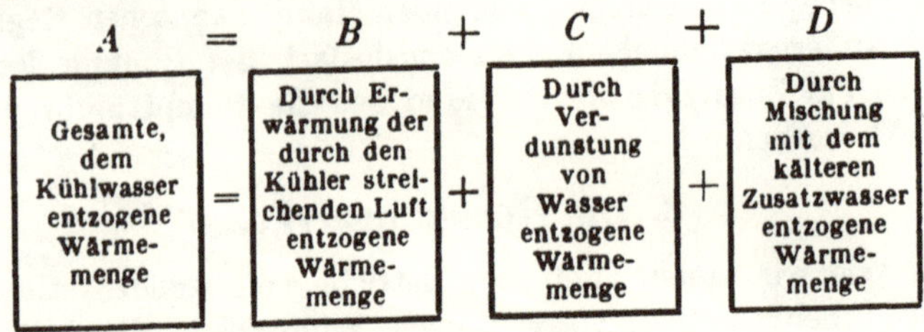

Ermittelung von A.

Das Kühlwasser tritt mit der Temperatur t_a[1]) in die Berieselung ein und kühlt sich während des Rieselvorganges

---

[1]) t_a = Austrittstemperatur aus dem Kondensator = Eintrittstemperatur in die Berieselung.
t_e = Eintrittstemperatur in den Kondensator = Bassintemperatur des Kühlers.

auf eine Bassintemperatur von $t_e{}^0$ C ab. Ist die Wassermenge, welche zur Rückkühlung gelangt $= W_{kg} = n \cdot D$, so ist ohne Berücksichtigung der im Kühler auftretenden Streu-, Spritz- und Verdunstungsverluste:

$$A = W(t_a - t_e) \text{ kcal/h}.$$

Die Differenz $t_a - t_e$ wird als Kühlzone bezeichnet, sie ist bei Turbinenanlagen mit normalen Rückkühlverhältnissen $\cong 10^0$ C (s. auch Kühlkurven Abb. 62).

Ermittelung von *B*.

Die Wärmemenge, welche dem herabrieselnden Kühlwasser von der durchstreichenden Luft unter Erwärmung derselben entzogen wird, berechnet sich aus der Erwägung, daß bei einem stündlich durchstreichenden Luftgewicht von L kg/h der Dunstgehalt der in den Kaminkühler eintretenden Reinluft von der Größe y_1 und der Temperatur t_{L_1}, während des Durchstreichens unter Erwärmung der Luft auf eine Temperatur $t_{L_2}{}^0$ C auf y_2 zunimmt. Ist zuletzt die spez. Wärme der Luft $= c_{p_L}$, so nimmt das Glied B der Hauptgleichung die Form an:

$$B = L(1 + y_2 + y_1) \cdot (t_{L_2} - t_{L_1}) \cdot c_{p_L} \cdot \text{kcal/h}.$$

Zu den einzelnen Faktoren des Gliedes B ist folgendes zu sagen. Es ist:

$$y_1 = \varphi_1 \cdot v_1 \cdot \gamma_1, \text{ bezogen auf 1 kg Reinluft,}$$

und entsprechend:

$$y_2 = \varphi_2 \cdot v_2 \cdot \gamma_2, \text{ bezogen auf 1 kg Reinluft,}$$

worin φ_1 bzw. φ_2 die relative Feuchtigkeit der eintretenden (0,67—0,83) bzw. der austretenden Luft (0,9—1,0) ist; ferner bedeuten γ_1 und γ_2 das Gewicht von 1 m³ Sattdampf bei t_{L_1} und $t_{L_2}{}^0$ C und sind der Dampftabelle zu entnehmen.

v_1 bzw. v_2 sind die spez. Volumen der ein- bzw. austretenden Luft. Es ist:

$$v_1 = \frac{R \cdot T_{L_1}}{P_{L_1}} \text{ bzw. } v_2 = \frac{R \cdot T_{L_2}}{P_{L_2}}.$$

Die Temperaturen sind am trockenen Thermometer zu messen. t_{L_2} soll möglichst nahe an t_a herankommen ($t_a - t_{L_2} = 2$—3^0C!). Zuletzt ist die Konstante $R = 29{,}27$ zu setzen.

Ermittelung von *C*.

Ist r_m die mittlere Verdampfungswärme bei $\frac{t_a + t_e}{2}$, so ist sofort einzusehen, daß die durch Verdunstung dem zu kühlenden Wasser entzogene Wärmemenge

$$C = L\,(y_2 - y_1) \cdot r_m \text{ kcal/h}$$

sein muß.

Ermittelung von *D*.

Ist Z kg/h = der Zusatzwassermenge, welche notwendig ist, um die Spritz- und Streuverluste, die Verdunstungsverluste und zuletzt bei Anwendung des „Impfverfahrens" auch den notwendigen Laugenabfluß zu decken, so ist die dem rückgekühlten Wasser im Bassin durch das hinzutretende Zusatzwasser weiterhin durch Mischung entzogene Wärmemenge:

$$D = Z\,(t_e' - t_z) \text{ kcal/h}$$ [1],

wenn $t_z{}^0$ C die Zusatzwassertemperatur (zumeist $\cong 8^0$ C) ist. Z wird in Prozenten der durch den Kondensator laufenden Kühlwassermenge ausgedrückt. Bei Anwendung des „Impfverfahrens" ist Z — wie später an Hand eines Sankeydiagrammes gezeigt werden wird — am größten, und zwar ist:

$Z = 0{,}035 \cdot W$ bei Berücksichtigung von Spritz-, Streu- und Verdunstungsverlusten zuzüglich Laugenabfluß.

$Z = 0{,}025 \cdot W$ lediglich bei Berücksichtigung von Spritz-, Streu- und Verdunstungsverlusten.

Korrektur des Gliedes *A* der Gleichung.

Diese Wasserverluste müssen noch auf der linken Seite unserer Wärmegleichung berücksichtigt werden, und zwar durch Abzug von $Z/2$, so daß das Glied A die Form annimmt:

$$A = \left(W - \frac{Z}{2}\right)(t_a - t_e) \text{ kcal/h}.$$

[1] t_e' ist von t_e nur geringfügig verschieden.

Unsere **Hauptgleichung für den Wärmeaustausch** erhält somit die endgültige Form:

$$\overbrace{\left(W-\frac{z}{2}\right)(t_a-t_e)}^{A} = \overbrace{L\,(1+y_2+y_1)\,(t_{L_2}-t_{L_1})\,c_{p_L}}^{B} + \overbrace{L\,(y_2-y_1)\cdot r_m}^{C} + \overbrace{Z\,(t_e'-t_z)}^{D}\ \text{kcal/h}.$$

Die soeben abgeleitete Hauptgleichung für den Wärmeaustausch gibt uns nun das Mittel an die Hand, den im Kühler verlorengehenden Wärmemengen nachzuforschen. Bei einer 12000-kW-Turbine und einer spez. Kühlwassermenge von $n = 60$ beträgt unter Zugrundelegung einer Rückkühlung von 10° C im Sommer, die dem auf den Kaminkühler gepumpten Warmwasser (zum Zwecke der Rückkühlung) zu entziehende Wärmemenge im besten Falle, d. h. bei günstigster Ausbildung der Kondensation und bestem Dampfverbrauch der Hauptturbine (4,5 kg/kWh):

32000000 kcal/h!

Mit dieser ungeheuren, tagaus, tagein, Stunde für Stunde dem warmen Kühlwasser entzogenen Wärmemenge wird lediglich die Luft der Kühlerumgebung geheizt! Die Wärme sinkt von einer hohen Temperatur auf schmaler Entropiebasis (im *TS*-Diagramm) vor der Turbine auf immer niedrigere Stufen, gleichzeitig zieht sich die Entropiebasis immer mehr in die Länge. Zuletzt haben wir es im Kaminkühler in der mit den Schwaden abziehenden Abwärme mit einem quantitativ ungeheuer großen Wärmeträger, mit aber kaum mehr ausnutzbarem Wärmegefälle zu tun! Die Wärme wird zwangmäßig getötet. Der Kaminkühler ist demnach ein zwar zur Durchführung des Kreisprozesses notwendiger, aber **ungeheuerlicher Energievernichter**!

Es ist deshalb kein Wunder, daß man seit Jahrzehnten bestrebt ist, diese Abwärme irgendwie nutzbar zu machen. Alle Versuche scheiterten an der völlig entwerteten, noch ausnutzbaren Temperaturdifferenz der Abwärmeenergie. Auf diese Weise war dem Problem nicht beizukommen. Erst im letzten Jahrzehnt haben sich erfolgreiche Bestrebungen angebahnt, den **wärmevernichtenden Kühlturm durch wärmenützende Anlagen** zur Gewinnung des Zusatzspeisewassers und zur Fern- und Bodenheizung **zu ersetzen.** Wir werden diese Wege im weiteren Verlauf der Abhandlung noch kennenlernen. Es ist zunächst unsere Aufgabe, das Verhalten des Kaminkühlers im Betriebe zu untersuchen, um weitere Rück-

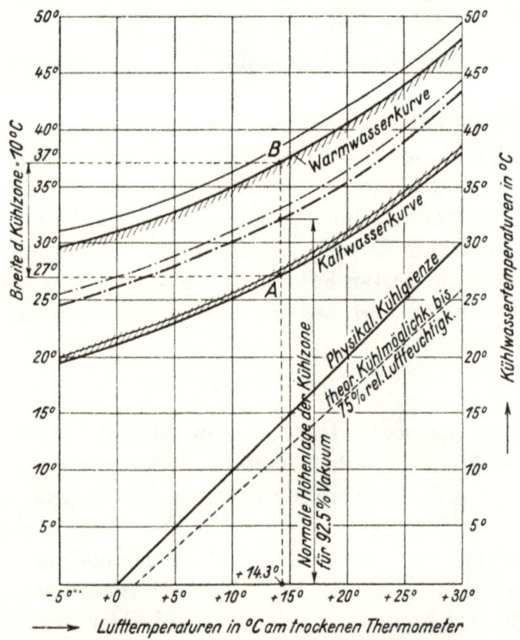

Abb. 62. Kühlkurven für einen normalen Kaminkühler für $n = 60$ und 760 mm QS Barometerstand.

schlüsse für den wirtschaftlichen Ausbau der Gesamtkondensationsanlage zu gewinnen.

In Abb. 62 sind für einen Kaminkühler normaler Bauart „Balcke-Bochum" die Warm- und Kaltwassertemperaturen graphisch aufgetragen. Sie sind bezogen auf die meist übliche 60fache Wassermenge, 760 mm QS Barometerstand, voller thermischer und hydraulischer Belastung des Kühlwerkes sowie einem relativen Feuchtigkeitsgehalt der Luft von 75 v. H. bei den verschiedenen, mit dem Trockenthermometer gemessenen Temperaturen der Atmosphäre. Unter **thermischer Belastung** haben wir den Grád der Erwärmung des Kühlwassers durch die im Kondensator niedergeschlagene Dampfmenge zu verstehen, welcher gleich dem Grad der Rückkühlung des Wassers im Kühler sein muß. Unter **hydraulischer Belastung** verstehen wir anderseits die Kühlwassermenge, mit welcher der Kühler pro m² Grundfläche beaufschlagt wird, und zwar ausgedrückt als ein Vielfaches der im Kondensator niedergeschlagenen Dampfmenge.

Beide Belastungen stehen jeweils in einem bestimmten Verhältnis zueinander, welches durch die Breite der Kühlzone gekennzeichnet wird. Diese wird aber durch den Temperaturunterschied zwischen Warm- und Kaltwassertemperatur des Kühlwassers festgelegt. Eine Vergrößerung der Kühlwassermenge bei gleichbleibender Dampfmenge hat ein Zusammenrücken der Warm- und Kaltwasserkurven, eine Verringerung der Kühlwassermenge umgekehrt eine Verbreiterung der Kühlzone zur Folge. Die Kühlzone wird bei gleichbleibender Kühlwassermenge schmaler, wenn die zu kondensierende Dampfmenge abnimmt, beispielsweise bei geringerer Leistung der auf die Kondensation arbeitenden Turbine, und breiter bei Überlastung der Turbine oder auch durch Vakuumabfall infolge Verschmutzung des Kondensators.

Die Mitteltemperatur der Kühlzone, welche durch die strichpunktierte Linie dargestellt wird, liegt nun in bestimmter Höhe über der Abszissenachse. Diese Höhenlage der Kühlzone ist sowohl maßgebend für die Beurteilung der Güte des Kühlers als auch von größtem Interesse für den ganzen Kondensationsbetrieb. Die vom Koordinatenschnittpunkt schräg nach oben verlaufende Linie stellt die Kühlgrenze, d. h. die physikalisch, mögliche tiefste Abkühlung bei 100 v. H. relativer Luftfeuchte dar. Bei geringerer Luftfeuchtigkeit neigt sich diese Kühlgrenze entsprechend nach unten. Um den Abstand der beiden Grenzlinien voneinander wird die Höhenlage der Kühlzone abnehmen. Ein Kaminkühler ist also nach dem Gesagten um so besser, je tiefer die Kühlzone bei bestimmter Kühlgrenze liegt.

In Abb. 62 sind ferner noch die Punkte bezeichnet, welche sich auf das Durchschnittsvakuum von 92,5 v. H. (im

Kondensator gemessen) beziehen. Bei 14,3° C Außenlufttemperatur im Jahresmittel, 760 mm QS Barometerstand und 75 v. H. Luftfeuchte, ist also normalerweise eine Kaltwassertemperatur von 27° C zu erzielen. Die Warmwassertemperatur liegt bei voller thermischer und hydraulischer Belastung um 10° höher, also bei 37° C.

Mit der Überlastung der Kondensationsanlage, die hauptsächlich ihre Ursache in der Zunahme des Dampfverbrauches der Turbine durch den Vakuumabfall infolge Kondensatorverschmutzung hat, wird aber nicht nur die Kühlzone verbreitert, sondern es wird infolgedessen auch die ganze Kühlzone in die Höhe gedrückt, wie dies die gestrichelten Kurven zeigen. Mit andern Worten: Die Rückkühlung wird eine schlechtere.

Hieraus geht schlagend hervor, wie sehr der Kühlwasserkreislauf mit dem Hauptkreislauf des Speisewassers verbunden ist: Vom Kondensator wird höchstes Vakuum und bestes Kondensat verlangt, alles was an Bedingungen zur Erzielung höchstmöglichen Vakuums von uns herausgeschält worden war, reduziert sich ganz auf die Eigenschaften des Kühlwassers. Alle von uns erkannten Vorbedingungen können erfüllt sein, — es ist eine ausgezeichnete Rückkühlanlage vorgesehen, um das Warmwasser so tief als möglich zu kühlen, die Wassermenge ist so reichlich bemessen, als es der Kraftbedarf des Pumpwerks eben noch in wirtschaftlicher Weise zuläßt und durch einen zweckmäßigen Ausbau des Kondensators sind die besten Übergangsverhältnisse geschaffen — und doch können alle unsere Maßnahmen umsonst gewesen sein, wenn durch Steinansatz in den Kondensatorrohren die Temperaturdifferenz zwischen Dampf und austretendem Warmwasser im Kondensator von den ursprünglich vorgesehenen 3° C auf 6, 10 ja 12° C steigt! Wir erkennen also die unbedingte **Notwendigkeit**, das Kühlwasser **dauernd steinfrei** zu halten. Mit der Lösung dieser Aufgabe haben wir uns im folgenden Kapitel zu befassen[1]).

---

[1]) Auf Konstruktionsbedingungen und Konstruktionsbeschreibungen möchte ich mich aus naheliegenden Gründen nicht ein-

4. Ausführungsbeispiele von Kondensationsanlagen.

Mit unseren bisherigen Darlegungen liegt nun der Umfang einer Kondensationsanlage fest. Sie besteht im allgemeinen aus dem Kondensator mit der zugehörigen Pumpengruppe und der Rückkühlanlage nebst den zugehörigen Leitungen und Armaturen. Abb. 63 zeigt die **schematische Darstellung** einer mit Dampfstrahlluftpumpe ausgerüsteten Oberflächenkondensationsanlage und Abb. 64 eine nach dieser Schaltung

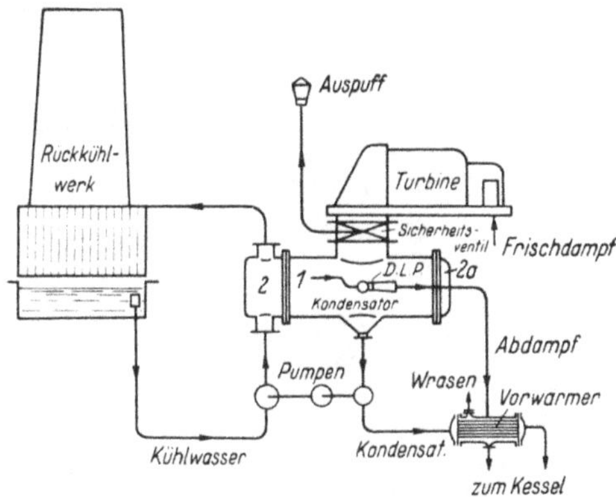

Abb. 63. Schematische Darstellung einer Kondensationsanlage mit Dampfstrahl-Luftpumpe.

ausgeführte Anlage mittlerer Leistung der Firma Balcke-Bochum. Die beiden Abbildungen zeigen in anschaulicher Weise den Aufbau solcher Anlagen.

Der **Kondensator** besteht aus einem zumeist zylindrisch ausgeführten **Mantel** aus Flußeisen (1 Abb. 63) mit den konisch auszuführenden Abdampf- und Kondensatablaßstutzen und einem oder auch mehreren Luftabsaugestutzen, je nach Größe desselben. Die Wandstärke beträgt 5 bis 20 mm je nach der Größe des Mantels und der Art der gewählten Versteifung. Besonderes Gewicht ist auf die zweckmäßige Ausführung des Kondensatablasses zu legen. Derselbe ist topfartig auszu-

lassen. Im übrigen besteht hierüber eine reichliche Literatur. Siehe u. a.: Dr. Geibel: „Über die Wasserrückkühlung". V.D.I. Verlag 1921. — Dr. Hoefer, „Die Kondensation von Dampfkraftmaschinen". Springer-Verlag 1925. — Balcke-Mitteilungen.

bilden und mit einem Wasserstandsanzeiger zu versehen, damit das Arbeiten der Kondensatpumpe überwacht werden kann. Die topfartige Ausbildung des Kondensatablasses bringt den Vorteil mit sich, daß der Mantelraum bis unten hin mit Rohren ausgefüllt werden kann, ohne daß das Kondensat allzusehr unterkühlt wird. Das Ausland bevorzugt die gußeiserne Herstellung des Mantels. Diese Ausführung ist zwar

Abb. 64. Oberflächen-Kondensationsanlage Bauart „Balcke-Bochum" nach Schema Abb. 63.

sehr viel teurer, sie ist aber anderseits gut dicht zu bekommen.

Der Kondensatormantel wird durch zwei **Wasserkammern** abgeschlossen (*2* u. *2a* Abb. 63). Der Kondensator ist zweckmäßig so zu entwickeln, daß der Ein- und Austrittsstutzen des Kühlwassers an ein und derselben Kammer angeordnet werden kann, damit die andere lediglich als Deckel ausgebildet zu werden braucht. Auch ist die mit den Stutzen zu versehende Deckelseite konstruktiv so durchzubilden, daß sie das Öffnen und Reinigen des Kondensators ohne Abbau von Rohrleitungen gestattet. Die Wasserkammern werden bei kleineren Kondensatoren durchweg aus Gußeisen, bei größeren auch aus Schmiedeeisen, zuweilen auch aus Stahlguß hergestellt.

Zwischen dem Mantel und den Wasserkammern und mit diesen zusammen in zweckmäßiger Weise verschraubt, befinden sich die **Rohrböden,** in welche die Kondensatorkühlrohre eingewalzt sind. Bei neuzeitlichen Anlagen wird das Einsetzen der Kühlrohre mit Hilfe von Stopfbüchsen in die Böden — wie wir sahen — vermieden. Da die Rohrböden von außen dem Kühlwasserdruck, von innen aber dem Vakuum ausgesetzt sind, so müssen sie durch Anker genügend gegeneinander versteift werden (und zwar ganz besonders dann, wenn die Rohre doch mit Stopfbüchsen abgedichtet sein sollten). Übersteigt die Länge der Kühlrohre das 50fache ihres Durchmessers, so müssen sie zwischen den Rohrböden von einer oder mehreren **Stützplatten** getragen werden, deren Abstand voneinander zur Vermeidung von Schwingungen ungleichmäßig gewählt werden muß. Ein gutes Rohrmaterial und eine zweckentsprechende Wahl von Durchmesser und Länge der Rohre zur Stabilisierung des Rohrsystems ist natürlich ein grundsätzliches Erfordernis.

Die lichte Weite der **Kühlrohre** wird zwischen 15—25 mm gewählt. Geringere lichte Weite gestattet einen besseren Wärmeaustausch und die Unterbringung einer größeren Kühlfläche in einem gegebenen Raum. Man bevorzugt aus diesem Grunde bei Schiffskondensatoren Rohre von 17 mm innerem und 19 mm äußerem Durchmesser. Bei Landanlagen wählt man innere Durchmesser zwischen 20 bis 25 mm bei 1—2 mm Wandstärke, und zwar wird die Wandstärke in den oberen Rohrlagen, welche mit dem einströmenden Dampf zuerst in Berührung treten, stärker genommen als in den tieferen Zonen. Die Länge der Rohre wird zwischen 1,5 bis höchstens 6 m gewählt.

Als Baustoff für die Kondensatorrohre hat sich die sog. Marinelegierung (70 v. H. Cu 29 v. H. Zn 1 v. H. Sn) am besten bewährt, welche für Schiffskondensatoren heute allgemein verwendet wird, und ferner die Legierung 60 v. H. Cu 40 v. H. Zn, welche sich für Landanlagen als zweckmäßig erwiesen hat.

Abb. 65 zeigt einen Oberflächenkondensator der Firma Balcke-Bochum mit **zwei Wasserwegen** und fest eingewalzten

Rohren. In der Mitte des Rohrsystems befindet sich eine Versteifungsplatte. Diese dient zugleich als Halt für ein Verteilungsblech zur guten Heranführung des Dampfes an das Rohrsystem, wir erkennen unten den topfartig ausgebildeten und mit einem Wasserstandsanzeiger versehenen Kondensatablaß sowie den Luftabsaugestutzen, an welchen die Luftpumpe anzuschließen ist.

Abb. 66 zeigt einen **Dreiwasserweg-Kondensator** der M.A.N.[1]), welcher konstruktiv so entwickelt worden ist, daß die linke Wasserkammer beide Kühlwasserstutzen hat und

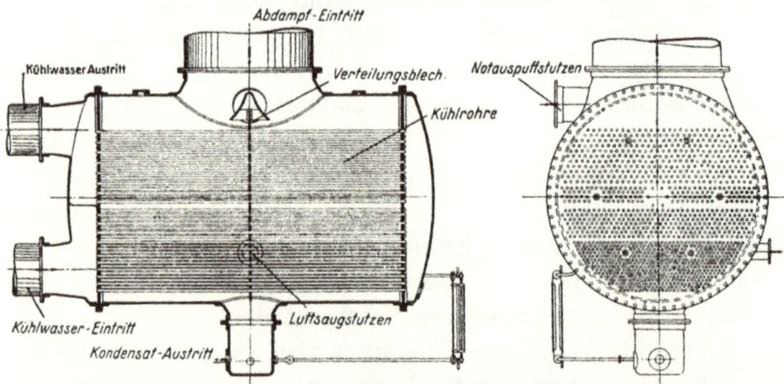

Abb. 65. Zwei-Wasserweg-Oberflächenkondensator „Bauart Balcke".

somit die rechte Wasserkammer wieder als ein mit einer Mittelrippe versehener Deckel ausgebildet wird. Der Kondensator zeigt eine vom Mantel schräg nach unten verlaufende Scheidewand, welche vom Kondensator eine besondere Kammer zur Luftkühlung abtrennt.

Auch ist bei der konstruktiven Entwicklung des Kondensators mit getrennter Luftabsaugung und ohne Ginabat-Rohranordnung darauf zu achten, daß das Kondensat möglichst wenig abgekühlt wird. Einen Weg hierzu zeigt Abb. 67, welche den Querschnitt des Oberflächenkondensators der Contraflo-Condenser and Kinetic Air Pump Coy Ltd., London, darstellt. Der Kondensator wird durch geneigte **Auffangbleche** unterteilt, auf denen das Kondensat getrennt aufgefangen und abgeleitet wird. Es wird hierdurch vermieden, daß das Konden-

---

[1]) s. Fußnote S. 89.

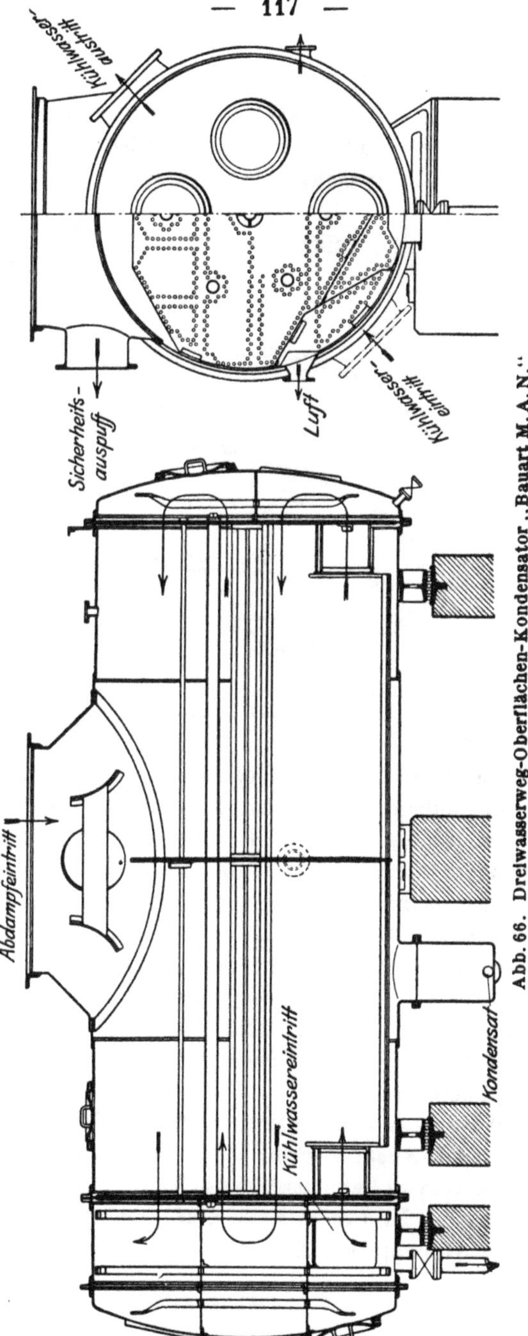

Abb. 66. Dreiwasserweg-Oberflächen-Kondensator „Bauart M. A. N."

sat der oberen Abteilungen des Kondensators über die tiefer nach unten liegenden Rohrreihen tropft und sich hier weiter abkühlt. Zugleich kann durch die Bleche eine gute Heranführung des einströmenden Abdampfes erzielt und somit zwei Vorteile gleichzeitig erreicht werden.

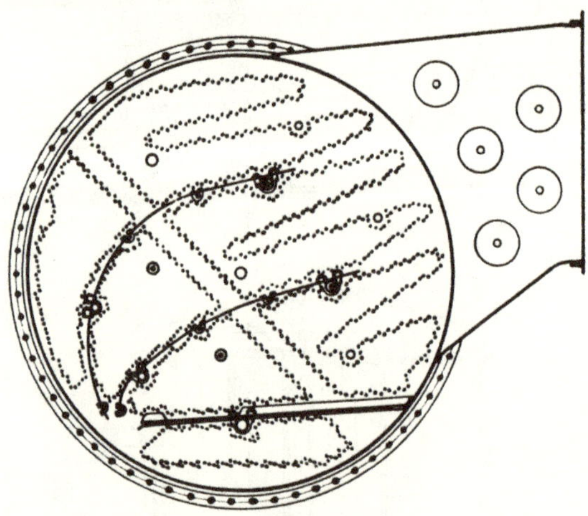

Abb. 67. Oberflächen-Kondensator der „Contraflo-Condenser and Kinetic Air Pump Coy Ltd.", London.

Einen anderen Weg schlägt die Firma G. & J. Weir, Glasgow, ein, indem sie den Maschinenabdampf von unten her in den Kondensator eintreten läßt, während das Kondensat im Gegenstrom hierzu unten abfließt, so daß es durch den Dampf wieder beinahe auf Dampftemperatur gebracht wird. Im Lister-Drive-Kraftwerk des Liverpool Co. Electricity Department ist vor kurzem eine Turbodynamo mit 25000 kW mit einem solchen Kondensator ausgebildet worden, wobei die Firma Weir die Gewähr dafür übernommen hat, daß der Temperaturabfall in diesem Kondensator bei allen Belastungen 1° C nicht überschreitet.

Zuletzt ist jeder Kondensator noch mit einem **Sicherheitsauspuffventil mit Auspuffleitung und Auspufftopf** auszustatten. Infolge irgendeiner Betriebsstörung kann die Kondensation einmal versagen. In diesem Falle muß dem aus der Maschine kommenden Abdampf ein Ausweg ins Freie geschafft werden, welcher sich bei Überschreitung eines gewissen zulässigen Druckes selbsttätig öffnet. Andernfalls würde die Konden-

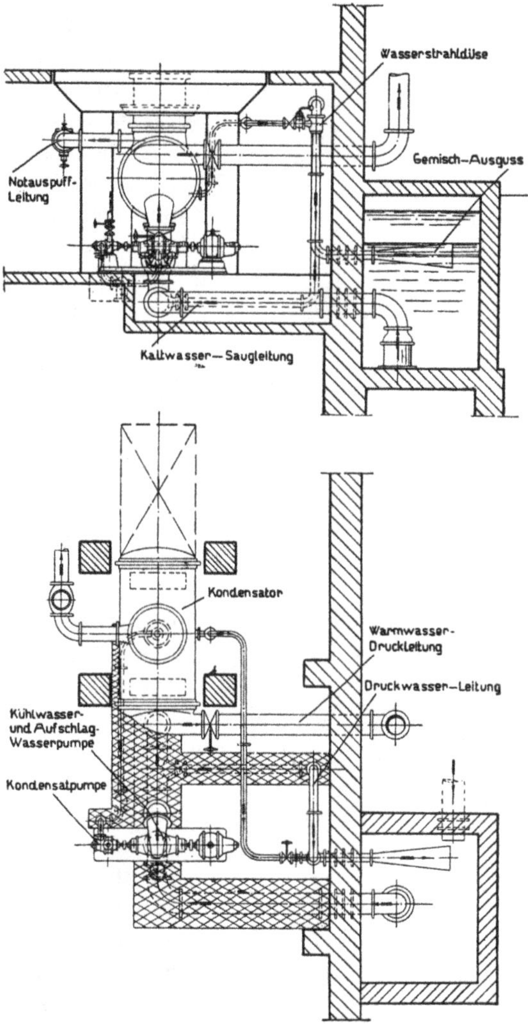

Abb. 68. „Balcke“-Oberflächenkondensations-Anlage mit Müller-Düse.

sation zerstört werden. Es wird deshalb unmittelbar am Eintrittstutzen des Dampfes in den Kondensator ein Abdampf-

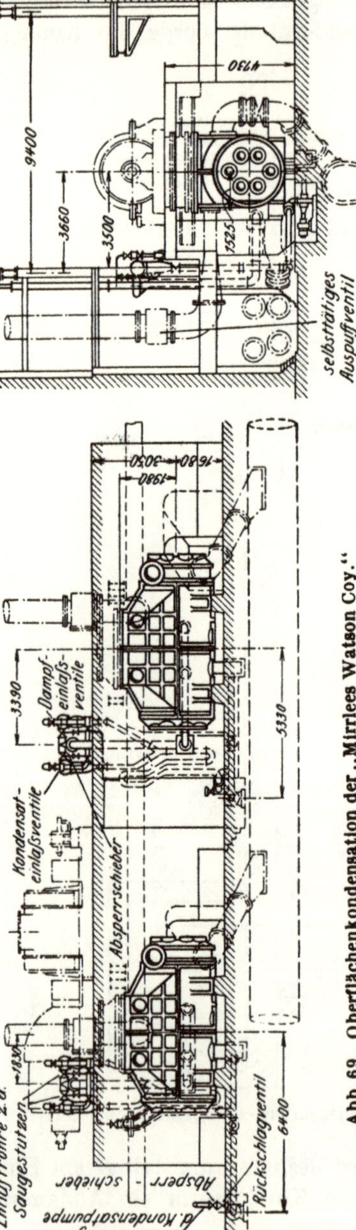

Abb. 69. Oberflächenkondensation der „Mirrlees Watson Coy."

sicherheitsventil eingebaut, dessen Teller so eingerichtet ist, daß er bei Überschreitung eines genau einstellbaren Höchstdruckes vom einströmenden Dampf aufgestoßen wird.

An der oberen Seite der Kühlwasserkammer müssen **Entlüftungshähne** vorgesehen werden, damit etwa in den Wasserwegen festgehaltene Luft abziehen kann. An der unteren Seite sind **Wasserablaßhähne** zur Entwässerung des Kondensators anzubringen. Am Mantel muß ein **Dampfanschluß** zum etwa notwendig werdenden Auskochen des Kondensators und ein **Wasseranschluß** vorhanden sein, um den Kondensator auffüllen und auf Undichtigkeiten abdrücken zu können.

Abb. 68 zeigt eine Kondensationsanlage von Balcke-Bochum, welche mit einer **Müller-Wasserstrahl-Luftpumpe** ausgerüstet ist. Die Anlage ist so einfach ausgestaltet, daß eine Beschreibung der Abbildung sich erübrigt.

Abb. 69 zeigt eine interessante Ausführung der **Mirrlees Watson Coy** Glasgow für eine 10000-kW-Turbine im Bankside-Kraftwerk in London mit zweistufigen Strahlsaugern mit Einspritzzwischenkondensator. Der Abdampf der Stufe I der Pumpe wird im Zwischenkondensator durch eingespritztes Kondensat des Hauptkondensators niedergeschlagen, wobei seine Verdampfungswärme an das Kondensat übergeht und wiedergewonnen wird. Es sind nun bei dieser Anlage zwei Luftpumpen eingebaut, von denen die kleine $\frac{1}{3}$ und die größere $^2/_3$ der Volleistung hat. Es wird hierdurch ein wirtschaftlicheres Arbeiten der „dampffressenden" Luftpumpen erzielt; denn bis zu $\frac{1}{3}$ der Vollbelastung der Turbine läuft nur die kleine, bei einer Belastung bis zu $^2/_3$ nur die große Luftpumpe und bei einer Belastung $> {}^2/_3$ beide Pumpen zusammen. Der mit einer Kühlfläche von rund 1400 m^2 ausgestattete Kondensator besteht gänzlich aus Gußeisen, die Hilfspumpen der Kondensation sind zur besseren Wartung über Flur angeordnet. Die Anlage soll bei Vollast und einer spez. Kühlwassermenge von $n = 50$, einer Kühlwassertemperatur von 12,8° C, eine Luftleere von 96,7 v.H. (bezogen auf 760 mm QS) erzielen.

Abschnitt 3.

Die dauernde Reinhaltung der Kühlfläche von Oberflächenkondensatoren.

Inhalt.

Allgemeines.

Wir sahen in dem Abschnitt 2, daß nur reine metallische Oberflächen der Kühlrohre unter sonst gleichen Konstruktions- und Betriebsbedingungen den Höchstwert der Wärmedurchgangszahl „k“ ergeben. Alle Erfolge in der Wertvergrößerung von „k“ durch zweckentsprechende konstruktive Ausbildung der Oberflächenkondensatoren werden aufgehoben durch eine etwaige **innere** Verkrustung der Kondensatorrohre durch wärmeisolierenden Steinansatz aus dem Kühlwasser oder durch eine **äußere** Verkrustung derselben durch ölhaltigen Abdampf. Oberflächenkondensatoren finden allerdings bei Kolbenmaschinen neben der Ölhaltigkeit des

Dampfes auch aus dem Grunde weniger Verwendung, daß die gewöhnliche Kolbenmaschine (Gleichstrommaschine ausgenommen) keine höheren Vakua als 85 v. H. ausnutzen kann. Hierfür genügen vollauf Mischkondensatoren, es sei denn, daß man nicht davor zurückschreckt, etwa ölhaltiges Kondensat zurückzugewinnen und zur Kesselspeisung zu verwenden. In jedem Falle muß der Abdampf von Kolbenmaschinen entölt werden, weil durch Verschmutzung und Bildung von Ölschichten bei jeder Kondensatorart der Wärmedurchgang behindert wird.

1. Die dauernde Reinhaltung der Kühlfläche von Wasserstein.

Die in Abb. 70 wiedergegebene Steinsammlung gibt einen Begriff, mit welchen **Steinansätzen** bei längerer Betriebsdauer und schlechten Wässern zu rechnen ist. In diesem Bilde zeigen *A* und *B* Absätze von kohlensaurem Kalk in einer Warmwasserdruckleitung. Die Wassererwärmung erreicht bei Turbinen-Kondensationen gewöhnlich Temperaturen von 37 bis 40 °C Bei diesen Temperaturen und einem Druck von ≥ 1 ata

Abb. 70. Sammlung von Wasser- und Kesselsteinen des Chemikers August Holle, Düsseldorf.

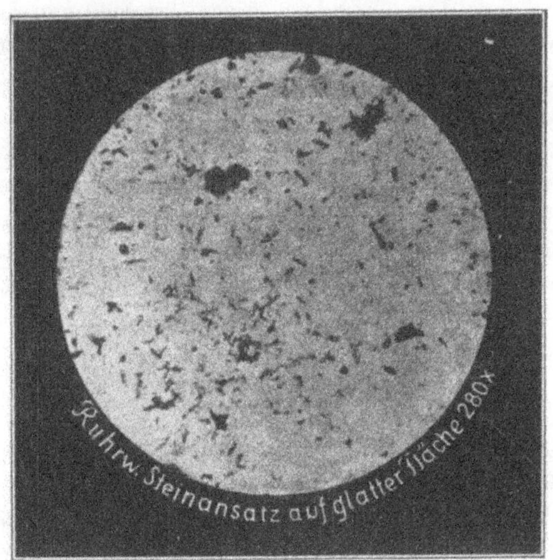

Abb. 71 a.

Abb. 71 b.
Unterschied des Steinbelages an glatten und rauhen Rohren bei gleichem Wasser.

zerfallen die im Wasser enthaltenen löslichen Bikarbonate in unlösliche Monokarbonate und Kohlensäure. Im übrigen hängt die Löslichkeit der Bikarbonate von der Wassertemperatur und von dem Kohlensäuregehalt des Wassers ab.

Abb. 71 u. 72 zeigen **Mikroaufnahmen**[1]) von zwei verschiedenen unvergüteten Wässern. Die Reaktionsdauer im Versuchsapparat war in jedem Falle gleich. Abb. 71a u. b zeigen den Steinbelag an einem glatten und rauhen Versuchsplätt-

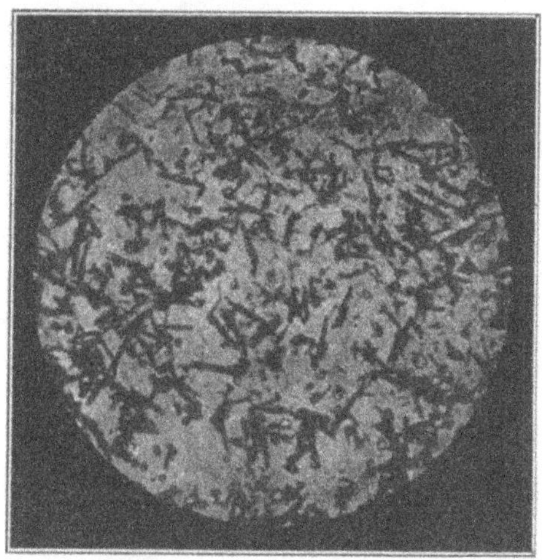

Abb. 72. Ausscheidung von kohlensauren Steinbildnern.

chen, welche gleichzeitig der Reaktion im gleichen unvergüteten Wasser ausgesetzt waren. Abb. 72 zeigt die Mikroaufnahme von kohlensauren Steinbildnern, welche sich in Form von prismenförmigen Nadeln und kleinen rhombischen Gebilden ausgeschieden haben. Außerdem sind noch Kristalle von kieselsaurem Kalk in Rosettenform vorhanden, welcher besonders harten und den Wärmedurchgang hindernden Wasserstein bildet.

Die Ablagerung von Wasserstein in den Kühlrohren nimmt nach Bildung der ersten dünnen Steinhaut ständig zu, und zwar läßt sich der damit in gleichem Maße eintretende

---

[1]) Die Mikroaufnahmen 71, 72, 86—89, 90—95, 97—100 stammen aus Korrosionsversuchen mit Rohwasser aus dem Laboratorium von August Holle, Düsseldorf.

Vakuumabfall nach Untersuchungen von Rißmann[1]) in einer Kurve nach Abb. 73 auftragen. Nach diesen Versuchen fällt das Vakuum in den ersten Betriebsmonaten im allgemeinen nur wenig ab, dann aber tritt in beschleunigtem Maße die Vakuumverschlechterung

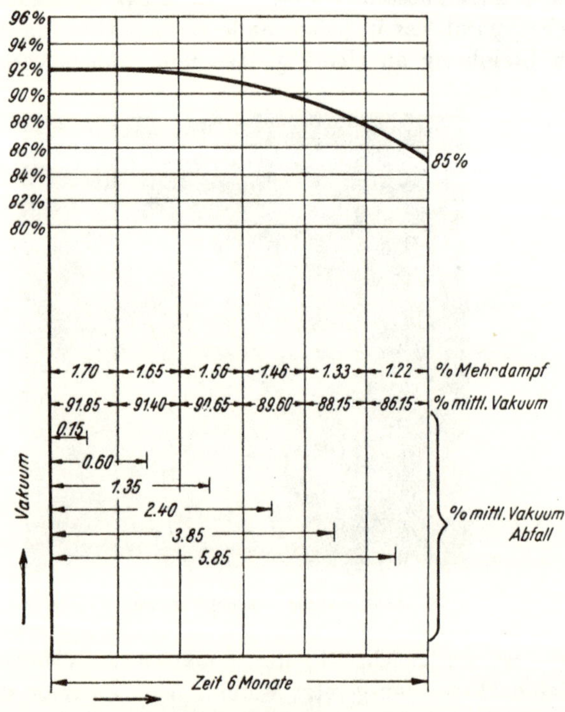

Abb. 73. Kurve des Vakuumabfalles infolge Kondensatorverschmutzung als Funktion der Zeit.

ein, weil auch die Kühlwassermenge infolge der Erhöhung des Widerstandes in den Kondensatorrohren abnimmt.

In Abb. 73 sind die Betriebsmonate nach der letzten Reinigung eines Kondensators als Abszissen und die sich aus der Erfahrung mit der wachsenden Steinablagerung einstellenden Luftleeren als Ordinaten aufgetragen. Der Vakuum-

[1]) Rißmann, Vortrag vor dem B.V.D.I. — Bochum 1920.

abfall beträgt bei Durchschnittswässern 7 v. H. im ersten halben Jahre und verläuft nach der gezeichneten Kurve (ausgehend von einem Vakuum von 92 v. H. bei völlig reinen Rohren). Im ersten Betriebsmonat stellt sich eine mittlere Luftleere von 91,85 v. H., im zweiten von 91,4, im dritten von 90,65, im vierten von 89,6, im fünften von 88,15 und im sechsten Monat von 86,15 v. H. ein. Es ergibt sich also ein mittlerer Vakuumabfall im ersten Monat von 0,15 v. H., im zweiten 0,6, im dritten 1,35, im vierten 2,4, im fünften 3,8 und im sechsten Monat schließlich von 5,85 v. H. Dementsprechend steigt auch der Dampfmehrverbrauch der an diese Kondensation angeschlossenen Turbine von 0,26 v. H. im ersten Monat bis auf 8,72 v. H. im sechsten Monat. Die hier gegebenen Zahlen gelten natürlich nur angenähert, weil sie Durchschnittswerte von Untersuchungen darstellen, die sich über drei Jahre erstreckten.

Das Ansetzen des Wassersteins in Kühlrohren wird durch **rauhe** Kühlflächen **beschleunigt.** Messingrohre sind zwar anfänglich glatt, verlieren aber diese Eigenschaft im Betriebe durch die Wasserbewegung und durch die bisher üblich gewesenen mechanischen oder chemischen Reinigungen. Stahlrohre sind von Anfang an riefig und rauh. Die Zeitspanne, bis zu welcher die Rohre einer Oberflächenkondensation derart verkrustet und verschmutzt sind, daß eine gründliche Reinigung unbedingt erforderlich wird, hängt in der Hauptsache von der Beschaffenheit und dem Grad der Verunreinigung des Kühlwassers, aber auch sehr stark von der Bauart des Kondensators, hinsichtlich der Größe der Kühlfläche, der Weite der Kühlrohre und der Anzahl der Wasserwege ab. Die Steinansetzung und Verschmutzung wird nämlich stark begünstigt durch harte Wässer, knappe Kühlflächen und langsame Wasserbewegung in den Rohren. Die Versteinung tritt vornehmlich in den wärmsten und wirksamsten Partien des Kondensatorbündels auf.

An sich ist jedes Kühlwasser mechanisch und chemisch verunreinigt. Gegen die mechanischen Verunreinigungen wehrt man sich durch Abklärung in Teichen oder durch Filter. Die chemischen Verunreinigungen erfordern aber eine ganz besonders sachliche Behandlung.

Das Kühlwasser ist in allen Fällen mehr oder weniger hart. Man drückt diese **Härte** in deutschen Härtegraden aus und versteht z. B. unter 1^0 deutscher Härte den Gehalt von 10 mg CaO in einem Liter Wasser. Magnesia ist dabei auf den Kalkwert umzurechnen. Im allgemeinen sind im Wasser die Kalksalze in wesentlich größeren Mengen vorhanden als die Magnesiasalze. Unter Gesamthärte versteht man die Härte des rohen ungekochten Wassers. Diese setzt sich zusammen aus der vorübergehenden oder Karbonathärte und der bleibenden oder Nichtkarbonathärte.

Die chemische Behandlung des Kühlwassers erstreckte sich nun auf die **vorübergehende** Härte, die im wesentlichen bedingt ist durch die Bikarbonate des Kalks und der Magnesia. Sie ist durch Erwärmung zu beseitigen, weil hierdurch die löslichen Bikarbonate in unlösliche Karbonate, in Kohlensäure und Wasser zerlegt werden.

Die **bleibende** Härte ist nicht auskochbar und wird bedingt durch die Sulfate, Chloride, Nitrate, Phosphate und Silikate der Basen Kalk und Magnesia.

Erwärmt sich rohes Kühlwasser und verringert sich zugleich der Druck, unter welchem das Wasser steht, so verliert Kalzium-Bikarbonat $Ca(HCO_3)_2$ die Hälfte seiner Kohlensäure und fällt als kohlensaurer Kalk $CaCO_3$ im Kondensator (und in der Kühlerberieselung) aus, welchem sich auf gleiche Weise kohlensaure Magnesia, kohlensaures Eisen und Manganoxydul beigesellen. Die kohlensauren Kalk- und Magnesiasalze sind also nur in Form von doppelkohlensauren Salzen im Wasser löslich, sie werden unlöslich, wenn die Kohlensäure entweicht, an welche sie halb gebunden sind. Dies Entweichen der Kohlensäure tritt aber vornehmlich bei Erwärmung ein. Eisen scheidet sich als Eisenoxyd ab, wenn dasselbe als Eisenoxydulbikarbonat im Wasser gelöst ist und bildet mit den kohlensauren Salzen sehr feste Krusten. Die Umwandlung von Eisenoxyd erfolgt durch den Sauerstoff der Luft, der sich stets im Kühlwasser befindet.

Wir ersehen aus dem Gesagten, daß je nach der Beschaffenheit des Kühlwassers mehr oder minder feste Steinablagerungen besonders in den wärmeren Kühlwasserrohren zu erwarten sind. Es haben sich sogar derartig feste Steinansätze in Kondensatorrohren bei sehr hartem Kühlwasser gezeigt, daß man diesen Wasserstein früher nur auf mechanischem Wege, z. B. mit Hilfe von Fräsern, beseitigen konnte.

Einige Firmen haben versucht, hohe Karbonathärten des Kühlwassers mit Kalkmilch oder Kalkwasser auszufällen. Sie fällen auf diesem Wege kohlensauren Kalk und die kohlensaure Magnesia nach den Gleichungen aus:

$$Ca(HCO_3)_2 + Ca(OH)_2 = 2CaCO_3 + 2H_2O.$$
$$Mg(HCO_3)_2 + Ca(OH)_2 = MgCO_3 + CaCO_3 + 2H_2O.$$

Entgegen der Theorie erfordert aber die Praxis einen Überschuß des Fällungsmittels. Ferner sind große Reaktionsräume und Filteranlagen notwendig, andernfalls die letzten Abscheidungen erst beim Erwärmen des Kühlwassers innerhalb der Kondensatorrohre stattfinden und somit nichts erreicht würde. Auch muß sich wieder kohlensaurer Kalk wegen Übersättigung des Wassers an Kalkmilch zurückbilden, und zwar nach der Formel:

$$Ca(OH)_2 + CO_2 = CaCO_3 + H_2O.$$

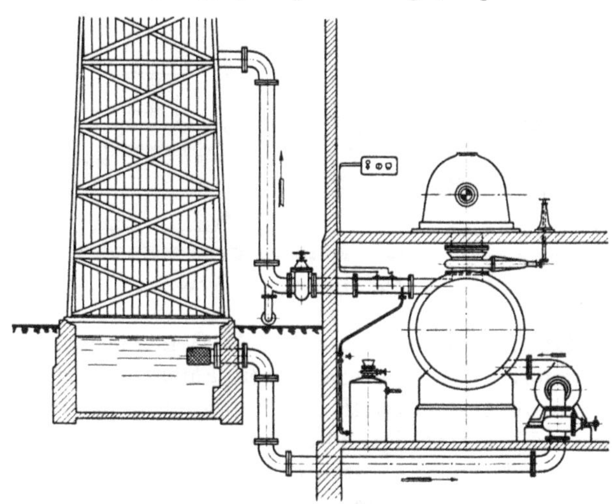

Abb. 74. Anlage zum Ausfällen von $CaCO_3$ und $MgCO_3$ mit Kalkmilch oder Kalkwasser.

Eine einwandfreie Ausfällung wird somit nicht erreicht. Abb. 74 zeigt eine nach diesem Prinzip arbeitende Anlage.

Andere Firmen setzen dem umlaufenden Kühlwasser chemische Fällungsmittel zu, wie Kalkmilch, Soda oder schwefelsauren Kalk in Form von feinen Gipskristallen, welche die Eigenschaft haben sollen, die Ausfällung der Härtebildner dadurch zu begünstigen, daß sich an diesen Kristallisationskernen weitere Kristalle aus dem Wasser ansetzen.

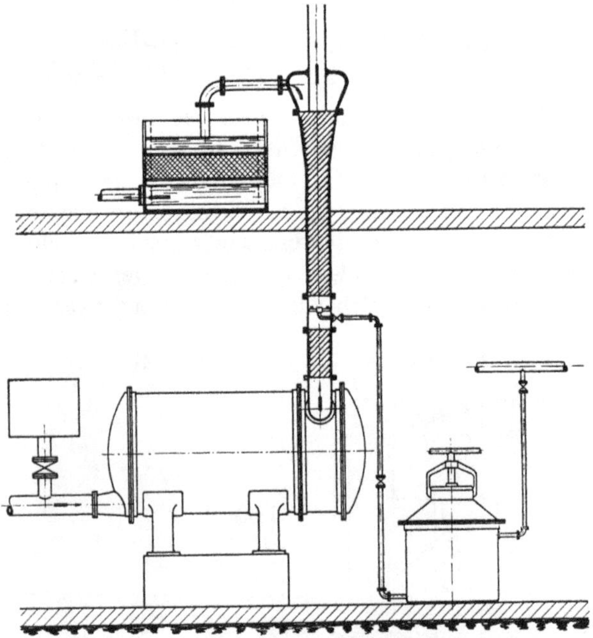

Abb. 75. Ausfäll-Anlage mit Streudüse.

Auch setzt man zuweilen mechanische Reinigungsmittel, wie Bimssteinpulver zu. Die chemischen Fällungsmittel werden durch Frischdampf aufgelöst, der Zufluß dieser Lösung in die Kühlwasserleitung erfolgt durch eine Streudüse unter dem Druck dieses Dampfes. Mittels einer in die Kühlwasserleitung eingebauten Spirale mischt sich das Fällungsmittel innig mit dem zu vergütenden Wasser, am Ende der Rohrspirale werden die ausgefällten Stoffe und Schlammteile in einer Haube abgefangen. Abb. 75 zeigt das Schema einer solchen Anlage.

Eine Kühlwasservergütung kann auch hier nur teilweise erreicht werden, weil einerseits der Schlamm sich nicht vollkommen abfangen läßt und weil ferner die glatten Kühlflächen sehr rasch angerauht werden. Wir haben aber eingangs gesehen, daß rauhe Kühlflächen den Steinansatz sehr begünstigen.

Bekannt ist auch die Behandlung nach dem **Permutitverfahren.** Permutit ist ein künstliches Natrium-Aluminiumsilikat mit nur schwach gebundenem Natrium. Wird durch dies Natriumpermutit das zu vergütende Rohwasser geleitet, so erfolgt ein Austausch des Natriums aus dem Permutit gegen Kalzium und Magnesium aus den Salzen des Rohwassers. Es bildet sich doppelkohlensaures bzw. schwefelsaures Natron, welche im Wasser in Lösung verbleiben. Ist die Permutitfüllung erschöpft, so muß sie mit einer Kochsalzlösung in ihren ursprünglichen Zustand zurückversetzt werden.

Bogner, Straßburg, hat den **Turbozirkulator** vorgeschlagen, welcher die Steinablagerung in den Kühlrohren des Kondensators dadurch zu verhindern sucht, daß zeitweise nacheinander Rohrgruppen von den Kondensatordeckeln aus mittels

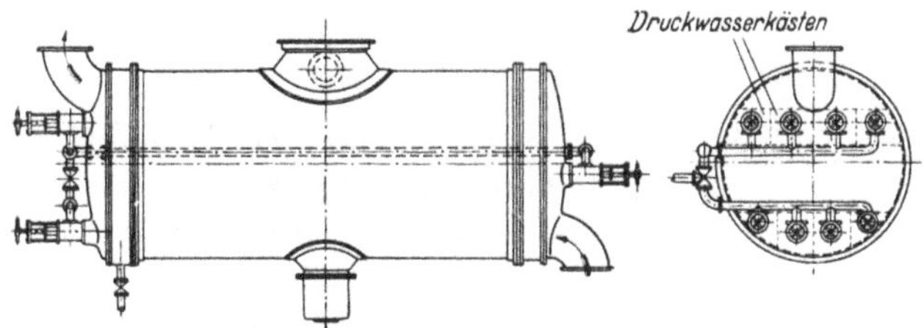

Abb. 76. Das „Turbo-Faktor." Spülverfahren.

Abdeckplatten vom Kühlwasserstrom abgeschaltet werden. Die gleichbleibende Kühlwassermenge muß bei teilweiser Abschaltung von Rohrgruppen die übrigen Rohre mit erhöhter Wassergeschwindigkeit durchlaufen und eine gründliche Ausspülung und Säuberung bewirken. Nach Ansicht des Verfassers ist es auf diese Weise unmöglich zu erreichen, daß sich bei Kondensatoren, welche mit rückgekühltem Wasser betrieben werden, die Bildung von dünnen Steinhäuten verhindern läßt, auf denen mit der Zeit dann weiterer Stein aufwächst, schon weil nach diesem Verfahren die Messingrohre rauh gemacht werden müssen. Vielleicht ist das Verfahren anwendbar bei Wässern mit an sich sehr geringer Karbonathärte, welche etwa nur mechanisch stark verunreinigt sind, also z. B. viel Schlamm mitführen. Die Abb. 76 zeigt einen mit einer derartigen Reinigungseinrichtung versehenen Oberflächenkondensator von Hülsmeyer, genannt „Turbo-Faktor"-Spülverfahren.

Die Firma Brown, Boveri & Co. teilt ihre Oberflächenkondensatoren in **zwei für sich betriebsfähige Hälften.** Bei Außerbetriebsetzung der einen Kondensatorhälfte zwecks

Abb. 77. Der zweiteilige »B.B.C.«-Kondensator.

Reinigung bleibt die andere unter erhöhter Dampfbelastung im Betriebe. Diese Außerbetriebsetzung des einen Teils kann längere oder kürzere Zeit erfordern, jedenfalls brennt in dem Teil des Kondensators, der im Betrieb bleibt, wegen der erhöhten Dampfbelastung der Stein fester wie vorher an die Kondensatorrohre an. Es brennen aber auch während der Reinigung die vorher noch lockeren Absonderungen in den wasserlosen Kühlrohren auf der Steinschicht des sich außer Betrieb befindlichen Kondensatorteiles fest, weil die wasserlosen Rohre auch von Dampf umgeben sind. Wird der Kondensatorteil wieder in Betrieb gesetzt, so tritt ein plötzliches Abschrecken der heißen Kühlrohre ein, wodurch nachteilige Strukturveränderungen des Rohrmaterials hervorgerufen werden können. Die Reinigung selbst geschieht dann mechanisch oder chemisch mittels Säure und rauht zweifellos die Rohre auf. Die Abb. 77 zeigt die Ausführung eines **geteilten B.B.C.-Kondensators.**

Alle die vorbeschriebenen Verfahren erfüllen ihren Zweck — nämlich die Ausscheidung von Wasserstein und eine Verschmutzung der Kondensatorrohre im Betriebe zu verhüten — zumeist nur mäßig. **Ein Kondensator aber, von welchem eine hohe spez. Leistung in allen Teilen verlangt wird, kann umgekehrt ein absolut reines Kühlwasser beanspruchen, um seine Aufgabe zu erfüllen.** Ein Kühlwasser, welches unter keinen Umständen Stein in den Kondensatorrohren ansetzt, kann bis heute nur durch das sog. **Impfverfahren** gewonnen werden.

Dem Impfprozeß unterliegen nur die kohlensauren Salze. Sie werden durch zugesetzte Salzsäure in Chloride umgewandelt, die in sehr viel weiteren Grenzen im Wasser löslich sind als Karbonate. Beispielsweise ist die Löslichkeit von $CaCO_3 = 31$ mg im Liter Wasser, von $MgCO_3 = 94$ mg; $CaCl_2$ ist dagegen mit 4000000 mg in einem Liter Wasser löslich. Die Reaktion der Impfsäure auf die Bikarbonate erfolgt nach den Gleichungen:

$$Ca(HCO_3)_2 + 2HCl = CaCl_2 + 2H_2O + 2CO_2$$
$$Mg(HCO_3)_2 + 2HCl = MgCl_2 + 2H_2O + 2CO_2.$$

Wie diese Reaktionsgleichungen zeigen, wird Kohlensäure frei, und zwar scheidet sich diese in Form feinster Bläschen aus, welche in der der Reaktion unterworfenen Flüssigkeit emporsteigen. Für die an der Anlage beschäftigten Arbeiter könnte dies Entweichen der Kohlensäure Gefahr mit sich bringen. Sie wird aber durch konstruktive Ausbildung der Impfanlage vermieden. Auch wird der Zusatz an Impfsäure im Wasser so bemessen, daß stets ein kleiner Rest von Bikarbonaten zu dem Zwecke vorhanden ist, das Auftreten von **freier** Säure im Wasser bei normalem Betrieb unmöglich zu machen. Das Kühlwasser ist also vollständig neutral, der Kondensator arbeitet, als ob er mit vollkommen steinfreiem Wasser betrieben würde.

Wie Bild 78 zeigt, gehen von der Kühlwassermenge im Kühler 1,75 v. H. verloren, und zwar 1,25 v. H. durch Verdunstung und 0,5 v. H. durch den zur Abführung der Chloride und schwefelsauren Salze zwecks Verhütung zu starker Konzentration notwendigen Laugenabfluß. Dieser Verlust muß durch Zusatzwasser gedeckt werden. Lediglich **dieses Zusatzwasser** wird geimpft.

Die schwefelsauren Salze werden von der Impfsäure nicht behandelt. Sie sind aber in sehr viel weiteren Grenzen im Wasser löslich als die Karbonate. Durch den Laugenabfluß wird nun, wie gesagt, verhütet, daß die schwefelsauren Salze sich derartig in Wasser konzentrieren, daß sie

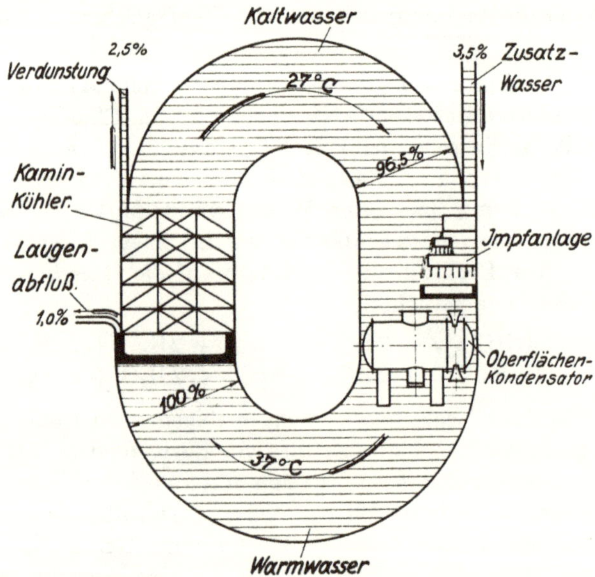

Abb. 78. Das Sankey-Diagramm des Kühlwasser-Umlaufes.

ihren Ausfüllungspunkt erreichen und somit ausfallen müssen. Im übrigen wird dem Wasser zur Umwandlung der Karbonate in Chloride nicht konzentrierte, sondern nur bis auf 5—10 v. H. verdünnte Salzsäure zugesetzt.

Ein Betrieb ist launisch! — Es könnte sich trotz aller Vorsicht durch unvorhergesehene Betriebszufälle einmal freie Säure im Wasser zeigen, welche die Kondensatorrohre sofort stark angreifen würde. Es sind zu diesem Zwecke vom Verfasser Wechselstromapparate als **Kühlwasser- und Kondensatprüfer** angegeben worden, welche im Maschinenhause untergebracht werden und sofort ein lautes optisches und akustisches Alarmsignal geben, sobald sich auch nur die geringste Spur freier Säure im Wasser oder durch Leckstellen im Kondensator im Kondensat zeigen. Auch gibt diese Alarmsignalanlage ein anderes optisches und akustisches Zeichen, wenn der Säurezufluß zu gering wird und somit Karbonate im Wasser unvergütet verbleiben.

Es erhebt sich nun die Frage, wie sich die Kühlrohre der verschiedenen **Legierungen** gegenüber geimpftem Kühlwasser verhalten. Hierüber sind von Rißmann außerordentlich interessante Versuche angestellt worden, welche beweisen, daß geimpftes Kühlwasser in keiner Weise die Kondensatorrohre angreift, z. B. auslaugt.

Die Abb. 79 a u. b bis 81 a u. b zeigen ungeätzte und geätzte Schliffe von der Wandung verschiedener Kondensatorrohre, und zwar Abb. 79 a u. b die betreffenden Schliffe eines Messingrohres der Legierung 60 × 40, welches zwecks Beseitigung des Steinansatzes zehnmal mit verdünnter Salzsäure gereinigt wurde. Durch die im verdünnten Zustande besonders aggressiv wirkende und ein äußerst scharfes Elektrolyth bildende, verdünnte Salzsäure wird das zinkreichere Eutektoid durch den elektrolythischen Einfluß der kupferreichen α-Kristalle aus der Legierung herausgelaugt. Das Zink des Eutektoids geht in Lösung und mit der Reinigungsfüllung ab, während sich das Kupfer sofort wieder niederschlägt. Die wiederholt chemisch gereinigten Messingrohre weisen deshalb bei der Untersuchung den charakteristischen roten Bruchspiegel auf, der in der Praxis als **Faulbruch** bezeichnet wird. Wir sehen aus den Schliffen, daß das Material bereits bis weit über die Hälfte der Wandung zerstört ist, was an dem Einriß am deutlichsten kenntlich ist. Die Fortsetzung dieses chemischen Reinigungsverfahrens würde in Kürze die vollständige Neuberohrung des Kondensators erforderlich machen.

Die folgenden Abb. 80 a u. b bzw. 81 a u. b zeigen die Schliffe von Messingrohren verschiedener Fabrikationsart der Legierungen 63 × 37 und 70 × 30. Die Rohre sind als Kontrollrohre in einem Oberflächenkondensator längere Zeit eingebaut gewesen, welcher mit geimpftem Kühlwasser be-

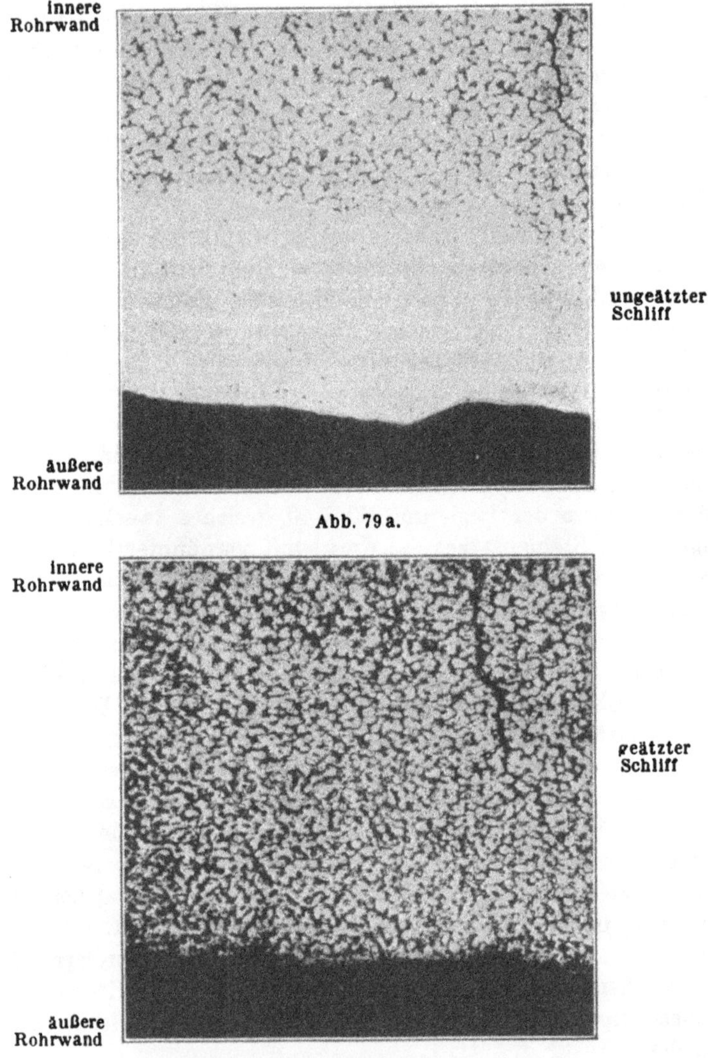

Abb. 79 a.

Abb. 79 b.

Zehnmal mit verd. Salzsäure gereinigtes Messingrohr. Lineare Vergröß. = 100.

trieben wurde. Sie zeigen nach dem Ausbau nicht die mindesten Anfressungen oder überhaupt sonst irgendwelche Stoffzerstörungen.

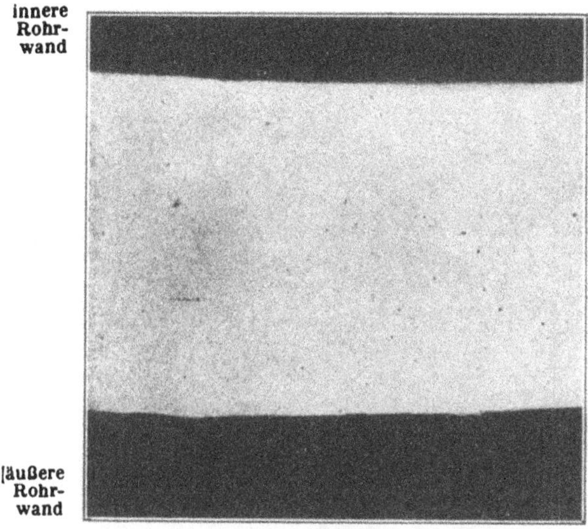

Abb. 80 a.

Abb. 80 b.
Mit geimpftem Wasser betriebene Kontrollrohre. Lineare Vergr. = 100.

Die übrigen Baustoffe der Kondensationsanlage scheiden für diese Forschungsarbeiten aus, weil sie nicht angegriffen werden können. Es müssen natürlich die schmiedeeisernen

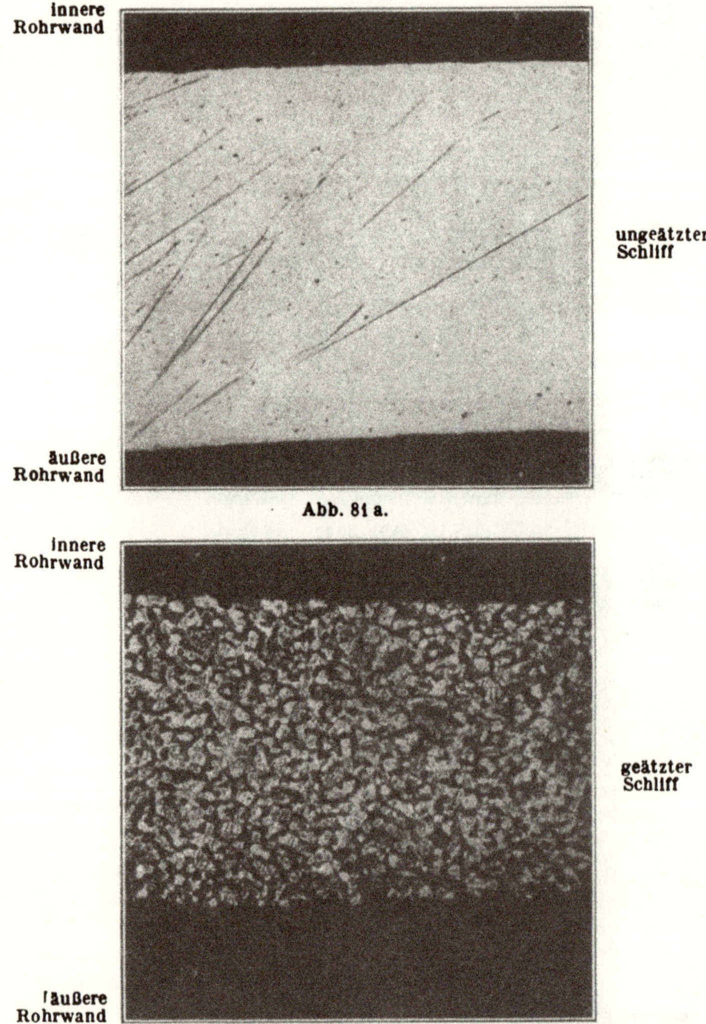

Abb. 81 a.

Abb. 81 b.

Meningrohr n. 1 Jahr langer Impfung des Kühlwassers. Lineare Vergr. = 100.

Wasserkammern durch einen **Schutzanstrich** oder durch Asphaltierung gegen das Rosten infolge Sauerstoffwirkung geschützt werden. Bei gußeisernen Wasserkammern schützt schon die vorhandene Oxydschicht. Es ist aber zweckmäßig, daß auch die gußeisernen Teile mit einem Rostschutzanstrich versehen werden.

Zerstörungen am Zementverputz des Kühlerbassins oder an Betonfundamenten sind bisher an Rückkühlanlagen, welche mit geimpftem Kühlwasser betrieben wurden, nicht festgestellt worden.

Es ist aus dem vorstehend Gesagten ersichtlich, daß die Impfanlagen — welche von der Firma Balcke, Bochum, gebaut werden — zweckentsprechende Kühlwasservergütungsanlagen für neuzeitliche Hochleistungs-Oberflächenkondensatoren sind. Wir können sagen, daß nach dem augenblicklichen Stand der Technik ein mit geimpftem Kühlwasser betriebener Ginabatkondensator alle Höchstanforderungen, welche an einen Hochleistungskondensator gestellt werden müssen, einwandfrei erfüllt.

2. Die dauernde Reinhaltung der Kühlfläche von Ölüberzügen.

Der Dampf nimmt bei Kolbendampfmaschinen im Zylinder Öltropfen auf. Ein Teil dieser mit dem Abdampf mitgerissenen Öltröpfchen geht hierbei sofort in eine Emulsion über, die auf mechanischem Wege aus dem Abdampf nicht entfernbar ist. Infolgedessen wird eine vollständige Entölung nicht erreichbar sein, es ist aber unbedingt erforderlich, das Öl, soweit angängig, aus dem Abdampf wieder zu entfernen.

Zur wirksamen Entölung sind die verschiedensten Wege eingeschlagen worden. Für unsere Zwecke kommen aber nur Verfahren in Betracht, welche auf mechanische Weise den Dampf von Öl zu reinigen versuchen, weil z. B. elektrische Entölungsverfahren schädliche Rückwirkungen auf das Kondensat ausüben und zu Kesselstörungen Veranlassung geben. Besonders zu bevorzugen ist das Entölen durch zwangläufigen und plötzlichen **Richtungswechsel**, weil die mitgerissenen nicht in Emulsion übergegangenen spez. schwereren Öltropfen dem mit großer Geschwindigkeit durch den Entöler strömenden Dampf nicht folgen können. Sie schlagen sich an den den Richtungswechsel erzwingenden Wänden oder Rosten nieder, fließen abwärts und werden am unteren Boden des Entölers durch eine kleine Ölwasserpumpe dauernd abgesaugt.

Man kann auch mit Hilfe von Schneckenwellen und ähnlichen Einrichtungen dem durch den Entöler strömenden Dampf eine drehende Bewegung geben und durch die auftretenden Fliehkräfte die spezifisch schweren Öltropfen von den Dampfteilchen mechanisch trennen. Die Ölteilchen werden fortgeschleudert, an den Wänden des Entölers aufgefangen, am Boden gesammelt und hier durch eine Ölwasserpumpe abgesaugt. Berechnungen ergeben, daß das infolge der Fliehkräfte auftretende Bestreben, sich gegen den Mantel des Entölers zu legen, bei den Öltröpfchen etwa 15000mal größer ist wie bei den Dampfteilchen.

Bei der Konstruktion von Entölern ist darauf zu achten, daß der freie Querschnitt an jeder Stelle mindestens nicht kleiner ist wie der Querschnitt des Zudampfrohres, er soll eher 1,2 bis 1,5mal größer sein, um einen Druckverlust möglichst zu vermeiden, welcher bei guten Entölern 1 cm QS (gemessen an der Maschine) nicht überschreiten soll.

Bei auspuffendem überhitztem Dampf ist das Öl dünnflüssig. Die Entölung ist in diesem Fall schwieriger durchzuführen. Man hilft sich durch Vorschalten von Kühlelementen für den Abdampf vor den Entöler.

Nach dem Gesagten können die für unsere Zwecke in Betracht kommenden Entöler in **zwei** Klassen geteilt werden, in solche mit **Entölung durch Richtungswechsel** und in solche, welche zur Entölung **Zentrifugalkräfte** benutzen.

Entöler mit Richtungswechsel.

Die Firma **Balcke-Bochum** verwendet zum Richtungswechsel Winkeleisen vom Profil $50 \times 50 \times 5$, welche durch Anker untereinander zu Rosten verbunden werden. Der den Entöler durchströmende Abdampf trifft zuerst auf ein Sieb, an welchem sich sofort ein großer Teil der mitgerissenen Öltropfen ausscheidet und abfließt. Der durch die Sieblöcher pfeifende Dampf trifft dann auf die Kanten der Winkeleisenroste und wird fortwährend abgelenkt. Das zum plötzlichen Richtungswechsel gezwungene Öl scheidet sich hier aus, fließt an den Winkeleisen herunter, sammelt sich am unteren Boden und wird hier durch eine Ölwasserpumpe abgesaugt. Diese Art der Entölung ist recht befriedigend. Ähnlich arbeiten die Abdampfentöler von **David Grove**, A.-G., Berlin.

Die Einbauelemente des **Szamatolski-Entölers** (Abb. 82) bestehen aus U-förmigen Blechen. Dieselben werden in einfacher Weise zusammengestellt und bilden durchgehende Abscheidekammern sowie unterteilte Fangkammern. Durch die wechselseitige Lage der Schippen in den Abscheidekammern wird der Dampf gezwungen, seine Richtung zu ändern. Bei jeder Richtungsänderung werden die im Dampf enthaltenen Ölteile gegen die Schippen geschleudert und gelangen durch die Ausstanzungen in die Fangkammern, welche strömungsfreie Räume bilden und das Öl nach unten in einen Ölfangraum ableiten, von wo es durch eine Warze abfließen kann.

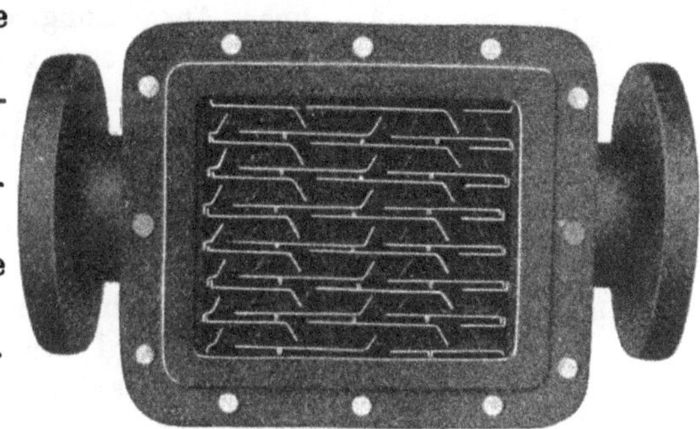

Abb. 82. Der Szamatolski-Entöler.

Die Reinigung des Entölers ist leicht zu bewerkstelligen, da das Herausnehmen sowie das Wiedereinbringen des Einbaues durch die einfache Aneinanderstellung der Einbauelemente schnell vorgenommen werden kann. Die durchgehenden Abscheidekammern mit der wechselseitigen Anordnung der Schippen und die häufige Unterteilung der Fangkammern zu strömungsfreien Räumen gewährleistet eine praktisch vollkommene Entölung.

Im Entöler von **Bühring** wird der ölhaltige Abdampf durch eigenartig gegeneinander versetzte Bündel von Stäben zum Richtungs- und Geschwindigkeitswechsel gezwungen.

Abb. 83 zeigt die Konstruktion dieses Entölers sowie einen einzelnen Entölerstab. Charakteristisch für das Stabsystem „Bühring" ist die Raspellochung der Stäbe, welche ohne Zwischenraum dicht nebeneinander sitzen, so daß der Dampf durch die Raspellochung immer wieder in feine Streifen zerteilt und in diesem fein zerteilten Zustande an den Abscheideflächen vorbeigeführt wird. Hierdurch ergibt sich bei geringstem Widerstand eine besonders hohe Ausnutzung der Abscheideflächen und eine gute Entölung.

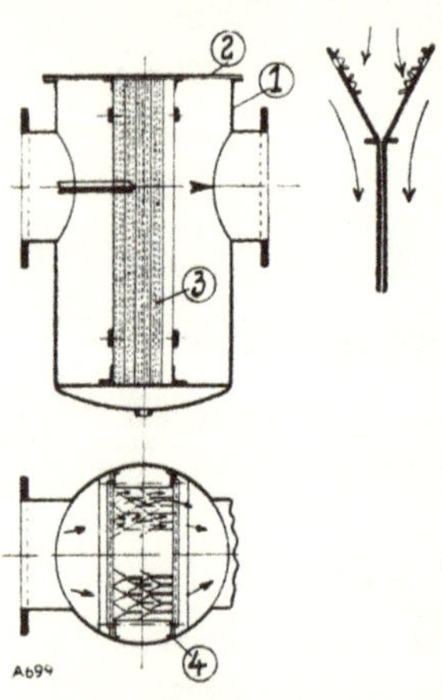

Abb. 83. Der Bühring-Entöler.

Zentrifugalentöler.

In dem Zentrifugalentöler der Firma **Reisert** befindet sich eine Spirale, welche von einem Siebmantel umschlossen ist. Der zu entölende Dampf tritt von unten in diese Schneckenspirale ein und wird beim Durchstreichen in drehende Bewegung versetzt. Durch die nunmehr auftretenden Fliehkräfte werden die spez. schwereren Öltropfen gegen den Siebmantel geschleudert, fließen an diesem herab und sammeln sich am Boden des Entölers, wo sie von einer Ölwasserpumpe zur Reinigung und Aufbereitung abgesaugt werden. Der entölte Dampf verläßt den Entöler am oberen Ende.

Abb. 84 gibt eine Gerippskizze des Zentrifugalentölers der **Hoffmannswerke** in Leuben bei Dresden. Der zu entölende Dampf tritt oben ein und durchströmt eine Schnecke. Durch die Zentrifugalkräfte des in Drehung geratenden Dampfes werden — ähnlich wie beim Reisertentöler — die spez. schwereren Öltropfen gegen den die Schnecke umhüllenden Mantel geschleudert, bleiben hier hängen und fließen ab. Nach Durchlaufen der Schnecke kehrt der Dampf um und durchströmt nun in

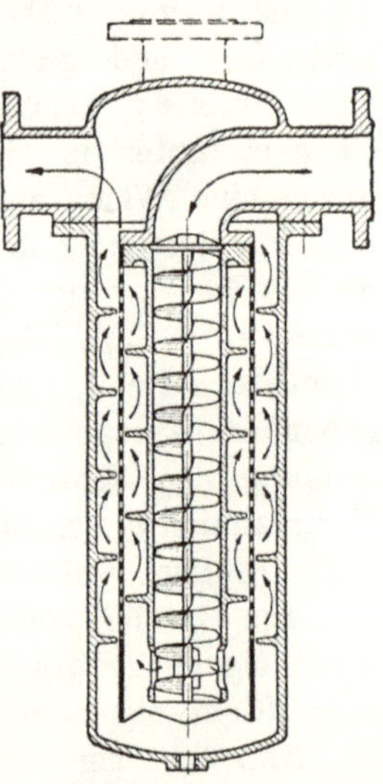

Abb. 84. Zentrifugal-Entöler der Hoffmanns-Werke.

Rückwärtsrichtung mit fortwährendem, plötzlichem Richtungswechsel einen mit länglichen Schlitzen versehenen Siebmantel. Hier sollen die letzten Öltropfen ausgeschieden werden und nach unten ablaufen.

Die Zentrifugal-Entöler sind teuer und kommen daher allmählich aus dem Handel.

Abb. 85 zeigt eine den heutigen Anforderungen entsprechende **automatische Abdampf-Entölungsanlage mit angeschlossener Ölrückgewinnung** der Bühring AG. in Halle-Landsberg.

Die Anlage besteht aus dem Entöler *1*, dem Automaten *2* und dem Ölrückgewinnungsapparat *7*. Der Automat ist an den Kondensator angeschlossen. Da auf diese Weise das Innere des Automaten *2* unter Vakuum steht, fließt das Ölwasser durch einen Krümmer und eine Rückschlagkappe vom Entöler in den Apparat hinein. Das Wasser hebt den Schwimmer an und dieser bewirkt dann in seiner höchsten Stellung die Öffnung eines auf dem Deckel angeordneten Dampfventiles *4*. Der plötzlich eintretende Dampf schließt die Rückschlagklappe und drückt das Wasser durch ein Doppelrückschlagventil *5* aus dem Apparat heraus. Dadurch sinkt der Schwimmer und in seiner untersten Stellung schließt er das Dampfventil, wobei gleichzeitig ein Entlüftungsventil *6* geöffnet und durch die wieder eingetretene Verbindung mit dem Kondensator, das Vakuum im Apparat gleichfalls wieder hergestellt wird. Die Druckleitung ist dabei durch das Doppelrückschlagventil *5* abgesperrt. Es wiederholt sich nun das beschriebene Spiel.

Der „Bühring"-Automat besitzt eine Umsteuervorrichtung 3, durch welche während des Betriebes der Schwimmer gehoben, das Dampfventil geöffnet und der Apparat mit Dampf vollkommen durchgeblasen, also gereinigt werden kann. Durch Drehen des Umsteuerhebels nach entgegengesetzter Richtung wird der Schwimmer nach unten gedrückt, das Dampfventil geschlossen und der im Innern des Apparates befindliche Dampf entweicht. Die sämtlichen Bewegungen des Automaten lassen sich also zwangsläufig von außen durch eine Anlüfte- und Umsteuervorrichtung auf dem Deckel des Automaten während des Betriebes ausführen. Nach dem Um-

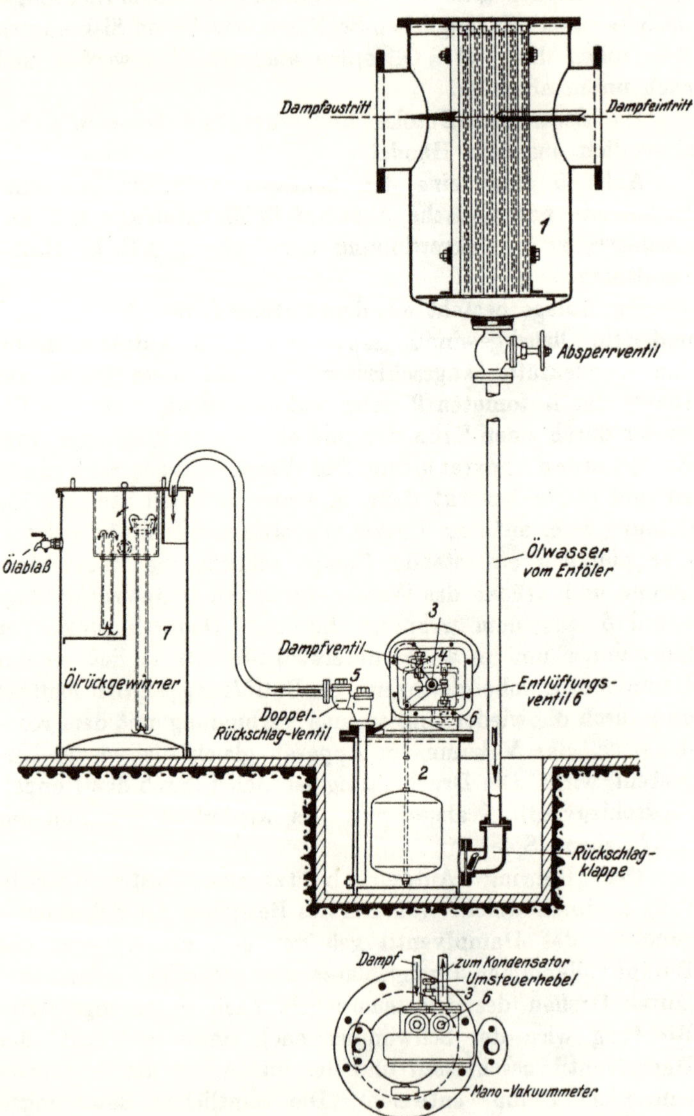

Abb. 85. Der Bühring-Automat.

steuern muß der Hebel in Vertikalstellung gebracht werden, um den Gang des Apparates nicht zu hindern.

Der Apparat ist möglichst direkt unter dem Entöler aufzustellen, und zwar so, daß zwischen Unterkante des Entölers bis zu den Anschlußflanschen des Apparates ein Gefälle von mindestens 0,8 m vorhanden ist. Ist nicht genügend Höhe vorhanden, kann der Apparat auch in den Fußboden eingelassen werden. Die Verbindungsleitung darf keine scharfen Krümmer erhalten. Der Dampf zum Betrieb des Apparates ist einer Leitung mit ca. 3 ata Druck zu entnehmen. Überhitzter Dampf ist nicht verwendbar. An Stelle des Dampfes kann auch Druckluft in Anwendung kommen.

Zur **Prüfung der Abdampfentöler** eignet sich der Prüfapparat der Bühring AG. Halle-Landsberg. Er besteht aus einem mit Kühlrippen versehenen Sammelbehälter, der an die Abdampfleitung hinter dem Entöler in der Weise angeschlossen ist, daß ein Teildampfstrom den Kühlapparat durchstreicht und sich zum Teil als Kondensat niederschlägt. Ist der Sammelbehälter mit Kondenswasser gefüllt, so wird er abgeschlossen und das Niederschlagserzeugnis auf seine Ölhaltigkeit geprüft. Schon äußerlich verrät das Kondensat Ölhaltigkeit, wenn es ein trübes Aussehen zeigt. Da es eine gewisse Zeit dauert, bis der Sammelbehälter gefüllt ist, so erhält man eine Durchschnittsprobe über diese Zeit.

Nach den Versuchen des Bayer. Kesselrevisionsvereins (Z. d. V. d. I. 1910, S. 1969f.) gelingt es, den Dampf mittels eines guten Entölers soweit von Öl zu befreien, daß 1000 kg Kondenswasser $\leqq$ 10—15 g Öl enthalten.

Abschnitt 4.

Die Erzeugung des Zusatzspeisewassers für Hoch- und Höchstdruckkessel aus der Abwärme von Oberflächenkondensationsanlagen.

Inhalt.

Die Notwendigkeit der Ersetzung der Dampfverluste durch Zusatzspeisewasser. — Die Härtebildner und atmosphärischen Gase des Rohwassers. — Die Kesselsteinbildung. — Die Gaskorrosionen. — Die Wirkung der Chloride. — Die chemischen Reinigungsverfahren. — Die Notwendigkeit der Destillaterzeugung für Hochdruckkessel. — Die Verdampfungsverfahren. — Die Abdampf-Verdampfer. — Der Bleicken-Verdampfer. — Der Josse-Gensecke-Verdampfer. — Das Kühlwasserverdunsterverfahren. — Die Verfahren zur Gasfreihaltung von Kondensat und Destillat bis zum Kessel.

Bei einem verlustlosen Kesselspeisewasserkreislauf würde allein das im Oberflächenkondensator wiedergewonnene Kondensat seiner Menge und Beschaffenheit nach zur Wiedereinspeisung in die Dampfkesselanlage genügen. Es treten aber in Wirklichkeit durch Dampflässigkeit, Undichtigkeiten usw. auf dem Wege vom Kessel bis zum Eintritt in den Kondensator **Verluste** ein. Die zurückgewonnene Kondensatmenge genügt daher nicht zur Kesselspeisung. Es ist eine Zusatzwassermenge von etwa 2—5 v.H. bei guten Anlagen, oft aber noch mehr notwendig, um diese Verluste zu decken. Dieses Zusatzspeisewasser muß allen Anforderungen genügen, die an das Speisewasser für einen neuzeitlichen Dampfkesselbetrieb gestellt werden müssen.

Wasser ist für alle Salze ein gutes Lösungsmittel. Wir werden daher selten ein natürliches Wasser finden, welches genügend frei von steinbildenden Unreinigkeiten ist, um es ohne Vorreinigung in Dampfkessel einspeisen zu können.

Wir unterscheiden im Wasser **schwer- und leichtlösliche Härtebildner**[1]). Zu der ersten Gruppe gehören Kalk und Magnesia. Kalk ist mit etwa 20 mg und Magnesia mit etwa 95 mg im Liter Wasser löslich. Zur zweiten Gruppe gehört vornehmlich der schwefelsaure Kalk, welcher noch mit 1800 mg im Liter Wasser löslich ist.

Außer den vorgenannten Härtebildnern finden sich im Rohwasser noch Chloride, Kalisalze, Kieselsäure, Mangan, Eisen u. a. m., welche die Kesselsteinbildung wesentlich beeinflussen.

Die Aufnahme von **atm. Gasen,** vor allem von Luftsauerstoff und Kohlensäure hängt wesentlich von der Weichheit und Gasfreiheit des betreffenden Wassers ab; denn das Wasser neigt um so mehr zur Gasaufnahme, je weicher und gasfreier es ist. Die Forscher sind sich aber darüber einig, daß die atm. Gase die Ursache der Rostbildungen sind. Rostungen im Wasser wurden von Prof. Heyn und Bauer (Materialprüfungsamt Berlin-Lichterfelde 1908 und 1910) bei alleiniger Anwesenheit von Sauerstoff (also auch bei Abwesenheit von Kohlensäure) festgestellt. Sind aber beide Gase vorhanden, so treten die Zerstörungen weit heftiger auf. Aus Versuchen von Klein ergibt sich, daß aber auch Kohlensäure allein heftige Rostungen, sowohl im Dampf- als auch im Wasserraum des Kessels hervorrufen kann. Auch magnesiumhaltige Wässer wirken fast in allen Fällen sehr angreifend.

Die **Kesselsteinbildung** ist im wesentlichen von der Löslichkeit der Härtebildner, der Temperatur, dem Druck und der chemischen Zusammensetzung des Wassers abhängig. Danach können wir in der Regel bei

[1]) Die im Rohwasser vorhandenen Härtebildner werden durch den Härtegrad des Wassers gekennzeichnet. Man unterscheidet deutsche und französische Härtegrade. Unter 1° deutsch ist die Lösung von 1 Teil CaO in 100000 Teilen H_2O oder 10 mg CaO in 1 l H_2O zu verstehen. 1° franz. ist der Gehalt von 10 mg $CaCO_3$ in 1 l H_2O. Somit ist 1° franz. = 0,56° deutsch; die Messung in französischen Härtegraden ist also empfindlicher und daher vorzuziehen.

der Entstehung des Kesselsteines **drei Grundvorgänge** beobachten, und zwar wie folgt:

1. Vorgang. Die Ausscheidung des **kohlensauren Kalkes**; denn dieser ist am schwersten löslich. Er fällt in Rhomboedern oder zigarrenförmigen Nadeln aus.

2. Vorgang. Die Ausfällung der schon leichter löslichen **kohlensauren Magnesia.** Sie legt sich auf die zuerst gebildete Schicht des kohlensauren Kalkes. Bei beiden Bikarbonaten wird durch die Erhitzung des Wassers die freie Kohlensäure als Gas ausgetrieben, wodurch sich die entsprechenden Monokarbonate des Kalkes und der Magnesia bilden, die als fester Stein ausfallen.

3. Vorgang. Die Ausfällung der **Sulfate,** welche sich auf die im zweiten Vorgang gebildete Steinschicht legen, und zwar in flachen, langen und stumpf abgebrochenen Nadeln oder breiten plattenförmigen Gebilden.

Bei etwa im zu verdampfenden Wasser vorhandenem **kieselsaurem Kalk** ist eine quantitative Abhängigkeit zum kohlensauren Kalk in der Art des Ausfallens festgestellt worden. Ist nämlich kohlensaurer Kalk in größeren Mengen vorhanden, so fallen kohlensaurer und kieselsaurer Kalk gemeinsam vor dem schwefelsauren Kalk als amorpher Schlamm aus, welcher die Rohrwandungen mit einer gallertartigen dünnen Schicht überzieht. Dieser Kesselstein ist von allen der **wärmeundurchlässigste und daher äußerst gefürchtet.** Ist dagegen kohlensaurer Kalk quantitativ nur wenig vorhanden, so scheidet sich reine Kieselsäure in rosetten- oder erbsenförmigen Gebilden aus.

Die Entstehung einer Kesselsteinbildung während eines Verdampfungsprozesses zeigen in fast „kinmeatographischer“ Weise die Abb. 86—89.

Zur Verfügung stand für den Verdampfungsversuch Brunnenwasser aus Oberschlesien von folgender chemischer Zusammensetzung:

$CaSO_4$ . . .	923,0 mg/l
$MgSO_4$ . . .	69,8 „
$MgCO_3$ . . .	224,0 „
FeO_3	14,8 „
SiO_2	52,8 „
$NaCl$	2481,6 „

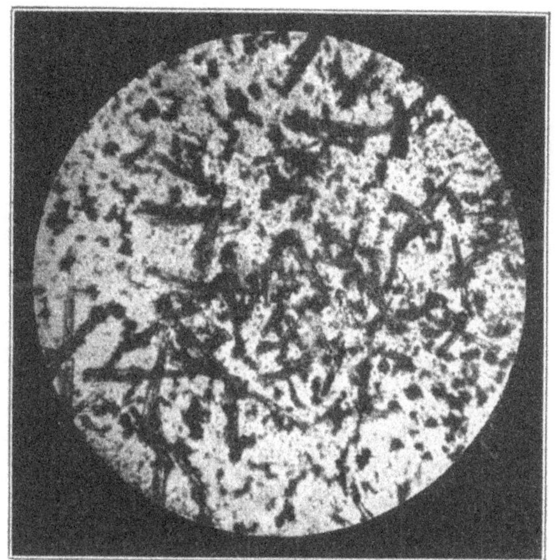

Phase 1.
Abb. 86. Kieselsaurer Kalk +-Magnesia

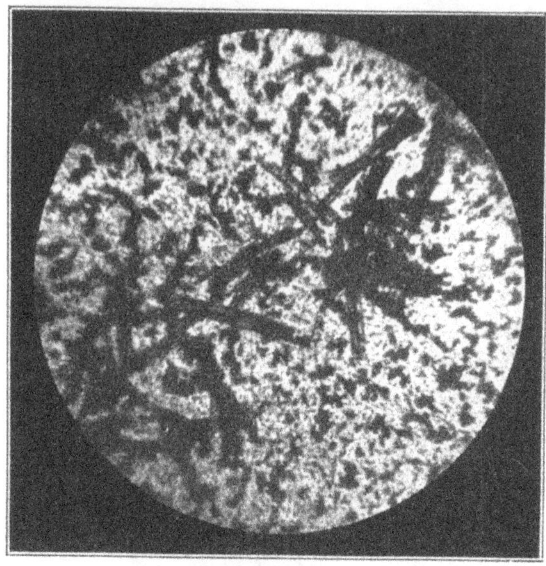

Phase 2.
Abb. 87. +schwefelsaurem Kalk.
Abb. 86—89. Entstehung von Kesselstein bei einem Verdampfungsprozeß mit Rohwasser in 4 Phasen.

Phase 3.
Abb. 88. Weitere Ablagerung von schwefelsaurem Kalk.

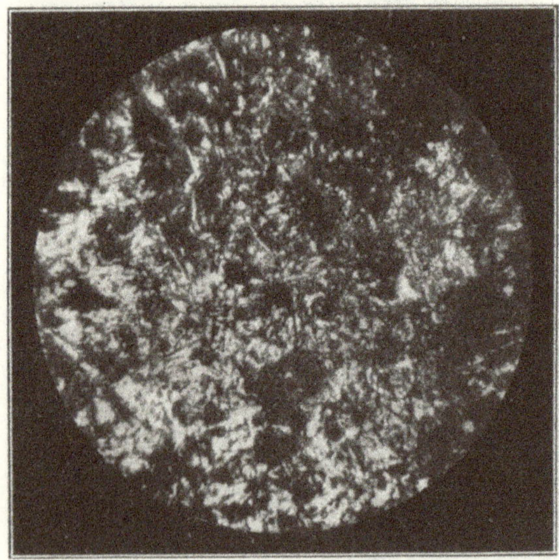

Phase 4.
Abb. 89. + Eisen, + kieselsaurer Kalk, + - Magnesia aus neu eingespeistem Rohwasser.

Zu Beginn des Verdampfungsversuches sehen wir in Abb. 86 das Auftreten von gallertartigen Schlammteilchen des **kieselsauren Kalkes** und der **Magnesia.** Darüber decken sich alsdann die ersten Ausscheidungen von **schwefelsaurem Kalk** in flach abgebrochenen, breiten Nadeln. Nun beginnt in Abb. 87 die Abscheidung des **schwefelsauren Kalkes** sehr rasch weiterzuschreiten und die erste Schicht ganz zu überdecken. In Abb. 88 haben sich bereits mehrere Schichten übereinander gedeckt. Die strahlenförmigen Gebilde des schwefelsauren Kalkes sind jetzt vorwiegend. Von Abb. 87 zu 89 wird die Steinablagerung durch ausfallendes Eisen durch Kieselsäure und Magnesia sowie durch geringfügige Mengen von kohlensaurem Kalk aus neuzugespeistem Rohwasser weiterverdichtet. Den fertigen Kesselstein zeigt dann Abb. 89.

Die Hollesche[1]) Steinsammlung der Abb. 70 zeigt einige sehr schöne Steinabscheidungen. Es bedeutet *C* einen aus einer chemischen Wasserreinigung gewonnenen Stein, *D* eine Ablagerung von kieselsaurem Kalk, *E* den versteinerten Rohrquerschnitt einer Speisewasserdruckleitung, durch die „chemisch gereinigtes" Wasser gefördert wurde, *F* ein korrodiertes und geplatztes Siederohr.

Die Abb. 90 bis 95 zeigen einige Hollesche Arbeiten über Speisewässer Abb. 90 zeigt Schlamm aus einem Hochdruckkessel. Der Ansatz aus dem mit nicht ausreichenden Mengen Kondensat und Destillat gespeisten Kessel läßt erkennen, daß dieser sehr zähflüssige Schlamm aus ganz feinen Plättchen besteht. In Abb. 91 sind einige Teilchen in dem Zustande gezeigt, wie sich der Ansatz in den Rohren bildet; die Kristallformen sind deutlich erkennbar. Rechts ist ein durch die wirbelnde Rotation in den Steilrohren abgeschliffenes Plättchen zu sehen. Abb. 92 zeigt das allerfeinste „Abgeschlemmte" dieses Kesselschlammes bei 1400 facher Vergrößerung. Selbst hier sehen wir immer wieder die Form der durch die wirbelnde Rotation abgeschliffenen Plättchen und Scheibchen, welche in dieser starken Vergrößerung die Gefährlichkeit eines solchen Saugschlammes deutlich vor Augen führen.

---

[1]) Aug. Holle, Düsseldorf.

Das Präparat zeigt besser wie jede Analyse, daß zur Speisung von Hochleistungskesseln nur ein-

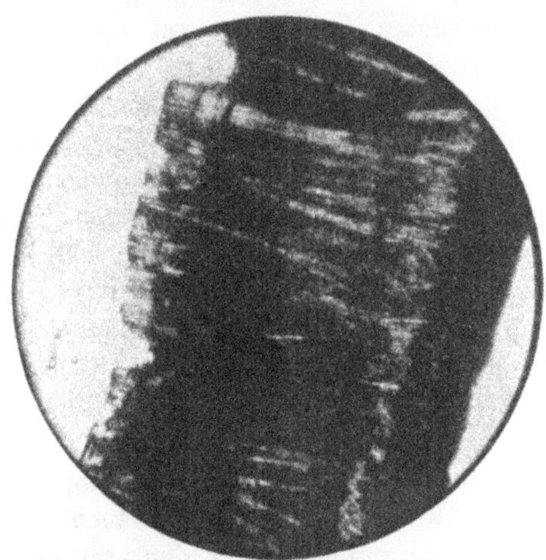

Abb. 90.

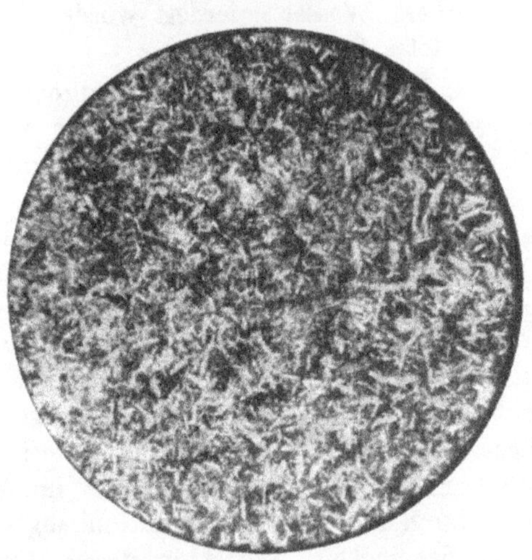

Abb. 91.

Abb. 90 Mikro-Aufnahmen aus einem

wandfreies Wasser, und zwar entweder Kondensat oder Destillat genommen werden sollte. Es darf aber keinesfalls schlecht oder gar nicht gereinigtes Wasser zugespeist werden. Der zähe, schwere Schlamm sinkt bei Nach-

Abb. 92.

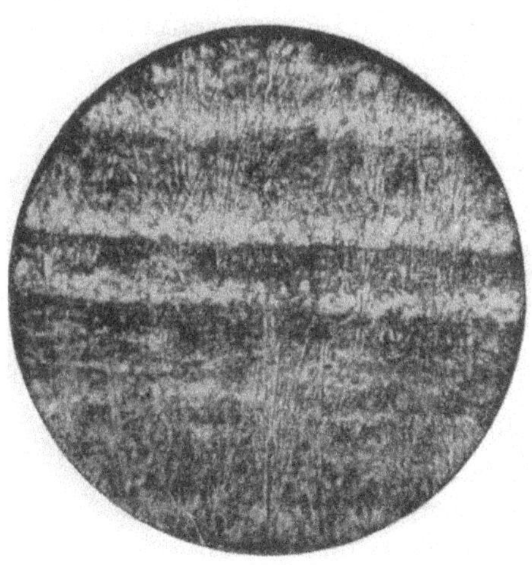

bis 93.
von Saugschlamm
Hochdruckkessel.

Abb. 93.

lassen der Wirbel (etwa bei Betriebspausen od. dgl.) zu Boden, wird aber bei Forcierung der Feuerung plötzlich wieder aufgewirbelt, wodurch ähnlich wie beim Auftreten des Siedeverzuges bei ölhaltigem oder stark salzhaltigem Wasser eine

Abb. 94. Kesselstein-Querschliff aus einem Hochdruckkessel.

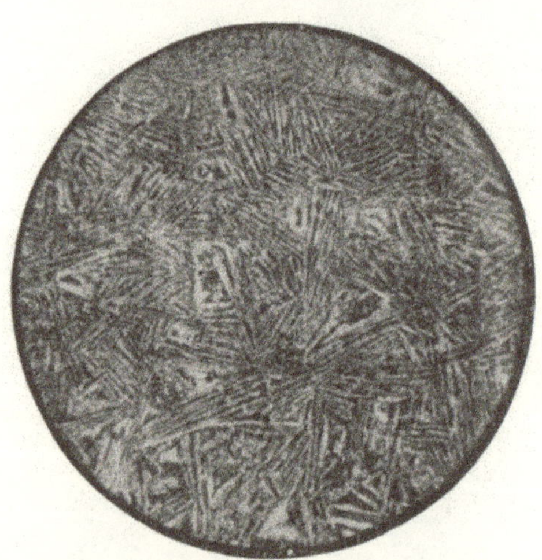

Abb. 95. Steinansatz in einem Vorwärmer.

plötzliche Dampfentwicklung erfolgt, welche genügend stark ist, um an irgendeiner Stelle defekt gewordene Rohre oder solche mit irgendeiner schwachen Fabrikationsstelle zu beschädigen.

Auf Grund der vorstehend beschriebenen Versuche wurde der Schlamm aus den betr. Kesseln entfernt und eine Mitspeisung von schlecht gereinigtem Wasser abgestellt. Die sehr häufigen Betriebsdefekte hörten alsdann auf.

Abb. 93 zeigt ein zunächst abgeschliffenes Schlammplättchen, welches in eine ruhigere Zone des Kessels geraten ist und hier eine neue Ankristallisierung in Form von eisenhaltigen Kalkrhomboedern, in andern Fällen von eisenhaltigen Kalknadeln erfahren hat.

Abb. 94 zeigt den Querschliff durch einen Kesselstein aus einem Hochdruckkessel. Es ist deutlich erkennbar, daß die Art der Wasservergütung eine sehr unregelmäßige gewesen sein muß. Dieser Stein war die Ursache zu einer schweren Kesselzerstörung.

Abb. 95 zeigt einen Ansatz aus Rohwasser im Vorwärmer. Das Rohwasser setzte bei der plötzlich eintretenden Erwärmung einen sehr harten, dünnen Stein ab, von dem ein Stück im Dünnschliff zu sehen ist. Der Aufbau dieses harten Ansatzes ist sehr gut erkennbar. Bei chemisch vorgereinigtem Wasser ist der Aufbau des Ansatzes wesentlich anders wie aus Abb. 94 zu ersehen ist. Hier sind es grobe Kalknadeln, denen man schon ansieht, daß die gebildeten Ansätze leicht zerbröckeln.

Mit der vorherigen Entsteinung des Speisewassers sind aber für die Kesselrohre die Gefahren durchaus noch nicht überwunden, weil nunmehr durch Fortfall des Steinbelages, den im Wasser enthaltenen Gasen die Angriffsmöglichkeit auf die Wandung gegeben ist. Wie schwer solche Zerfressungen von Sauerstoff und Kohlensäure auftreten können, zeigen die beiden Rohre hinter *A* und *C* der Abb. 70. Die Anfressungen des Sauerstoffs treten nur örtlich, die der freien Säure flächenhaft auf. Sie sind besonders gefährlich bei chemisch gereinigten, aber nicht entgasten Wässern. Es gehen in irgendeinem Betriebe plötzlich die schmiedeeisernen Ekonomiser zu Bruch, obwohl das Speisewasser chemisch gereinigt war. Es waren in diesem Falle zwar die Steinbildner, aber nicht der Sauerstoff aus dem Wasser entfernt worden, der seinerseits die Rohre nunmehr in kurzer Zeit verfraß.

Die Rostungen von Sauerstoff (Abb. 97) treten fast stets als pockennarbige Zerstörungen auf. Zunächst bildet sich eine Blase, die beim weiteren Fortgang des Angriffes platzt, wobei eine rotbraune Flüssigkeit austritt. An der Basis der Blase geht die Zerstörung weiter, wodurch kraterartige örtliche Vertiefungen entstehen.

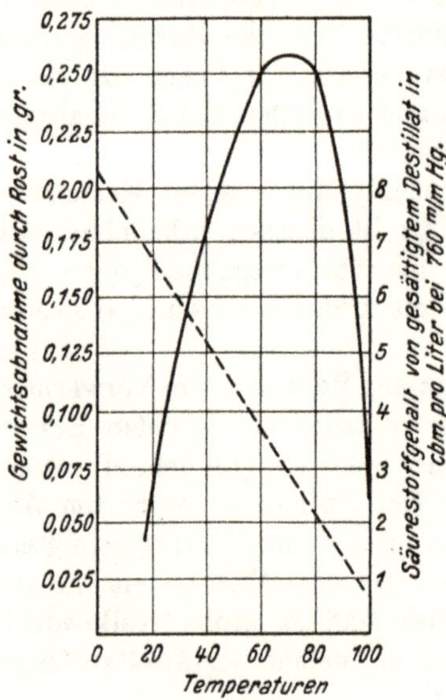

Abb. 96. Rostungsversuche von Prof. Heyn und Bauer.

In der graphischen Darstellung Abb. 96 ist das Angriffsvermögen von **lufthaltigem Destillat** zwischen 20 und 100° C von E. Heyn wiedergegeben. Die ausgezogene Kurve zeigt die Gewichtsabnahme einer Eisenplatte von 45×30×5 mm nach 22tägiger Lagerung in destilliertem, aber lufthaltigem Wasser. Die Erscheinung ist darauf zurückzuführen, daß die Gase sich bei einer sog. kritischen Temperatur, welche nicht immer konstant bleibt, sondern von der chemischen Zusammensetzung des Wassers und besonders vom Druck abhängig ist, völlig ausscheiden. Die Löslichkeit des Sauerstoffs in cm^3 pro 1 l Destillat ist in Abb. 96 durch die gestrichelte Linie dargestellt. Die Abnahme der Löslichkeit von Sauerstoff mit steigender Temperatur gilt auch für Rohwasser, und zwar erfolgt die Abnahme der Löslichkeit bei atm. Druck proportional der Temperaturzunahme.

Neben Sauerstoff kann auch Kohlensäure zu starken Zerfressungen Anlaß geben. Abb. 98 zeigt eine **Kohlensäurezerfressung.** Das Eisen ist durch den Angriff porös geworden. Die darüber liegenden weißen Erhebungen sind kohlensaurer Kalk.

Die Abb. 99 u. 100 zeigen den Korrosionsversuch eines stark **sauerstoffhaltigen** Wassers, und zwar zeigt Abb. 99 die geschliffene Versuchsplatte vor der Behandlung und 100 dieselbe Platte nach dem Angriff. Der Korrosionsversuch

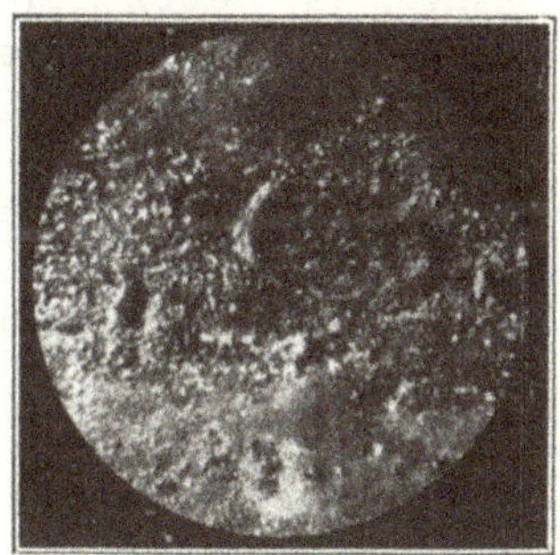

Abb. 97.
Sauerstoff-Korrosion.

Abb. 98.
Kohlensäure-Korrosion.

wurde mit Speisewasser angestellt, welches aus etwa 30 v. H. Turbinenkondensat, 50 v. H. Saalewasser und 20 v. H. elektrisch entöltem Kondensat bestand. Das Wasser hatte eine

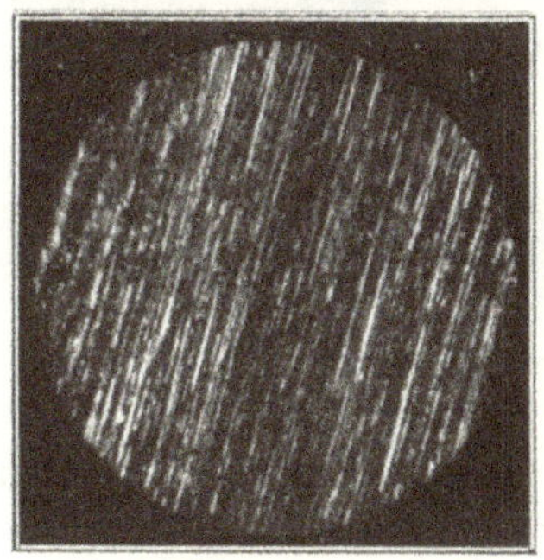

Geschliffene Platte.
Abb. 99.

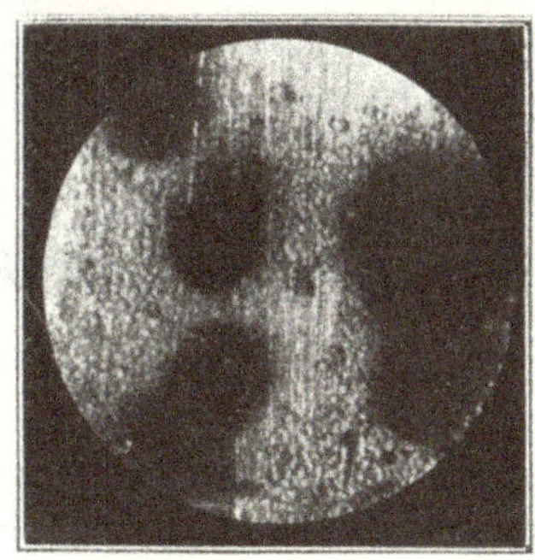

Korrodierte Platte.
Abb. 100.

Korrosionsversuch mit sauerstoffhaltigem Speisewasser.

Mischhärte von etwa 11^0 deutsch. Der Sauerstoffgehalt betrug über 7 cm^3/l. Deutlich sind hier die schweren, dunklen Anfressungen des Sauerstoffs zu bemerken. Die in Abb. 99 erkennbaren Politurrillen sind wie Abb. 100 zeigt, völlig fortgefressen worden. Die schuppenförmigen Gebilde sind abermals Abscheidungen von kohlensaurem Kalk.

Eine gefährliche Rolle spielen auch die **Chloride** im Verdampfungsprozeß. In geringen Mengen sind sie allerdings für den Kessel unschädlich, bei steigender Konzentration ändert sich aber die Sachlage, weil die meisten Chlorlösungen in konzentriertem Zustande Eisen angreifen. Ist neben Chlor noch Magnesia in irgendeiner Form im Speisewasser vorhanden, so wird der Zustand gefährlich. Es

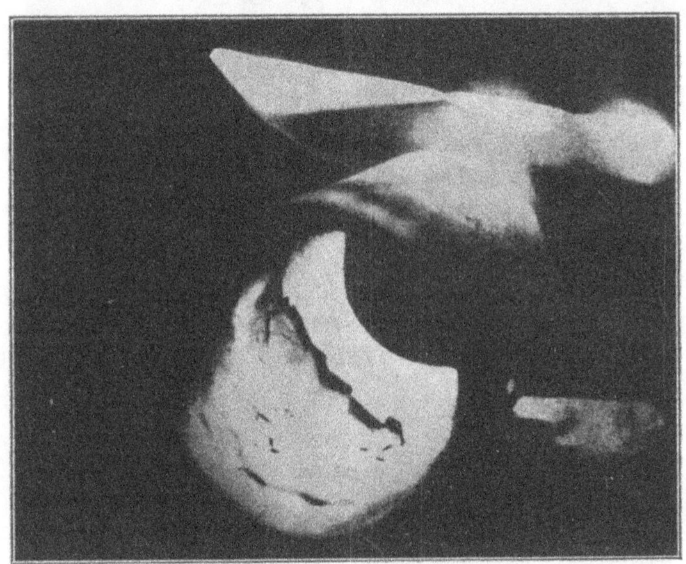

Abb. 101. Zerfressenes Kesselrohr.

bildet sich in diesem Falle durch Umsetzung Chlormagnesium, welches sich bei Drücken oberhalb 6 ata unter Abspaltung von Magnesiumhydroxyd in freie Salzsäure zersetzt. Die freiwerdende Säure greift die Kessel- oder Rohrwandung schon bei geringer Anreicherung unter Bildung von Eisenchlorür scharf an. Gesellt sich noch freier Sauerstoff hinzu (wie dies bei allen unentgasten Speisewässern der Fall ist), so bildet der Sauerstoff mit Eisenchlorür Eisenhydroxyd unter abermaliger Abspaltung freier Salzsäure, die nun das Eisen von neuem anfrißt usf. Der Herd wird immer größer, bis schließlich das Rohr zu Bruch geht. Eine solche Zerfressung zeigt das Rohr der Abb. 101. Da nun Magnesia und freier Sauerstoff selten im Wasser fehlen, so können solche Zerstörungen schon bei geringen Chlormengen eintreten.

Anfänglich hat man versucht, das Rohwasser auf chemischem Wege zu enthärten, bevor es in den Dampfkessel als Zusatzwasser eingespeist wurde. Die bekanntesten **chemischen Verfahren** sind u. a. das Kalk-Soda-Verfahren der Firmen Halvor-Breda, Reisert und Steinmüller, das Neckar- oder Regenerierverfahren der Firma Müller in Stuttgart, das Permutitverfahren. Das Entgasungsverfahren der Firma Balcke in Bochum ermöglicht die nachträgliche Entgasung nur chemisch gereinigter Wässer.

Das Eingehen auf die einzelnen chemischen Reinigungsverfahren überschreitet den Rahmen dieser Abhandlung, zumal die Hoch- und Höchstdruckkessel mit großer Verdampfungsziffer bei gleichzeitiger Verringerung des Kessel-Nutzinhaltes, der Verwendung chemisch gereinigter Wässer Grenzen setzen, die durch die Anreicherung der Salze im Kesselwasser rechnerisch bestimmt werden können. Mit der Verdampfung eines Kesselinhaltes verdoppelt sich nämlich die im Speisewasser befindliche gelöste Salzmenge. Daraus folgt, daß der Grenzwert der Sodaanreicherung im Kessel mit der Verringerung des Nutzwasserinhaltes der Kessel proportional ansteigt.

Mit wachsendem Betriebsdruck verringert sich aber der Nutzinhalt der Kessel. Während ein Röhrenkessel von 400 m² Heizfläche bei 15 ata Betriebsdruck etwa 20 bis 25 m³ Wasserinhalt hat, wird derselbe Kessel bei 30 ata nur noch etwa 15 bis 20 m³ und bei 50 ata Betriebsdruck nur noch 10 bis 15 m³ Nutzwasserinhalt erhalten.

Dies bedingen schon die hohen Drücke. Sie zwingen zur Verkleinerung der Kesseltrommeln, um die Wandstärken nicht zu groß werden zu lassen.

Jedes, selbst das vollkommenste chemisch gereinigte Wasser wird aber noch einen geringen Überschuß an Alkali aufweisen und infolgedessen eine weitere Schlammausscheidung im Kessel herbeiführen, weil die Resthärte unter hohem Druck und bei hoher Temperatur in Anwesenheit von Alkaliüberschuß als Schlamm ausfällt. Ist weniger Resthärte vorhanden, als von dem Überschuß an Alkali aufgezehrt werden kann, so bleibt auch der restliche Überschuß gelöst im Kesselwasser vorhanden und reichert sich mit den anderen Salzen mit fortschreitender Verdampfung an.

Diese Anreicherung und die mit dieser parallel verlaufende Schlammabscheidung wächst mit der Härte des Rohwassers, mit der Unvollkommenheit der Enthärtung und dem Überschuß an Reagenzmitteln.

Nun ist bekannt, daß bei hohen Temperaturen im chemischen Reiniger der Verbrauch an Reagenzüberschuß geringer wird. Es besteht aber anderseits ein gewisser Grenzzustand, und zwar auch bei den höheren Temperaturen in bezug auf die Menge der Reagenzmittel.

Nur die Destillatspeisung kann die Hoch- und Höchstdruckkessel mit Sicherheit vor Versteinung und schädlicher Verschlammung schützen. Da wir aber bei steinfreien Heizflächen absolute Gasfreiheit des Speisewassers als gleichwertige Bedingung stellen müssen, so sind die notwendigen Vorkehrungen zu treffen, um mit Sicherheit die Aufnahme von atmosphärischen Gasen zu vermeiden.

Die Behauptung, daß Destillat infolge seiner fast chemischen Reinheit ebenso angriffslustig sei wie sehr stark verdünnte Säure, ist durch zahlreiche Fälle aus der Praxis widerlegt worden. Lediglich der Sauerstoff, welcher besonders von weichen Wässern begierig aufgenommen wird, gibt dem Destillat die Korrosionslust. Das Destillat wird in der Regel je nach der Bauart und den Betriebsverhältnissen der Verdampfer chlor- und gasfrei gewonnen. Das Turbinenkondensat ist ebenfalls von Natur aus gasfrei, weil es bei einer guten Kondensation im Kondensator entgast wird. Zudem ist ein Kondensat-Destillatgemisch frei von Alkali und verursacht deshalb auch kein Stoßen und Überschäumen der Kessel, so daß die Steilrohrkessel bis zur höchsten Verdampfleistung beansprucht werden können, um so mehr da eine Anreicherung von schädlichen Stoffen nicht eintreten kann.

Es zeigt sich also, daß das **Verdampfungsverfahren das ideale Reinigungsverfahren für jedes Wasser ist,** es ist somit erforderlich, eine jede geschlossene Dampfkraftanlage mit Verdampfern auszurüsten, die das Zusatzspeisewasser gas- und steinfrei zu liefern haben. Vom Standpunkte der **Wärmewirtschaftlichkeit** der Gesamtanlage aus ist aber an solche Verdampfer zudem noch die Forderung zu stellen, daß sie zur Durchführung der Destillation die Wärme des der Kondensationsanlage zugeführten Abdampfes oder den Abdampf von Kondensations-Hilfsmaschinen oder aber die mit dem Kühlwasser der Kondensation abgehenden großen Wärmemengen ausnutzen. Es lassen sich deshalb die hier in Betracht kommenden Abwärmeverdampfer in zwei Klassen gruppieren, je nachdem ob sie Abdampf oder die Kühlwasserabwärme der Kondensation ausnutzen. Wir können die erste Klasse als „**Abdampf-Verdampfer**" und die zweite Klasse als „**Kühlwasser-Verdunster**" bezeichnen.

Die Abdampf-Verdampfer.

Der typische Vertreter dieser Klasse ist der zuerst von Schmidt & Söhne-Hamburg, später auch für Landanlagen von der Firma Balcke-Bochum gebaute **Bleicken-Verdampfer**, welcher zur Durchführung des Verdampfungsverfahrens den Abdampf aus den Antriebsturbinen der Kondensations- und Speisepumpen sowie sonstiger Hilfsmaschinen ausnutzt. Als Kühlwasser zum Niederschlagen der im Verdampfer erzeugten Brüden wird das Kondensat aus dem Oberflächenkondensator der Hauptturbine herangezogen. Abb. 102 zeigt eine solche Vakuumverdampferanlage. Sie besteht aus dem Vorwärmer *a*, dem Verdampfer *b*, dem Hilfskondensator *c*, aus der Umwälzpumpe *d*, der Destillatpumpe *e* sowie der Antriebsturbine *f*. Das Vakuum des Kondensators wird durch die Dampfstrahlluftpumpe *g* erzeugt und aufrechterhalten.

Die Arbeitsweise dieser Bleickenanlage beruht darauf, angewärmtes Wasser im Vakuumraum zu verdampfen, wobei das im Überschuß durch den Verdampfer geführte, etwa 10° über Vakuumtemperatur erwärmte Wasser abgekühlt und der durch die Verdampfung erzeugte Brüden im Hilfskondensator *c* mittels Kühlwassers zu Destillat verdichtet wird.

Das zu verdampfende Rohwasser wird mittels Abdampfes im Vorwärmer *a* von 60 auf 70° C oder höher erwärmt. Im Verdampfer *b* herrscht ein Vakuum von z. B. 80 v. H., entsprechend einer Temperatur von 60°. Das auf 70° erwärmte Rohwasser rieselt, aus dem Vorwärmer *a* kommend, in dünnen Schichten an einem Flächeneinbau im Vakuumraum des Ver-

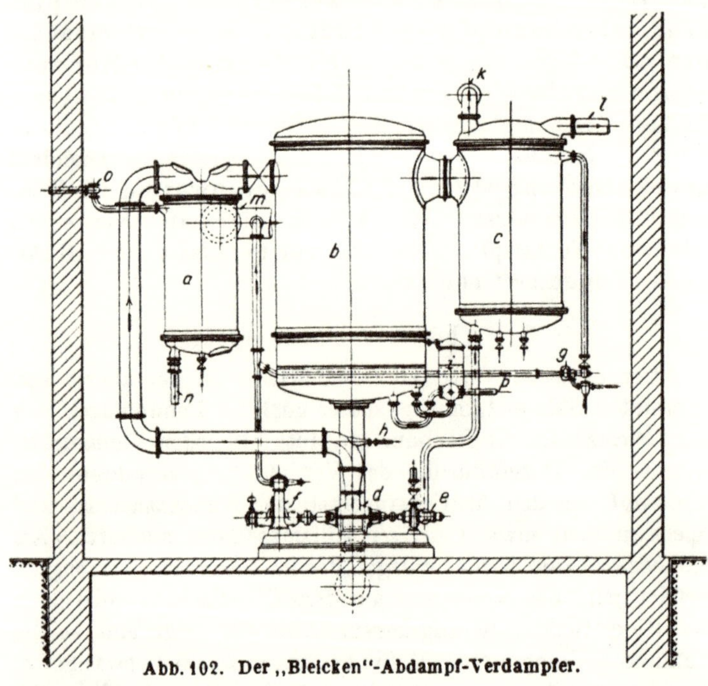

Abb. 102. Der „Bleicken"-Abdampf-Verdampfer.

dampfers *b* herunter und verdampft so lange, bis es auf die im Verdampfer herrschende Vakuumtemperatur — also in dem hier gewählten Beispiel — auf etwa 60° C abgekühlt ist. Das abgekühlte Rohwasser sammelt sich am unteren Boden des Verdampferraumes und wird hier mit der Umwälzpumpe *d* abgesaugt und von neuem durch den Vorwärmer *a* wieder dem Verdampfer *b* zugeführt.

Die im Verdampfer auf diese Weise erzeugten Brüden destillieren durch einen Wasserabscheider hindurch in den Hilfskondensator *c* über, wo sie mittels Kühlwassers zu

Destillat verdichtet werden. Die Vakuumschleuderpumpe *e* saugt das Destillat aus dem Vakuumraum des Kondensators *c* ab und drückt es einem Speisewasserbehälter zu, der unter Gasschutz steht. Zum Niederschlagen der Brüden wird als Kühlwasser aus wärmewirtschaftlichen Gründen das Kondensat der Hauptturbine verwendet, weil auf diese Weise die latente Brüdenwärme dem Speisewasser zugeführt und somit restlos zurückgewonnen wird. Das Turbinenkondensat tritt bei *k* in den Hilfskondensator *c* ein und verläßt denselben wieder bei *l*. Als Antriebsorgan der Pumpen wählt man zweckmäßig eine kleine Dampfturbine *f*, die ihren Abdampf in den Vorwärmer der Anlage schickt. Der Heizdampf tritt in den Vorwärmer *a* bei *m* ein und verläßt denselben als Kondensat bei *n*. Als Rohwasserregler dient ein Schwimmertopf *i*, welcher dem Verdampfer selbsttätig nur so viel Rohwasser neu zuführt, wie jeweilig verdampft wird plus dem ständigen Ablauf einer geringen Menge Schlammwasserlauge bei *h*, damit eine unzulässig hohe Konzentration der sich im Rohwasser anreichernden Chloride und Sulfate verhindert wird. Etwa eintretender schädlicher Überdruck wird im Vorwärmer durch das Sicherheitsventil *o* verhütet.

Die Bleickenanlage bietet infolge der auftretenden niedrigen Temperaturen erhebliche Sicherheit gegen Versteinung des Vorwärmers. Bei Verwendung von sehr schlechtem Rohwasser würde dasselbe geimpft werden müssen. Da der Verdampfer selbst keine Heizrohrbündel besitzt, so hat auch die allmählich eintretende Steinablagerung an dem Rieseleinbau keinen schädlichen Einfluß auf den im Verdampfer vor sich gehenden Wärmeaustausch. Der Hilfskondensator seinerseits bleibt bei Kondensatkühlung natürlich völlig steinfrei.

Eine besondere Betriebssicherheit dieses Verdampfers liegt auch darin, daß er sich selbsttätig jeder Betriebsschwankung anpaßt; kommt z. B. bei einer Spitzenbelastung mehr Heizdampf als normal, so erhöht sich die Temperaturdifferenz zwischen Vakuum und Warmwasser. Es muß dann im Verdampfer entsprechend mehr Wasser verdampfen. Umgekehrt wird bei geringerer Wärmezufuhr der Temperaturunterschied geringer, wodurch die Destillaterzeugung entsprechend zurückgeht. Alle diese Schwankungen werden selbsttätig durch den Regler *i* auf die Rohwasserzuleitung übertragen.

Abb. 103 zeigt schematisch eine Balcke-Bleicken-Anlage mit einem Sankeydiagramm zum Nachweis des Wärme-

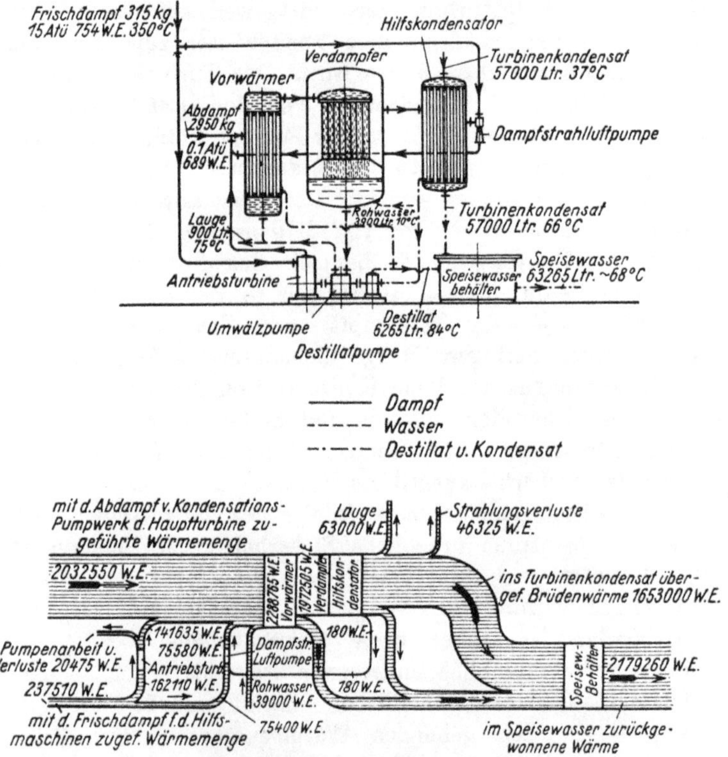

Abb. 103. Veranschaulichung des Wärme-Umlaufes beim Bleicken-Abdampf-Verdampfer für eine Turbinenanlage von 10 000 KWh.

verbleibs bzw. Wärmeumlaufs. Während aus dem Schema *A* der Dampf- und Wasserlauf ersichtlich ist, zeigt das Sankeydiagramm *B* die bei der Destillaterzeugung beteiligten Wärmemengen und die Art ihrer Verwendung. Das Beispiel ist durchgerechnet für eine Turbinenanlage von 10000 KWh. Diese wird bei einem Dampfdruck von 16 ata, 350° Überhitzung und 92 v. H. Vakuum rund 57000 kg/h Dampf verbrauchen. Die

Kondensations-Hilfsmaschinen erfordern für diese Turbinenanlage einen Kraftbedarf von rd. 250 PS = 185 KWh. Als Antriebsorgan ist eine Dampfturbine gewählt mit einem Dampfverbrauch von rd. 2950 kg/h. Da auch für die Hilfspumpen der Anlage eine kleine Antriebsturbine und eine Dampfstrahlluftpumpe mit rd. 315 kg/h vorgesehen ist, so stehen zur Destillaterzeugung insgesamt 3265 kg/h Abdampf zur Verfügung, womit der B.B.-Verdampfer rd. 3000 l Nettodestillat erzeugt. Die für die Hauptturbine einschließlich Kondensations- und Verdampfer-Hilfsmaschinen erforderliche Gesamtdampfmenge beträgt somit rd. 63265 kg/h, so daß bei rd. 5 v.H. Zusatzwasser die 3000 l Netto- bzw. 6265 l Bruttodestillat ausreichen.

Während der Bleicken-Verdampfer zur Erzeugung des Zusatzdestillates den Abdampf der Hilfsturbinen der Kondensationspumpen, Speisepumpen oder sonst noch anfälligen Abdampfmengen der Gesamtanlage verwendet, benutzt der **Josse-Gensecke-Verdampfer** einen Teil des von der Hauptturbine kommenden Abdampfes unter Mitbenutzung der Kühlwasserabwärme des Kondensators. Er stellt also eine Übergangskonstruktion vom B.B.-Verdampfer zu den reinen Kühlwasserverdunstern der zweiten Klasse dar.

Abb. 104 zeigt die Josse-Anlage in schematischer Darstellung. Prof. Josse beschreibt dieselbe in der Zeitschrift für das gesamte Turbinenwesen 1919, Heft 7, wie folgt:

„Der von der Turbine kommende Abdampf tritt z. T. durch die Verdampferröhren hindurch, kondensiert dort zum größeren Teil und gelangt mit dem Kondensat wieder in den Hauptkondensator. Die zu verdampfende Flüssigkeit wird aus dem aus dem Hauptkondensator abströmenden Kühlwasser entnommen. Das nicht verdampfte Wasser wird durch eine Umlaufpumpe aus dem Verdampfer abgesaugt. Die im Verdampfer erzeugten Dämpfe werden im Vorkondensator niedergeschlagen; das dort sich bildende Kondensat wird durch eine Destillatpumpe abgeführt und gegen die Atmosphäre gedrückt. Dadurch, daß die gesamte Kühlwassermenge zuerst den Vorkondensator durchläuft, entsteht dort ein höheres Vakuum als im Hauptkondensator, dementsprechend auch eine niedere Temperatur im Verdampferraum als im Hauptkondensator. Hierdurch wird das zur Verdampfung notwendige Wärmegefälle aufrechterhalten. Die Entlüftung des Vorkondensators erfolgt in einfacher Weise durch ein Dampfstrahlgebläse, welches das abgeführte Dampfluftgemisch in den Hauptkondensator führt."

Es ist auf diese Weise fraglos möglich, die 5 v. H. Zusatzdestillat zu gewinnen, zu beachten ist aber, daß die Konden-

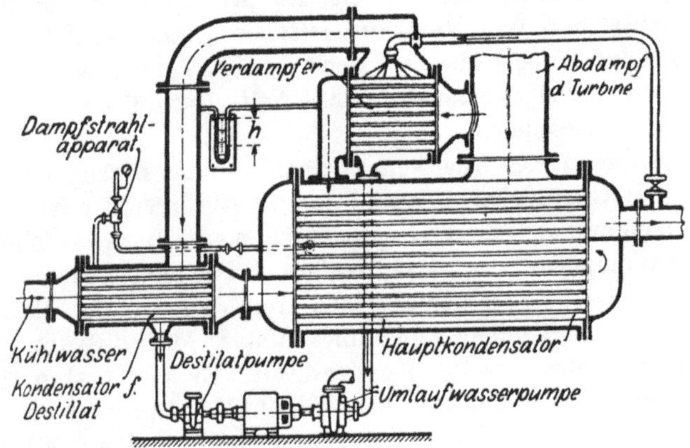

Abb. 104. Der „Josse-Gensecke"-Verdampfer.

satorrohre absolut und dauernd stein- und schlammfrei gehalten werden müssen, damit der zur Destillation zur Verfügung stehende Temperaturunterschied und damit die Leistung des Verdampfers konstant bleibt.

Der Bleicken-Verdampfer arbeitet gegenüber dem Josse-Verdampfer wärmewirtschaftlicher, weil es bei ihm möglich ist, als Kühlwasser für den Hilfskondensator das Kondensat der Hauptturbine zu verwenden. Die Verdampfungswärme des Brüden findet sich also beim B.B.-Verdampfer als Flüssigkeitswärme im Kondensat wieder. Beim Josse-Verdampfer ist sie verloren. Ferner ist der Bleicken-Verdampfer völlig unabhängig vom Vakuum der Hauptturbine, und das ist zweifellos ein weiterer Vorteil gegenüber dem Josse-Verdampfer; denn das empfindliche Vakuum der Hauptturbine — welches schon von so vielen Bedingungen abhängig ist —

soll keinesfalls durch weitere neu hinzutretenden Faktoren beeinflußt werden.

Die Kühlwasser-Verdunster.

Im Gegensatz zu den beiden vorstehend beschriebenen Verfahren hat Prof. Josse vorgeschlagen, das notwendige Zusatzwasser lediglich durch Überdestillieren eines Teils des warmen Kühlwassers nach der Kaltwasserseite der Kondensation hin zu gewinnen, also zur Destillation den Temperaturunterschied zwischen Eintritts- und Austrittstemperatur des Kondensationskühlwassers heranzuziehen[1]). Die Erwärmung des Kühlwassers im Kondensator beträgt bei 60facher Kühlwassermenge ungefähr 10° (bei normaler Rückkühlung s. Abschnitt 2_3). Es besteht somit ein Temperaturgefälle zwischen Kühlwassereintritts- und Austrittstemperatur, welches es ermöglicht, Wasser unter niedrigem Druck von der Warm- zur Kaltwasserseite der Kondensation herüberzudestillieren.

Hierdurch wird der große Vorteil erreicht, daß ein Teil der Verdunstungsarbeit vom Kühler in den unter Vakuum stehenden Verdampfer verlegt wird. Die Verdunstungswärme geht im Kühler verloren, im Verdunster dient sie zur Erzeugung von Destillat.

Die Abb. 105 zeigt das Schema einer Kühlwasserverdunsteranlage. Das Kühlwasser wird aus der Warmwasserleitung *2* abgezapft und dem Verdunster *3* zugedrückt. Ein Teil des Wassers verdampft hier; der nicht verdampfte größere Rest kühlt sich dabei unter Entziehung der Verdunstungswärme auf die Vakuumtemperatur ab. Die sich durch Verdampfung des Wassers bildenden Brüden werden nach dem Vorkondensator *4* überdestilliert, welcher in der Kühlwasserkaltleitung *1* der Kondensation vor dem Hauptkondensator *5* eingebaut ist. Der Vorkondensator und der Verdunster werden durch eine Dampfstrahlluftpumpe *6* evakuiert. In dem Vorkondensator *4* schlägt sich der Dunst als Kondensat nieder. Während die im Dunst enthaltenen atm. Gase von der Dampfstrahlluft-

[1]) Dieser Gedanke ist vom Verfasser aufgenommen und zum wirtschaftlich arbeitenden Verdunster ausgebildet worden, wie im folgenden beschrieben wird.

pumpe *6* abgesaugt werden. Das sich im Vorkondensator bildende Kondensat durchläuft einen Vorwärmer *7*, auf welchen die Dampfstrahlpumpe arbeitet. Die Wärme des Arbeitsdampfes derselben wird somit als Flüssigkeitswärme dem Kondensat zugeführt. Auf dem Gehäuse des Verdunsters ist ein Wasserabscheider *8* angeordnet, in welchem etwa mitgerissene Rohwasserteilchen von den abziehenden Brüden getrennt werden. Das im Wasserabscheider ausgeschiedene und das im Verdunster nicht verdampfte Rohwasser werden

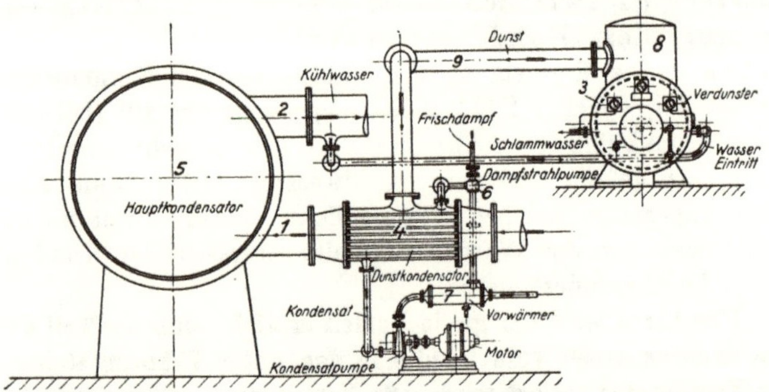

Abb. 105. Schema einer Kühlwasser-Verdunsteranlage „Bauart Balcke".

gemeinsam durch eine Schlammwasserpumpe abgesaugt und dem Kühlerbassin zugedrückt.

Beim Kühlwasserverdunster selbst ist darauf zu achten, daß zur Erzielung eines günstigen Wirkungsgrades eine möglichst große Verdampfungsoberfläche geschaffen werden muß. Wir können bei der Konstruktion zwei Wege zur Erzielung großer Verdampfungsoberflächen einschlagen:

Wir zerstäuben das zu verdunstende Wasser zu einem Wasserstaub durch ein Pulverisatorverfahren, oder

wir lassen Scheiben von großer Oberfläche, die teilweise in das zu verdunstende Wasser tauchen, rotieren, so daß ihre Oberflächen dauernd mit Wasser bedeckt sind.

In seiner Doktordissertation hat Verfasser die Verhältnisse eingehend untersucht und im besonderen folgende Fragen zu lösen versucht:

1. Ob der zur Verfügung stehende Temperaturunterschied von 10⁰ zwischen Warm- und Kaltwasserseite der Kon-

densation genügt, um den Verdunstungsprozeß wirtschaftlich zu betreiben.

2. Inwieweit das in einer Verdunsteranlage gewonnene Destillat den gestellten Anforderungen an Stein- und Gasfreiheit genügt.
3. Ob das Pulverisatorverfahren oder das Scheibenverfahren das wirtschaftlich Zweckmäßigere ist.
4. Falls die Versuche für das Scheibenverfahren sprechen, fragt es sich, ob Holz- oder Metallscheiben zweckmäßiger sind.
5. Untersuchungen über die Abhängigkeit der Destillatleistung und Güte des Destillats von der Scheibenzahl.
6. Untersuchungen über die Abhängigkeit des Wirkungsgrades des Verdunsters und der Güte des Destillats von der Tourenzahl.

Als Ergebnis der Untersuchungen an einer Versuchsanlage stellte Verfasser folgendes fest:

1. Der Temperaturunterschied von 10° ist für die Güte des Destillats der günstigste, η_{th} und η_e[1]) sind bei diesem Temperaturunterschied so groß, daß das Verfahren bei 10° wirtschaftlich erscheint.
2. Das im Verdunster bei 10° C Temperaturdifferenz gewonnene Destillat ist stein- und gasfrei und genügt demnach den an das Destillat zu stellenden Anforderungen.
3. Das Scheibenverfahren ist das wirtschaftlich Zweckmäßigere. Bei gleichen η_{th} und η_e ist beim Scheibenverdampfer das Destillat besser.
4. Holz und Metallscheiben sind in ihrer Wirkung gleich. Man wird daher aus Billigkeitsgründen Holzscheiben wählen.
5. Mit wachsender Scheibenzahl wächst die Destillatleistung, die Güte des Destillats nimmt aber ab. Man wähle 1 bis 2 Scheiben pro cbm Durchflußleistung und gehe bei großen Anlagen mit der Scheibenzahl noch weiter herab.
6. Die Tourenzahl $n = 60$ ist für den Scheibenverdampfer die zweckmäßigste, mit wachsender Tourenzahl steigen zwar η_{th} und η_e, die Güte des Destillates nimmt aber stark ab.

[1]) Wobei unter η_{th} das Verhältnis der stündlich gewonnenen Destillatmenge zur theoretisch möglichen und η_e das Verhältnis der stündlich gewonnenen Destillatmenge zur stündlich durch den Verdunster fließenden Gesamtwassermenge zu verstehen ist.

Für die Wirtschaftlichkeit der Anlage ist die Anordnung des **Hilfskondensators** in die Gesamtanlage ausschlaggebend. Es sind drei Einschaltungsmöglichkeiten vorhanden:

1. Der Hilfskondensator wird in die Kühlwasserleitung der Hauptkondensation eingeschaltet derart, daß das Kühlwasser zunächst den Hilfskondensator und dann den Hauptkondensator durchfließt. Diese Anordnung wird zweckmäßig bei Verwendung von frischem Wasser als Kühlwasser getroffen.
2. Der Hilfskondensator wird in einen besonderen Kühlwasserkreislauf geschaltet, in dem für die Kühlung des Wassers tiefkühlende Anlagen zur Verwendung kommen. Da es sich bei dem Hilfskondensator nur um eine verhältnismäßig geringe Wassermenge handelt, kann eine Tiefkühlung desselben ohne Schwierigkeiten durch große Kaminkühler, offene Gradierwerke oder Ventilatorkühler erfolgen. Das Temperaturniveau des Hilfskondensators liegt dann 15 bis 20° tiefer als dasjenige des Hauptkondensators; es wird das Vakuum des Hauptkondensators durch Einschaltung der Anlage nicht berührt.
3. Sind auf einem größeren Werke mehrere Kondensationen vorhanden, die mit verschieden hohem Vakuum arbeiten, z. B. eine Turbinenkondensation und eine Kolbenmaschinenkondensation, so kann der Kühlwasserverdunster sehr bequem zwischen beide Kondensationen eingeschaltet werden derart, daß er das Kühlwasser der Kondensation mit niedrigem Vakuum verdampft und die Dämpfe in den Kondensator mit höherem Vakuum schickt. Diese Möglichkeit wird sich auf großen Werken häufig finden.

Auch für den Kühlwasser-Verdunster ist die **Steinfreihaltung** der Kühlwasserrohre des Vorkondensators eine unbedingte Notwendigkeit, denn es muß stets der gleiche Temperaturunterschied zwischen Verdampfer und Vorkondensator aufrechterhalten werden, wenn die Bereitungsanlage für das Zusatzspeisewasser die von ihm geforderte **konstante** Leistung ergeben soll. Durch **dauernde** Steinfreihaltung der Kühlrohre der Kondensatoren wird ferner das Vakuum des Haupt- und Vorkondensators dauernd möglichst nahe dem theoretisch erreichbaren Vakuum gehalten.

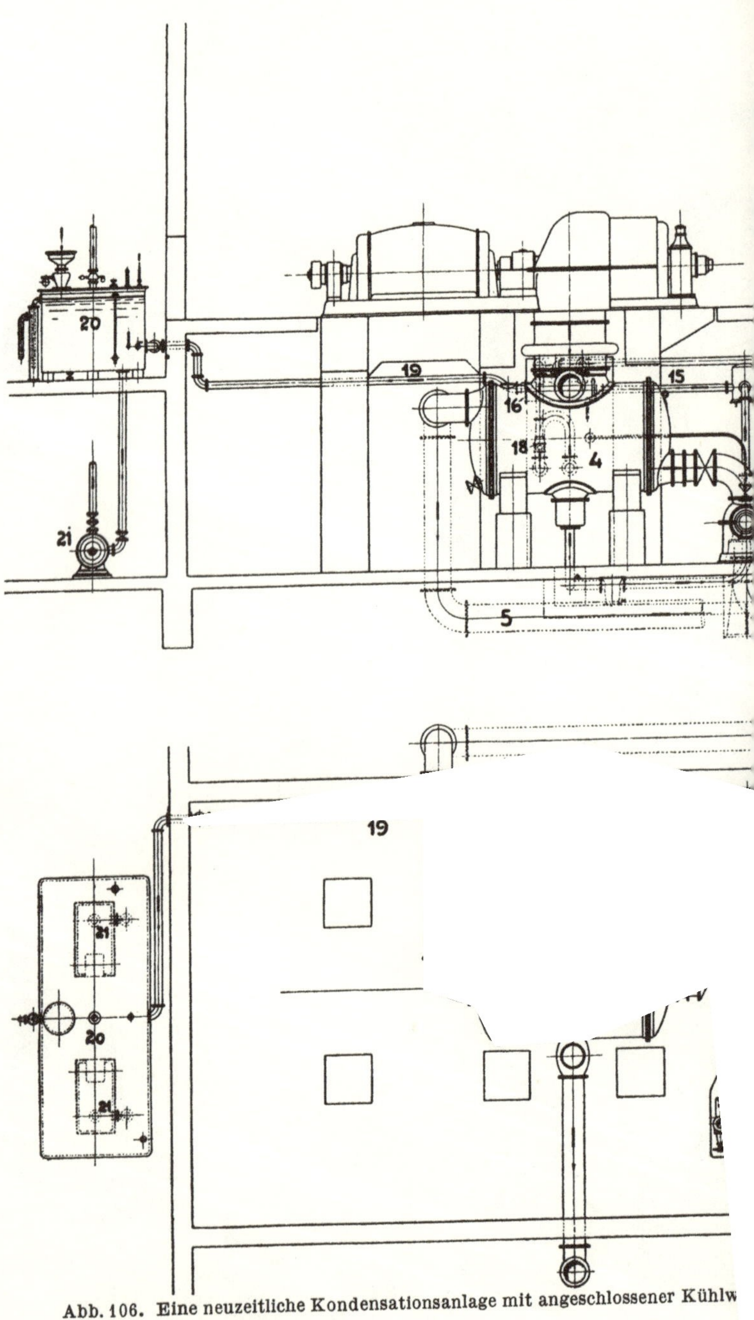

Abb. 106. Eine neuzeitliche Kondensationsanlage mit angeschlossener Kühlw

Tafel I.

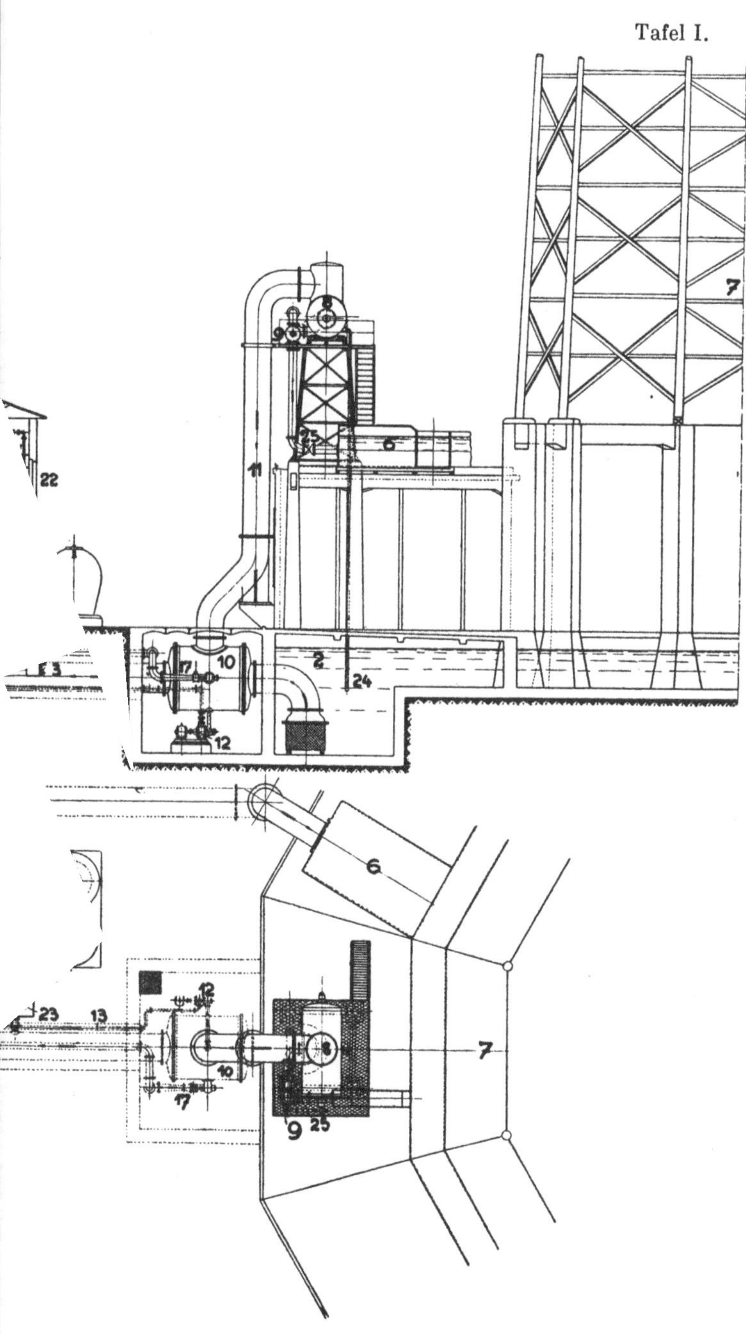

satzspeisewasser-Anlage für ein elektr. Kraftwerk von 18 000 KW Dauerleistung.

Zur Vermeidung hohen Kraftbedarfes wird der Verdunster am Kühlturm so hoch gesetzt, daß er sich das Warmwasser aus der Druckleitung des Hauptkondensators selbst ansaugt und sich zudem noch barometrisch entwässert. Die Umwälzpumpe mit ihrem hohen Kraftbedarf wird also auf diese Weise erspart.

Eine solche vollständige Anlage zeigt Abb. 106. Sie stellt den Entwurf einer Kühlwasser-Verdunsteranlage für eine elektrische Kraftzentrale von 18000 KW Dauerleistung dar.

Die Gesamtanlage besteht aus 4 Hauptteilen:

1. der Turbinenanlage mit der Hauptkondensation,
2. der Kühlwasser-Verdunsteranlage,
3. der Impfanlage,
4. dem unter Gasschutz stehenden Speisewasserbehälter.

Die Kühlwasserpumpe *1* der Hauptkondensation saugt aus dem Kühlerbassin *2* das normal 27⁰ warme, rückgekühlte Wasser durch die Kaltwasserleitung *3* an und drückt es durch den Hauptkondensator *4*. Hier erwärmt sich das Kühlwasser bei $n = 60$ von 27 auf 37⁰ und tritt mit dieser Temperatur durch die Kühlwasserwarmleitung *5* in den Kaminkühlertrog *6* ein.

Zwischen der Kaltleitung *3* und der Warmleitung *5* der Kondensation ist nun die Verdunsteranlage eingeschaltet. Der Kühlwasserverdunster *8* saugt aus dem Trog *6* das warme Wasser selbsttätig an. Damit derselbe sich barometrisch entwässert, ist er 5,50 m über die ebenfalls 5,50 m hohe Kühlerberieselung gesetzt worden. Da nun im Verdunster ein hohes Vakuum herrscht, würde das Wasser mit einem Überdruck von etwa 4,5 m WS in den Kühlwasserverdunster eintreten. Dieser Überdruck ist zu hoch und muß abgedrosselt werden. Die Abdrosselung geschieht durch einen Wassermotor *9*, welcher mit der Welle des Scheibenaggregates des Verdunsters fest oder durch Riemenübersetzung gekuppelt ist und dieses Aggregat antreibt.

Das gegenüber dem im Verdunster *8* herrschende Vakuum überhitzt eintretende Kühlwasser verdampft so lange, bis der nicht verdampfte Teil sich auf die dem Vakuum entsprechende

Temperatur von etwa 28° abgekühlt hat. Der Dunst wird nun durch die Vakuumleitung *11* nach dem in der Kaltwasserleitung liegenden Vorkondensator herüberdestilliert. Der Wasserdampf schlägt sich im Vorkondensator *10* zu Kondensat nieder, welches durch die Kondensatpumpe *12*, durch die Druckleitung *13* dem Mischgefäß *14* zugedrückt wird. Hier tritt das Kondensat des Vorkondensators mit dem des Hauptkondensators zusammen, beide mischen sich und fließen durch die Leitung *15* dem Speisewasservorwärmer *16* zu. Aúf diesen arbeiten die Dampfstrahlluftpumpen *17* und *18* der Verdunsteranlage und des Kondensators. Ihr Abdampf erwärmt das Speisewasser auf etwa 53°. Der Wärmeinhalt des Abdampfes findet sich also im Kondensat als Flüssigkeitswärme wieder und ist somit zurückgewonnen. Das erwärmte Speisewasser tritt durch die Speisewasserleitung *19* in den Speisewasserbehälter *20* ein, von hier aus wird es durch die Speisepumpe *21* der Dampfkesselanlage der Zentrale zugeführt.

Parallel zur Kondensations- und Verdunsteranlage ist die Impfanlage *22* geschaltet. Das aus dem Kühlerbassin mit 27° angesaugte Kühlwasser wird bei einer durchschnittlichen Zusatzwassertemperatur von 8° auf 26° heruntergekühlt. Der Vorkondensator wird in seiner Kühlfläche so bemessen, daß sich in ihm das Kühlwasser nur von 26 auf 27° erwärmt, und demnach mit der bei Rückkühlanlagen üblichen Temperatur in den Kondensator eintritt. Das im Verdunster *8* nicht verdampfte Wasser fließt selbsttätig durch das barometrische Abfallrohr *24* zum Kühlerbassin *2* ab. Es tritt zwar in dasselbe entsprechend dem Vakuum des Kühlwasserverdunsters mit 28° ein, mischt sich aber im Kühlerbassin *2* mit der hier aufgespeicherten großen Wassermenge. Die Mischungstemperatur liegt also praktisch bei 27°, wobei noch berücksichtigt werden muß, daß nur ein Zehntel der Kühlwassermenge durch den Verdunster fließt, der Kaminkühler also um diese Wassermenge entlastet und demzufolge tiefer als 27° kühlen wird.

Der Scheibenverdunster *8* ist in Abb. 107 besonders dargestellt. Seine Konstruktion ist der Abbildung wohl ohne weiteres zu entnehmen. Der Wasserein- und -austritt ist so angeordnet, daß das zur Verdunstung eingeführte Wasser gleichmäßig den ganzen Apparat durchfließt, wobei der Wasserabfluß im Innern des Apparates so ausgebildet ist, daß das Wasser an der tiefsten Stelle entnommen wird und durch den seitlich höher liegenden Stutzen abfließt, welcher durch seine Lage zugleich den Wasserspiegel im Verdunster festlegt.

Eine nach diesen vorstehenden Angaben von Balcke-Bochum erbaute Anlage zeigte folgende Betriebsergebnisse:

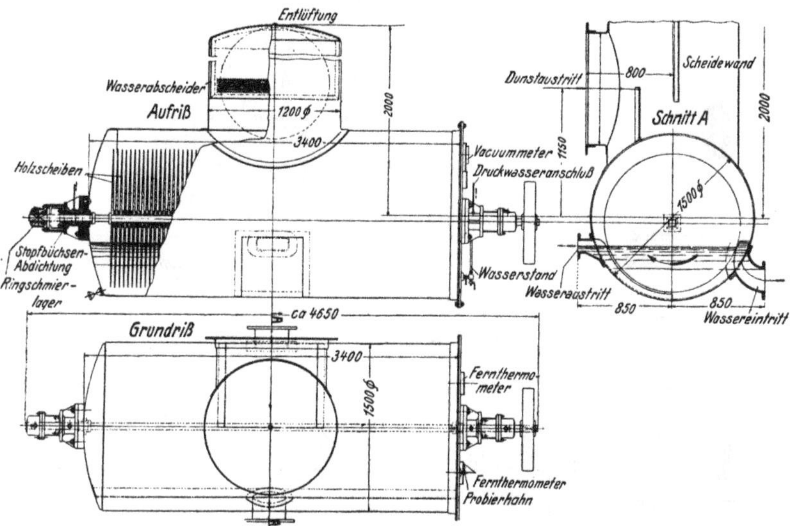

Abb. 107. Kühlwasser-Verdunster mit umlaufenden Scheiben.

Das Kühlwasser, welches verdunstet wird, hatte eine Härte von 20 bis 29° franz., das Destillat hingegen nur eine solche von 0,25 bis 0,5° franz. Das Destillat war ferner frei von Chlor, Sauerstoff und Kohlensäure.

Die in den besprochenen Verdampfern gewonnene Destillatzusatzmenge ist stein- und gasfrei. Es muß nun aber dafür gesorgt werden, daß **die Gasfreiheit bis zum Eintritt in den Kessel gewahrt bleibt.** Eine zweckmäßige Anordnung hierzu nach Balcke-Bochum zeigt Abb. 108.

Das Kondensat wird durch die Kondensatpumpe und durch sorgfältig gedichtete Leitungen der Speisepumpe zugedrückt. In die Leitung ist ein Mischgefäß eingeschaltet, das dazu dient, die durch die Regelung der Kesselspeisung im Betriebe auftretenden Schwankungen zwischen den Leistungen der Kondensat- und der Speisepumpe auszugleichen. Leistet die Kondensatpumpe weniger, als die Speisepumpe braucht, so wird die fehlende Menge aus dem unter „Gasverschluß" stehenden Speisewasserbehälter entnommen. Im umgekehrten Falle sammelt sich das überschüssige Kondensat

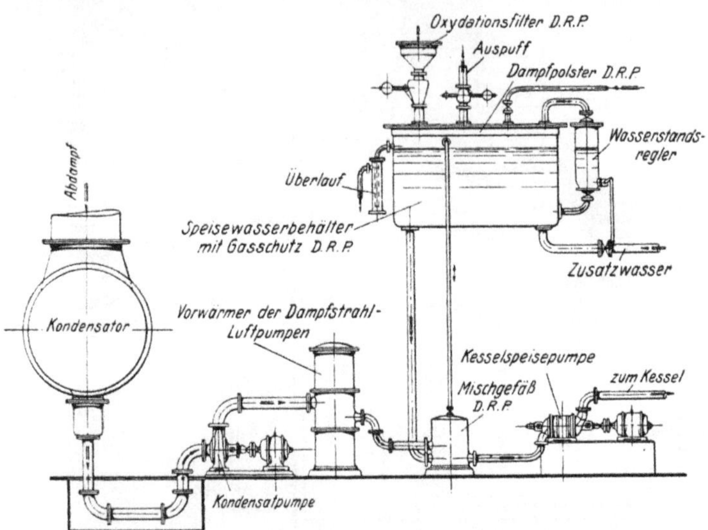

Abb. 108. Speisewasser-Sammelbehälter mit Gasschutz. Schaltung 1. „Bauart Balcke".

im Gasschutzbehälter. Auf diese Weise bleibt sowohl das Kondensat als auch das Zusatzwasser vollkommen von der Luft abgeschlossen. Das von Balcke-Bochum gebaute Mischgefäß besitzt außerdem Einrichtungen zur Mischung der beiden Wässer und zum Ausgleich ihrer Temperaturen ohne Geräusche und Wasserschläge.

Der Gasschutz im Speisewasserbehälter kann durch ein Dampfpolster erzielt werden, das über der Oberfläche des Speisewassers liegt und den Eintritt von atm. Gasen verhindert. Sollte durch Fallen des Wasserspiegels im Behälter die Expansion des Dampfpolsters so weit fortschreiten, daß Unterdruck entsteht, so wird durch ein Einlaßventil Luft von der Atmosphäre hereingelassen, welche aber vorher durch ein Hollesches Oxydationsfilter von Sauerstoff und Kohlensäure derart befreit wird, daß nur Stickstoff in den Behälter eintreten kann. Beim Steigen des Wassers wird ein selbsttätiges Überdruckventil geöffnet.

Wir können aber noch einen Schritt weitergehen, indem wir die Kondensat- und Kesselspeisepumpe baulich miteinander vereinigen (siehe Abb. 109). Da das Kondensat bei dieser Anordnung bereits unter hohem Überdruck aus der

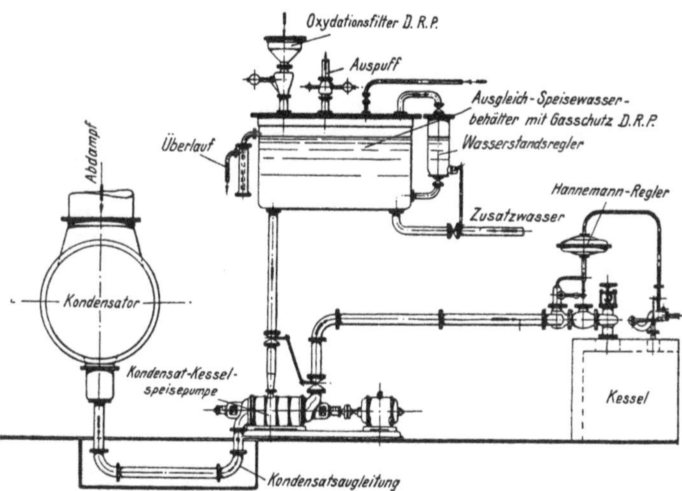

Abb. 109. Speisewasser-Sammelbehälter mit Gasschutz. Schaltung 2. „Bauart Balcke".

Pumpe austritt, kann es von hier ab keine Luft mehr bis zum Kessel aufnehmen. Dem Gasschutzbehälter fallen die gleichen Aufgaben zu, wie bei der Anlage nach Abb. 108, er liegt aber hier in einem Abzweig zwischen zwei Stufen der Pumpe, um Schwankungen abzufangen und die Zuspeisung des Zusatzwassers zu ermöglichen.

Die bisherigen Erörterungen geben uns die Mittel an die Hand, um den **günstigsten Speisewasserkreislauf** bei normalen Dampfkraftanlagen entwickeln zu können. Es tritt aber heute noch zu den bisher erfüllten Forderungen die weitere Bedingung hinzu, daß das Speisewasser **hoch vorgewärmt** dem Kessel zugedrückt wird, um den Dampfmaschinen-Kreisprozeß soweit wie möglich zu karnotisieren.

Abschnitt 5.

Wege zur Karnotisierung des Dampfkraftprozesses.

Inhalt.

Der Clausius-Rankine-Prozeß. — Die Vorschläge von Zeuner und Grashof zur Karnotisierung des Dampfkraftprozesses. — Die Beschreibung des Regenerativverfahrens. — Die geschichtliche Entwicklung. — Die Ableitung des thermischen Wirkungsgrades des karnotisierten Dampfkraftprozesses bei ∞ vielen Anzapfstellen. — Die praktische Ausgestaltung des Verfahrens. — Die Dampf- und Wärmeverbrauchskurven einer vollkommenen und einer Hochdruck-Kondensationsmaschine mit Anzapfvorwärmung, zur Kennzeichnung des Einflusses der Speisewasservorwärmung. — Die drei an das Speisewasser zur Durchführung des günstigsten Speisewasserkreislaufes zu stellenden Anforderungen. — Die bauliche Ausgestaltung einer nach dem Regenerativverfahren arbeitenden Hochdruckanlage. — Literaturangabe.

Bisher haben wir bei Dampfkraftmaschinen den **Clausius-Rankine-Prozeß** zu verwirklichen gesucht (Abb. 110). Die zugeführte Wärme zerlegt sich in drei Teile[1]: In die Flüssigkeitswärme (Fläche *4—1—2—3*), die Verdampfungswärme (Fläche *3—2—5—6*) und in die Überhitzungswärme (Fläche *6—5—7—8*). Wir können uns dementsprechend auch nach Zerkowitz die Arbeitsleistung aus den drei Flächen *1—2—a—1*, *2—5—b—a* und *5—7—c—b* zusammengesetzt denken. Betrachten wir lediglich den Arbeitsprozeß des Dampfes, so können wir für jeden dieser drei Vorgänge auch einen therm. Wirkungsgrad angeben: Für die eigentliche Verdampfung ist der Wirkungsgrad der eines Karnotprozesses

[1]) Zum näheren Studium sei auf den sehr klaren Aufsatz von Prof. Zerkowitz Z. d. V. d. I. Bd. 68, S. 1093 u. f. aufmerksam gemacht, an welchen sich auch die folgenden Ausführungen anlehnen.

zwischen den Temperaturen T_1 und T_2, weil derselbe sich im TS-Diagramm als Rechteck darstellt. Zwischen denselben Temperaturgrenzen ist der Wirkungsgrad für die Überhitzung größer, für die Flüssigkeitserwärmung aber wesentlich niedriger als beim Karnotprozeß. Ein Blick auf das TS-Diagramm sagt uns, daß die Flüssigkeitswärme, auf die Temperaturgrenzen T_1 und T_2 bezogen, sogar wesentlich unkarnotisch ist.

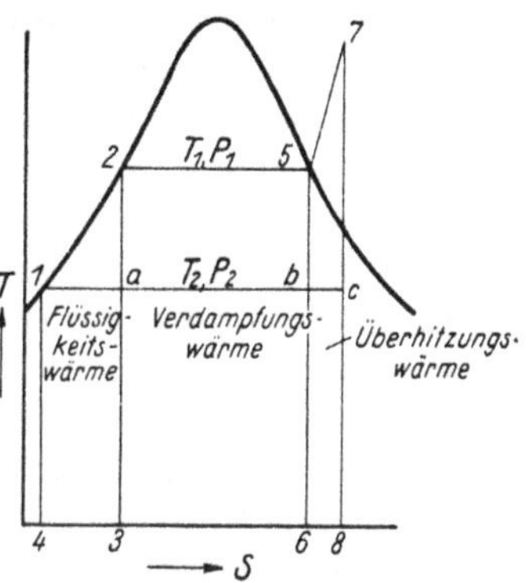

Abb. 110.
Der Clausius-Rankine-Prozeß.

Es fragt sich nun, ob es Wege gibt, diesen ungünstigen Vorgang auszuschalten oder zu verbessern, d. h. an den Karnotschen Prozeß anzugleichen oder, wie man sagt, zu „regenerieren". **Zeuner und Grashof** beschreiben einen Kreislauf unter Ausschaltung der Überhitzungswärme, welcher zwar theoretisch den Karnotprozeß verwirklichen würde, der sich aber praktisch keinesfalls durchführen läßt. Er beruht darauf, daß wir in dem Kondensator den von *5* nach *b* expandierten Dampf nicht die ganze Verdampfungswärme, sondern nur eine Wärmemenge entsprechend der Fläche *a—b—6—3* entziehen, so daß hinter dem Kondensator ein Dampfzustand entsprechend dem Punkte *a* herrscht. Hierauf müßten wir das Dampfwassergemisch mittels eines nassen Verdichters von *a* auf *2* komprimieren. Auf diese Weise würden wir warmes Wasser vom Kesseldruck p_1 und der Siedetemperatur T_1 erhalten.

Es ist aber möglich, dem Problem der Karnotisierung des Dampfkraftprozesses durch stufenweise Erwärmung des Speisewassers auf annähernd Kesseltemperatur mit Hilfe von Anzapfdampf der Kraftmaschine beizukommen.

Eine Speisewasservorwärmung dieser Art wird als **Regenerativverfahren** bezeichnet und ist in Abb. 111 schematisch dargestellt. Der Dampf wird aus einigen Stufen der Turbine entnommen und tritt in eine Gruppe von Röhrenvorwärmern, die von dem aus dem Kondensator kommenden

Wasser durchflossen werden. Dabei sind die Vorwärmer so aufgestellt, daß der unmittelbar am Kessel gelegene den Dampf der ersten Anzapfstelle, der am Kondensator gelegene den Dampf der letzten Abzapfstelle erhält. Der Anzapfdampf wärmt dann das dem Kessel zufließende Speisewasser vor und kondensiert. Das Kondensat wird dem Speisewasser zugesetzt, so daß sein gesamter Wärmeinhalt dem Kessel zugute kommt.

Die Speisewasservorwärmung durch Anzapfdampf ist ebensowenig neu wie der Gedanke der Verwendung von Höchst-

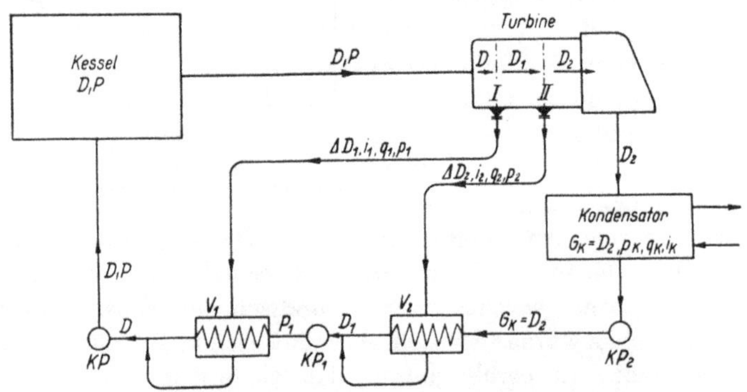

Abb. 111. Schematische Darstellung des Regenerativ-Verfahrens mit 2 Anzapfstellen.

drücken. Sie ist schon vor vielen Jahren vorgeschlagen und auch schon bei Schiffsmaschinenanlagen allerdings nur bis zu einer Erwärmung des Speisewassers auf $\sim 130^0$ angewendet worden.

Die Verbesserung des Maschinenwirkungsgrades durch eine derartige Speisewasservorwärmung wurde zuerst von Prof. M. Cotterill[1]) theoretisch begründet, später von Prof. Boulvin[2]), G. A. Elliot[3]) und in den letzten Jahren von Bauer[4]),

---

[1]) M. Cotterill, „The steam engine". London und New York 1890.

[2]) Boulvin, „Cours de Mechanique appliquée aux maschines". 3. Fac. Paris 1893.

[3]) Engineering, Bd. 59 (1895), S. 62.

[4]) G. Bauer, „Schiffsmaschinenbau", Anhang IV, S. 61. München und Berlin 1923. (Oldenbourg-Verlag.)

Parsons[1]), Noack[2]), Zerkowitz[3]), Ulsky[4]), Josse und Eberle[5]) gründlich durchgearbeitet.

Abb. 111 zeigt eine Dampfkraftanlage mit **zwei** Anzapfstellen. Das Kondensat wird entsprechend dem an den Anzapfstellen herrschenden Drücken stufenweise auf höheren Druck gebracht. An der ersten Anzapfstelle werde die Dampfmenge ΔD_1 und an der zweiten Anzapfstelle die Dampfmenge ΔD_2 abgezapft. Bis zur Anzapfstelle I arbeitet die gesamte der Turbine zugeführte Dampfmenge D, zwischen I und II noch die Dampfmenge $D_1 = D - \Delta D_1$ und zwischen II und dem Oberflächenkondensator nur noch die Dampfmenge $D_2 = D - (\Delta D_1 + \Delta D_2)$. Diese Menge D_2 wird im Kondensator niedergeschlagen, es ist deshalb das Kondensatgewicht $G_K = D_2$ unter Nichtberücksichtigung von Verlusten. Die in der Turbine geleistete Arbeit ist dann:

$$A = D(i - i_1) + D_1(i_1 - i_2) + D_2(i_2 - i_K),$$

wenn i_1 und i_2 die Wärmeinhalte des Dampfes an den beiden Anzapfstellen I und II sind und i_K den Wärmeinhalt des zum Kondensator abströmenden Vakuumdampfes bedeutet. Sind q_1, q_2 und q_K die entsprechenden Flüssigkeitswärmen, so gelten für den Wärmeaustausch in den Vorwärmern V_1 und V_2 die Beziehungen:

$$\Delta D_2(i_2 - q_2) = D_2(q_2 - q_K)$$
$$\Delta D_1(i_1 - q_1) = D_1(q_1 - q_2).$$

Aus den beiden letzten Beziehungen ergibt sich bei Eliminierung von ΔD_1 bzw. ΔD_2:

$$(D - D_1)(i_1 - q_1) = D_1(q_1 - q_2)$$
$$D(i_1 - q_1) = D_1 i_1 - D_1 q_1 + D_1 q_1 - D_1 q_2,$$

oder es ist:

$$D_1 = \frac{D(i_1 - q_1)}{i_1 - q_2}.$$

Dementsprechend ist:

$$D_2 = D_1 \frac{(i_2 - q_2)}{i_2 - q_K}.$$

[1]) Parsons, Engineering, Bd. 118 (1924), S. 469.
[2]) Noack, DVI-Zeitschrift (1923), S. 1153.
[3]) Zerkowitz, Z. d. V. d. I. Bd. 68, S. 1093 u. f.
[4]) Pio Ulsky Belgrad Arch. für Wärmewirtschaft. Heft 10. 1926.
[5]) Eberle, Z. d. V. d. I., Bd. 68, S. 1009.

Damit erhalten wir für die Arbeitsleistung in der Turbine die Beziehung:

$$A = D\left[(i - i_1) + \left(\frac{i_1 - q_1}{i_1 - q_2}\right)(i_1 - i_2) + \left(\frac{i_1 - q_1}{i_1 - q_2}\right)\left(\frac{i_2 - q_2}{i_2 - q_K}\right)(i_2 - i_K)\right].$$

Ist der erforderliche Wärmeaufwand $Q = D(i - q_1)$, so ergibt sich der therm. Wirkungsgrad des Prozesses $\eta_{th} = \frac{A}{Q} \eta_{th}$ durch Einsetzung der errechneten Werte von A und Q.

Der symmetrische Aufbau der Formel für A erlaubt uns sofort das Aufschreiben der entsprechenden Gleichung für 3 und mehr Anzapfstellen sowie die sofortige Ermittelung der Wirkungsgrade dieses Prozesses. Auch wird hierdurch die Frage angeregt, wie **der therm. Wirkungsgrad** ausfällt, wenn unendlich viele Anzapfstellen vorgesehen werden.

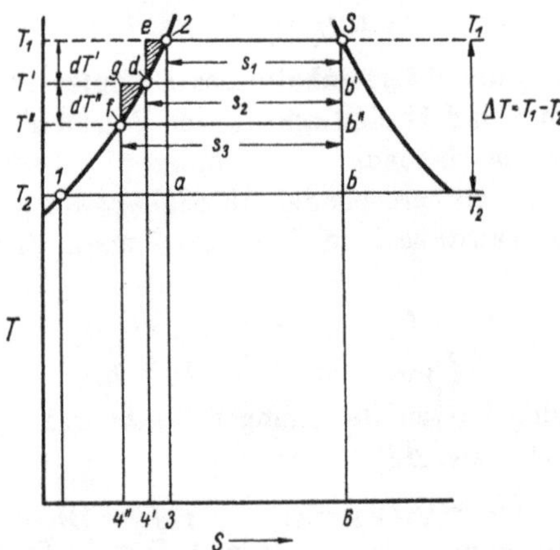

Abb. 112. *TS*-Diagramm für ∞ viele Anzapfstufen.

Hat die Turbine unendlich viele Anzapfstellen, so würde die Arbeit des Dampfes für das erste Turbinenstück bis Stelle I (Abb. 112) durch die Fläche $e—5—b'—d$ — Fläche $d—e—2$ dargestellt. Bei unendlich schmalen Flächenstreifen kann Fläche $d—c—2$ = einem Dreieck von der Höhe dT' gesetzt werden. Es ist dann im TS-Diagramm:

$$dA_1 = D\left(S_2 - \frac{dS_2}{2}\right) dT'.$$

Entsprechend ist die Dampfarbeit zwischen Anzapfstelle I und II:

$$dA_2 = D_1\left(S_3 - \frac{dS_3}{2}\right)dT''.$$

Es ist nun:

$$D_1 = D\left(\frac{i_1 - q_1}{i_1 - q_2}\right).$$

$i_1 - q_1$ ist im TS-Diagramm durch die Fläche $4'$—d—b'—6 und $i_2 - q_2$ durch die Fläche $4''$—f—d—b''—6 dargestellt. Da nun der Unterschied ∞ klein ist, kann $4''$—f—d—b''—6 = $4''$—g—b'—6 gesetzt werden. Es ist aber Fläche $4'$—d—b'—6 $= T' \cdot S_2$ und $4''$—g—b'—6 $= T' \cdot S_3$ und demzufolge

$$D_1 = D \cdot \frac{S_2}{S_3}.$$

Somit ist:

$$dA_2 = D\frac{S_2}{S_3}\left(S_3 - \frac{dS_3}{2}\right)dT''$$

und entsprechend im dritten Teil:

$$dA_3 = D\frac{S_2}{S_4}\left(S_4 - \frac{dS_4}{2}\right)dT''' \text{ usf.}$$

Die gesamte Arbeit ist dann:

$$\begin{aligned} A &= dA_1 + dA_2 + dA_3 + \ldots\ldots \\ &= D\left[\left(S_2 - \frac{dS_2}{2}\right)dT' + \frac{S_2}{S_3}\left(S_3 - \frac{dS_3}{2}\right)dT'' + \right. \\ &\qquad \left. + \frac{S_2}{S_4}\left(S_4 - \frac{dS_4}{2}\right)dT''' + \ldots\ldots\right]. \end{aligned}$$

Bei ∞ vielen Stufen werden die Größen dS_2, dS_3, dS_4 .... und dT', dT'', dT''' .... unendlich kleine Größen erster Ordnung. Die Produkte $dS_2 \cdot dT'$, $dS_3 \cdot dT''$, $dS_4 \cdot dT'''$... werden in der zweiten Ordnung unendlich klein und können vernachlässigt werden. Es wird somit:

$$\begin{aligned} A &= D \cdot S_2\,[dT' + dT'' + dT''' + \ldots.] \\ &= D \cdot S_2 \cdot \Delta T, \text{ worin } \Delta T = T_1 - T_2 \text{ ist.} \end{aligned}$$

Da nun unter Voraussetzung ∞ vieler Stufen $S_1 - S_2 = \infty$ klein wird, können wir $S_2 = S_1$ setzen. Dann ist die Arbeit:

$$A = D \cdot S_1 \cdot \Delta T.$$

Die zugeführte Wärme ist:

$$Q = D \cdot S_1 \cdot T_1$$

und der therm. Wirkungsgrad des Prozesses wird:

$$\eta_{th} = \frac{A}{Q} = \frac{D \cdot S_1 \cdot \Delta T}{D S_1 \cdot T_1} = \frac{T_1 - T_2}{T_1} =$$

= **dem Wirkungsgrad des Karnotschen Kreisprozesses zwischen den Temperaturen T_1 und T_2.**

Es ist uns somit durch die Anzapfdampf-Vorwärmung mit ∞ vielen Anzapfstellen das Mittel an die Hand gegeben, bei gesättigtem Anfangszustand des Dampfes **den Clausius-Rankine-Prozeß der Dampfmaschine zu karnotisieren**, womit wir das erstrebte Ziel erreicht haben.

Um das Verfahren praktisch auszugestalten, müssen wir zuerst versuchen, durch Änderung der Schaltung nach Abb. 113

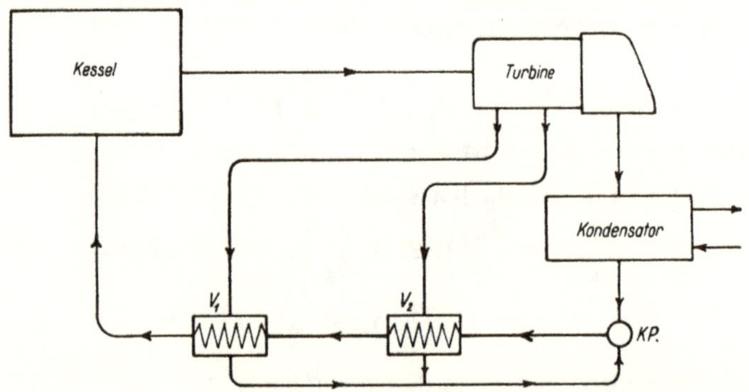

Abb. 113. Vereinfachte Regenerativ-Schaltung mit 2 Anzapfstellen.

uns der vielen notwendig werdenden Pumpen der Schaltung Abb. 111 zu entledigen. Bei der Schaltung nach Abb. 113 wird nur **eine** Pumpe benötigt, durch welche das Kondensat sofort auf Kesseldruck gebracht wird und dann erst die Vorwärmer nacheinander durchströmt.

Während bei der Anordnung nach Abb. 111 Oberflächen- oder Mischvorwärmer verwendet werden können, sind bei der Anordnung nach Abb. 113 nur Oberflächenvorwärmer möglich, da hierbei auf der Dampf- und auf der Kondensatseite verschiedene Drücke herrschen.

Es läßt sich ferner zeigen, daß die Anordnung nach Abb. 113 derjenigen nach Abb. 111 gleichwertig ist, wenn es gelingen würde, im Vorwärmer den Anzapfdampf nicht nur niederzuschlagen, sondern auch auf die Temperatur des eintretenden Kondensates abzukühlen. Durch Anwendung eines vollkommenen Gegenstromverfahrens würde diese Bedingung zwar theoretisch erfüllt werden können, praktisch aber ist sie nicht in vollkommener Weise durchführbar, so daß die Anordnung nach Abb. 113 der nach Abb. 111 wärmewirtschaftlich etwas unterlegen ist. Anordnungen also, bei welchen der in den einzelnen Vorwärmern kondensierte Anzapfdampf in **eine Sammelleitung** geführt wird, sind demnach baulich einfacher, wärmetechnisch aber ungünstiger.

Praktisch ist natürlich die Anordnung unendlich vieler Anzapfstellen undurchführbar. Es läßt sich aber bereits bei 2 bis 3 Anzapfstellen eine Wirkungsgradverbesserung von 7 bis 8 v.H. erzielen. Der Gewinn bei einer größeren Zahl von Anzapfstellen wird immer unerheblicher. Bei englischen und amerikanischen Anlagen sind in der Regel auch nur drei Anzapfstellen vorhanden.

Für das North-Tees-Kraftwerk in England wurde eine Dampfkraftanlage für 20000 kW bei einem Anfangsdruck von 32 ata und einer Temperatur von rd. 350° gebaut. Die zweigehäusige Turbine wurde mit einer Einrichtung für Zwischenüberhitzung zwischen den beiden Turbinengehäusen ausgestattet und mit drei Anzapfstellen für die Speisewasservorwärmung versehen. Der therm. Wirkungsgrad dieser Anlage soll rechnungsmäßig 30,7 v.H. betragen.

In Abb. 114 sind nach Eberle[1]) der **Dampf- und Wärmeverbrauch** für eine „verlustlose" Maschine, welche auf einen Kondensatordruck von 0,05 ata arbeitet in Abhängigkeit vom Frischdampfdruck und Dampftemperatur von 350 bis 400° aufgetragen, und zwar sinken die Wärmeverbrauchszahlen für

---

[1]) Eberle, „Der Einfluß des Hochdruckdampfes auf die Entwicklung industrieller Dampfanlagen". Z. d. V. d. I. Bd. 68, S. 1009, 1924.

Speisewasser von 0° bei 0,05 ata Kondensatordruck und bei einer Drucksteigerung der vollkommenen Maschine von 20 auf 60 ata von 1820 auf 1615 kcal/PSh, also um etwa 11 v. H. Die Abnahme des Wärmeverbrauches vermindert sich mit zunehmendem Druck sehr erheblich und beträgt für die Drucksteigerung von 50 bis 60 ata nur noch 1,65 v. H.

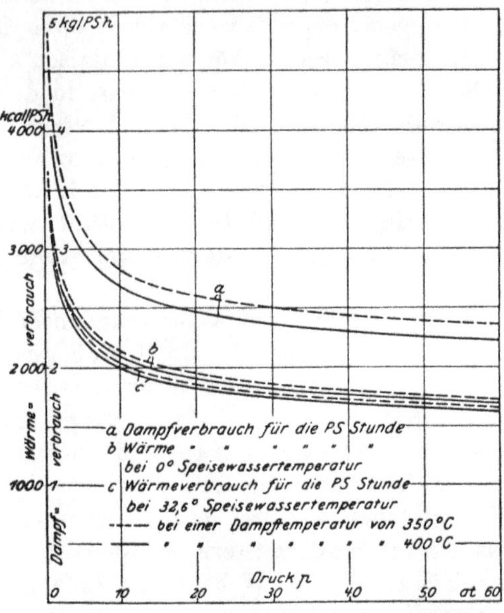

Abb. 114. Der Dampf- und Wärmeverbrauch für eine „verlustlose" Maschine, welche auf einen Kondensatordruck von 0,05 ata arbeitet in Abhängigkeit vom Frischdampfdruck und Dampftemperatur nach Eberle.

Die Abb. 114 läßt den großen Einfluß der Verwendung des die Maschine verlassenden Kondensates zur Kesselspeisung auf den Wärmeverbrauch erkennen. Derselbe ist so bedeutend, daß er der Wirkung einer Drucksteigerung des Frischdampfes von 40 auf 60 ata etwa gleichkommt.

In Abb. 115 sind nach Eberle Dampf- und Wärmeverbrauch einer Kondensationsmaschine dargestellt, die mit dreistufiger Expansion und Zwischenüberhitzung hinter den einzelnen Stufen arbeitet; der thermodynamische Wirkungsgrad ist in den einzelnen Stufen = 80 v. H. angenommen. Die Linien *a*, *b* und *c* stellen Dampf- und Wärmeverbrauch der

Maschine unter der Annahme dar, daß die Überhitzung jeweils so weit geführt wird, daß in jeder Stufe am Ende der Expansion die Sättigungsgrenze erreicht ist. Die Linien *d* und *e* gelten für die sonst gleichen Arbeitsbedingungen, jedoch mit mehrstufiger Vorwärmung des Speisewassers. Aus dem Vergleich der Linien *c* und *e* ergibt sich der große Einfluß der

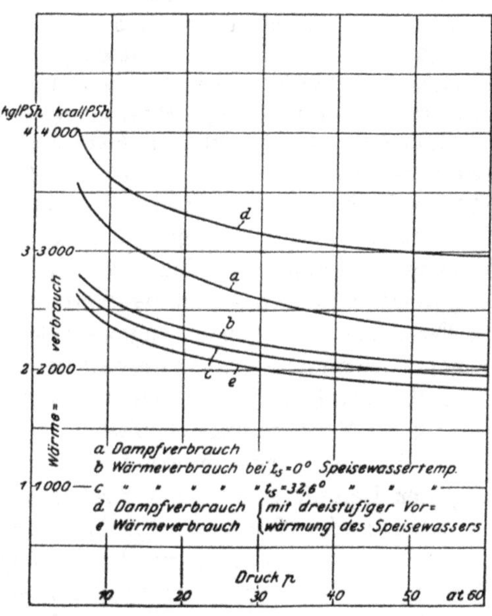

Abb. 115. Der Dampf- und Wärmeverbrauch einer Kondensationsmaschine mit dreistufiger Expansion und Zwischenüberhitzung hinter den einzelnen Stufen. Nach Eberle.

Vorwärmung: Die mit 27 ata Anfangsspannung arbeitende Maschine mit mehrstufiger Vorwärmung ist der mit 60 ata arbeitenden Maschine mit Speisewasser von 0° im Wärmeverbrauch gleichwertig. Auch zeigt diese Darstellung, daß bei der guten Kondensationsmaschine der Einfluß der Drucksteigerung bis zu 30 ata von erheblichem Wert, von da ab aber bis zu 60 ata verhältnismäßig gering ist. Die Steigerung von 20 auf 30 ata bringt eine gleiche Wärmeverbrauchsverminderung wie eine gesamte Druckerhöhung von 30 auf 60 ata; auch zeigt die

Darstellung den mit dem Anfangsdruck wachsenden Einfluß des Regenerativverfahrens auf den Wärmeverbrauch der Maschine.

Aus den Betrachtungen ergibt sich, daß zu den in Abschnitt 5 zur Durchführung des wärmewirtschaftlich günstigsten Kreislaufes an das Speisewasser aufgestellten Bedingungen der Stein- und Gasfreiheit bis zum Kessel noch die Forderung weitgehender Vorwärmung desselben, und zwar möglichst weit an die Kesseltemperatur heran nach dem Regenerativverfahren hinzutritt. Erst bei gleichzeitiger Erfüllung aller drei Bedingungen erhalten wir eine Dampfkraftanlage, welche nach unseren heutigen Anschauungen im dritten Teil des Kreislaufes (s. Abb. 116 und 117, Abschn. 6) die Grenze des Erreichbaren darstellt.

Das Regenerativverfahren bringt allerdings eine starke bauliche Änderung der Dampfkraftanlage mit sich. Es ist hierin wohl auch die Ursache zu suchen, daß das Verfahren auf dem europäischen Festlande noch wenig angewendet wird. Der Ekonomiser zur Vorwärmung des Speisewassers entfällt, die Rauchgase der Kesselanlage müssen daher anderweitig, und zwar zweckmäßig zur Vorwärmung der Verbrennungsluft verwendet werden[1]). Sodann ist eine zweckentsprechende bauliche Ausgestaltung der Dampferzeuger und Kraftmaschinen entsprechend den zu fordernden hohen Anfangsdrücken notwendig. Ferner ist zur vorteilhaften Ausnutzung hochgespannten Dampfes ein trockener Arbeitsprozeß erforderlich. Die Frischdampfüberhitzung muß nicht nur so hoch wie möglich getrieben werden, sondern ein trockner Arbeitsprozeß erfordert auch bei Kondensationsbetrieb eine Zwischenüberhitzung. Hierzu gehört eine zweckentsprechende bauliche Ausbildung der Überhitzer. Hinzu treten Hochdruck-Speisepumpen, Armaturen und Rohrleitungen. Eingehende Betrachtungen hierüber überschreiten wieder den Rahmen dieser Schrift. Es sei deshalb an dieser Stelle auf die Arbeiten von Hartmann[2]) und Münzinger[3]) als Literaturangabe verwiesen.

---

[1]) Z. B. mit Hilfe des Ljungström-Vorwärmers s. Buch d. Verf. „Abwärmeverwertung zur Heizung und Krafterzeugung". V. d. I. - Verlag 1926. S. 111 u. f.

[2]) O. H. Hartmann, „Hochdruckdampf", V.D.I.-Verlag 1925.

[3]) Münzinger, „Hochdruckdampf", Verlag-Springer 1926.

Abschnitt 6.

Der günstigste Speisewasserkreislauf bei Dampfkraftanlagen.

Die Dreiteilung des Speisewasser-Kreislaufes — Der geschlossene Speisewasserkreislauf — Der offene Speisewasserkreislauf.

Wir haben nunmehr das Material gesammelt, um den günstigsten Speisewasserkreislauf bei Dampfkraftanlagen an Hand der Abb. 116 u. 117 entwickeln zu können.

Diese Abbildungen zeigen an Hand von Diagrammen, in welcher Weise der geschlossene Kreislauf des Kesselspeisewassers bei normalen Dampfkraftanlagen am besten zergliedert wird. Er zerfällt in **drei Teile**, deren Aufgaben wie folgt gekennzeichnet werden können:

Teil 1 = **Dampfkessel.**

Lieferung von Frischdampf in ausreichender Menge mit möglichst hohem Druck und möglichst hoher Überhitzung.

Teil 2 = **Turbine.**

Bestmöglichste Ausnutzung der Arbeitsfähigkeit des hochgespannten Frischdampfes durch Abgabe von Arbeit an die rotierenden Teile der Turbine. Hierbei verwandelt sich der hochgespannte, arbeitsfähige Frischdampf in niedrig gespannten arbeitsunfähigen Abdampf.

Teil 3 = **Kondensator.**

Erzeugung einer ständigen Luftleere an der Grenze der theoretisch möglichen. Erzeugung einer ausreichenden Menge von Speisewasser, welches stein- und gasfrei sein muß und möglichst hohe Temperatur haben soll. Verminderung der dem Kühlwasser zugeführten Abwärme und Ausnutzung des warmen Kühlwassers zur Hebung der Wirtschaftlichkeit der Gesamt-Kraftanlage.

Der reine und hochgespannte, möglichst hoch überhitzte Dampf gelangt in die Dampfturbine. Der Dampfverbrauch

Abb. 116—117.

Der günstigste Speisewasserkreislauf bei normalen Dampfkraftanlagen.

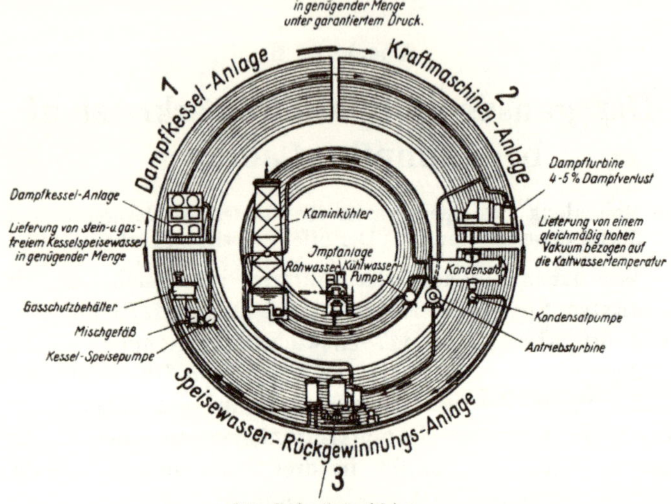

Abb. 116. Der Kreislauf mit BB-Verdampfer.

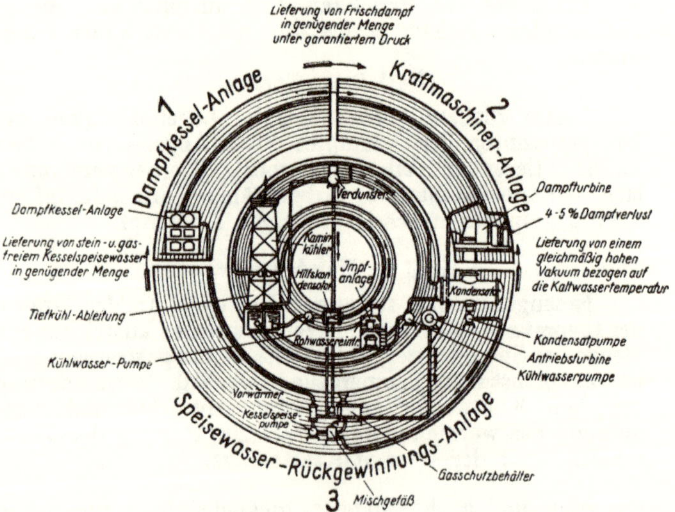

Abb. 117. Der Kreislauf mit Verdunster.

derselben wird — neben vorstehend gekennzeichneten Bedingungen für den Frischdampf — wesentlich bedingt durch die Höhe des Vakuums der angeschlossenen Kondensation. Es ist für die Wirtschaftlichkeit der Kondensationsturbinen Grundbedingung, daß die Luftleere stets die durch die Wasserverhältnisse gegebene größtmöglichste Höhe hat und vor allem auch beibehält. Die Erfüllung dieser Forderung kann nur durch eine **dauernd** wassersteinfreie und schmutzfreie Kühlfläche des Kondensators gewährleistet werden. Neben der Einhaltung dieser Forderungen nach der Seite der Kraftmaschine hin hat der Kondensator aber auch sehr wesentliche Aufgaben nach der Kesselseite hin zu erfüllen.

Vor allem muß er das in dem Kessel verdampfte Speisewasser in einwandfreiem Zustande zurückgewinnen, damit es sofort von neuem benutzt werden kann. Das zurückgewonnene Kesselspeisewasser, das sog. Kondensat, muß demnach stein- und gasfrei sein. Zur Reinerhaltung des Kondensates ist es erforderlich, daß die Kondensatorrohre völlig dicht sind; denn es darf kein Kühlwasser durch Undichtigkeiten des Oberflächenkondensators in das Kondensat eintreten. Es müssen daher neben einer zweckentsprechenden konstruktiven Ausbildung des Kondensators Überwachungsapparate eingebaut werden, welche etwa auftretende Undichtigkeiten sofort anzeigen. Die Gasfreiheit des Kondensats wird durch eine gute Luftpumpe erzielt.

Ist der Kondensator dicht, so stellt das gewonnene Dampfkondensat zwar chemisch reines und gasfreies Wasser dar, die Menge genügt aber nicht, weil auf dem Wege vom Dampfkessel durch die Kraftmaschine zum Kondensator Dampfverluste eintreten. Die verlorengehende Dampf- bzw. Kondensatmenge muß noch ersetzt werden.

Es ist ein selbstverständliches Erfordernis, daß das zur Deckung des Kondensatverlustes zuzusetzende Speisewasser in seiner Beschaffenheit ebenso einwandsfrei sein muß wie das zurückgewonnene Kondensat, d. h. es darf dem Kondensat nur gutes Destillat als Zusatzspeisewasser zugesetzt werden. Es liegt ferner im Interesse der Wärmewirtschaft der Gesamtanlage, daß dieses Destillat mit Hilfe der Abwärmequellen der Kondensation erzeugt wird. Auch bei den Zusatzdestillatoren muß eine Steinbildung in den Rohren vermieden werden, um die Leistung derselben in der Hand zu behalten. Zuletzt ist das Kondensat-Destillatgemisch noch möglichst hoch vorgewärmt dem Kessel zuzuführen.

Sowohl Destillat als Kondensat nehmen als chemisch reines Wasser sehr lebhaft Sauerstoff aus der Luft auf. Sie müssen folglich so zusammen und in die Kesselanlage geführt werden, daß sie mit Luft in keinerlei Berührung kommen können. Durch besondere Mischgefäße und unter Gasschutz stehenden Vorratsbehältern wird es möglich gemacht, daß nur vollständig chemisch reines und gasfreies Wasser im Kessel zur Verdampfung gelangt. Der vorbeschriebene Kreislauf kann sinngemäß nur bei Oberflächenkondensationen durchgeführt werden, weil nur bei diesen das Kondensat rückgewonnen wird, wir können ihn daher als **geschlossenen Speisewasserkreislauf** bezeichnen im Gegensatz zum **offenen,** welcher bei Verwendung von Mischkondensationen naturnotwendig vorliegt.

Für den geschlossenen Kreislauf können wir also den Satz aufstellen:

> **„Die zu einer vollendeten Speisewasserrückgewinnungsanlage ausgebildete Kondensation, bei welcher alle Teile vom Abdampfstutzen der Kraftmaschine bis zum Eintritt in den Kessel nach den oben gekennzeichneten Gesichtspunkten einheitlich zusammenarbeiten, erzielt ein hohes Dauervakuum, liefert ein einwandfreies Kesselspeisewasser und weist überdies eine hohe spezifische Leistung auf.“**

Abb. 116 veranschaulicht den geschlossenen Speisewasserkreislauf unter Verwendung eines Bleicken-Verdampfers, Abb. 117 — unter Einbau einer Kühlwasserverdunsteranlage. Es sind alle für die vollständige Kraftanlage notwendigen Apparate, Pumpen und Rohrleitung in den Kreislauf eingezeichnet. Nur wurde die Regenerativ-Anlage aus den Abbildungen der Übersicht halber herausgelassen.

Für den **offenen Kreislauf** — also bei Verwendung von Mischkondensatoren — gestalten sich die Betrachtungen einfacher, weil bei ihm eine Hauptforderung: die Gewinnung des

Kesselspeisewassers, entfällt. Für ihn bleibt nur die Forderung hohen Vakuums in gleicher Stärke bestehen, während die weitere Forderung auf hohe spezifische Leistung gleichfalls in ihrer Wichtigkeit nachläßt.

Auch liegen die Verhältnisse bei der Mischkondensation insofern einfacher, als für sie alle Schwierigkeiten des Wärmedurchgangs fortfallen, denn Dampf und Wasser werden hier gemischt und wirken demzufolge unmittelbar aufeinander.

Die vom Mischkondensator zu erfüllenden Aufgaben bestehen somit einzig darin:

1. daß die Kondensation des Wasserdampfes durch innige Mischung mit dem Kühlwasser möglichst rasch und vollkommen erfolgt,
2. daß die Luftabsaugung genügend ist, um nicht nur die vom Dampf, sondern hier auch die vom Kühlwasser in den Vakuumraum mitgebrachten Luftmengen abzuführen.

Der offene Kreislauf ist gegenüber dem geschlossenen als unvollkommen und mangelhaft zu bezeichnen. Es gibt aber Fälle, bei denen durch Kupplung von Kraft und Heizbetrieb auch eine hohe Wirtschaftlichkeit der Gesamtanlage selbst bei Verwendung von Mischkondensationen erzielt wird. Im Anhang zu diesem Buche sind derartige, oft vorkommende Fälle herausgegriffen und erläutert, um das Gebiet der Kondensatwirtschaft abschließend zu ergänzen.

Anhang.

Verschiedene Möglichkeiten der Abwärmeverwertung bei Kondensationsanlagen.

Inhalt:

Die Abwärmeverwertung bei Mischkondensationen, insbesondere auf Zechen — Die Warmwasserbereitung — Die Fernheizung — Die Ausnutzung des Abdampfes von Hilfsturbinen — Eine Abwärmeverwertungsanlage für eine Holzbearbeitungsfabrik — Die Vakuumdampfheizung — Die Luftkondensatoren — Die Regelung derselben — Die Ausnutzung der Kühlwasserabwärme — Die Vegetation bei Kühlteichen — Die Bodenheizung — Die Versuchsanlage der Techn. Hochschule Dresden — Die Versuchsergebnisse — Die Grabenheizung.

Wir haben in den vorhergehenden Abschnitten die günstigste Ausgestaltung des Speisewasserkreislaufes kennengelernt. Da wir aber bestrebt sein müssen, die Gesamtanlage so wirtschaftlich wie möglich auszugestalten, müssen wir noch kurz auf die Verwendungsmöglichkeiten für den Abdampf der Haupt- und Hilfsmaschine und für das warme Kühlwasser der Kondensation zu Heizungs- und Trocknungszwecken eingehen, um ein abschließendes Bild zu erhalten.

Mischkondensationen werden heute noch sehr oft auf Zechen und Hüttenwerken zum Niederschlagen von intermittierendem Abdampf von Förder- und Walzenzugmaschinen verwendet. Zu gleicher Zeit bieten sich auf Zechen und Hüttenanlagen sehr gute Verwendungsmöglichkeiten für den Abdampf und für das warme Kühlwasser der Kondensation, besonders zur Bereitung von Warmwasser für Waschkauen und Fernheizungen.

Bei dem **Entwurf von Warmwasserbereitungsanlagen** muß von zwei Gesichtspunkten ausgegangen werden: einmal darf die Betriebssicherheit der Anlagen, an welche die Warmwasserbereitung anzuschließen ist, nicht leiden (wobei als erschwerender Umstand hinzutritt, daß die Warmwasserbereitung meistens an einen schon vorhandenen Betrieb angeschlossen werden muß), anderseits muß die im Winter zur Warmwasserbereitung für Pumpenheizung aufgewendete Wärme auch im Sommer, wenn der Wärmebedarf für die Heizung und für das Warmwasser für den Waschkauenbetrieb auf ein Minimum sinkt, nutzbringend verwandt werden. Hierzu tritt als erschwerender Umstand bei Zechen das intermittierende Arbeiten und damit die stoßweise Abdampfabgabe der Fördermaschinen. Die Betriebsbedingungen derselben müssen bei dem Entwurf der Warmwasserbereitungsanlagen auf das weitgehendste berücksichtigt werden.

Als oberster Grundsatz muß für Fördermaschinen unbedingte Betriebssicherheit gelten. Fällt sie aus, so stockt sofort auf dem ganzen Schacht der Betrieb. Daß durch den Ausfall große Verluste an Zeit und Geld entstehen, braucht wohl kaum erwähnt zu werden. Da weiterhin auf den Schächten die Fördermaschine auch als Personenaufzug für die unter Tage beschäftigten Arbeitskräfte dienen muß, so hängen von dem betriebssicheren Arbeiten derselben Hunderte von Menschenleben ab.

Die Eigenart der Fördermaschinen mit Zwischenpausen zu arbeiten, und die Aufwendung großer Leistungen in den ersten Sekunden nach dem Anfahren bringen es mit sich, daß ein gleichmäßig und ununterbrochen fließender Abdampfstrom nicht zu erzielen ist. Die Zahl der Förderzüge, die Zeit der Fahrten und Pausen sind vollkommen unregelmäßig. Zu gewissen Tageszeiten leistet die Fördermaschine Zug auf Zug in möglichst kleinen Pausen und mit großen Fahrtgeschwindigkeiten. Diesen Zeiten flotter Förderung folgen solche mit großen Pausen und geringen Fahrtgeschwindigkeiten.

Diesen Eigenarten der Fördermaschine steht die Bedingung des möglichst gleichmäßigen Wärmestromes für Warmwasserbereitung und Niederdruckdampfheizungen kraß gegenüber. Soll mit dem Abdampf der Fördermaschinen eine Niederdruck-Dampfheizung betrieben werden, so ist die Einschaltung eines Dampfspeichers zwischen Fördermaschine und Heizung unbedingt erforderlich[1].) Durch diese Speichereinschaltung

[1]) Näheres s. Aufsatz des Verf.: „Wärmespeicher" im Gesundheitsingenieur 1927.

wird die Empfindlichkeit der Steuerung der Fördermaschinen nicht beeinträchtigt, wodurch eine der Hauptbedingungen dieses Maschinenbetriebes erfüllt ist. Die Warmwasserbereitungsanlagen sind gegenüber dem intermittierenden Abdampfstrom unempfindlicher; der ungünstige Einfluß des Abdampfstromes wird durch Einschaltung von Ausgleichspeichern, welche zugleich als Wasserbehälter dienen, aufgehoben.

Bei der Warmwasserbereitung für die Brausen einer Waschkaue treten weitere wichtige Gesichtspunkte hinzu. Einmal muß bei der Öffnung der Brausen sofort warmes Wasser aus denselben austreten, anderseits muß es der Waschkauenwärter in der Hand haben, die Austrittstemperatur des warmen Wassers aus den Brausen von Hand aus regeln zu können. Zur Erfüllung dieser Bedingung muß dafür gesorgt werden, daß das in der Wasserbereitungsanlage erzeugte Warmwasser dauernd eine gleichmäßige Temperatur besitzt. Weiter darf auch bei der Ausnutzung der Abwärmequellen die Temperatur des Wassers nicht bis auf 100° C steigen, da sonst durch den sich bildenden Dampf Druck in den Leitungen auftreten würde.

Die Herstellung des Warmwassers ist für Fernheizungen und Bäder vollkommen gleich, nur die Funktionen des Warmwassers sind bei beiden verschieden. Soll neben der Fernheizung gleichzeitig warmes Verbrauchswasser geliefert werden, so muß ein besonderer Strang zur Verteilung des warmen Wassers gelegt werden. Wohl das wichtigste Moment bei der **Anlage von Fernheizungen** bildet die richtige Ausführung der Rohrleitungen. Wirtschaftlichkeit und Zweckmäßigkeit sind dabei besonders im Auge zu behalten. Als maßgebende Gesichtspunkte hierfür wären hauptsächlich aufzuführen: Wirtschaftliche Abmessungen — besonders möglichst geringe Rohrdurchmesser zur Verringerung der Kosten und der Abkühlungsverluste — günstige Führung der Leitung auch in bezug auf die Ausdehnungsmöglichkeit, Vermeidung scharfer Krümmungen, welche die Widerstände und damit die Pumpenarbeit unnötig vergrößern, gute Entlüftungsmöglichkeit und vollkommene Isolierung. Es ist auch bei modernen Wasserheizungen auf Verhinderung des Steinansatzes im Warmwasserkessel oder Vorwärmer und in den Rohrleitungen Rücksicht zu nehmen, um den Wirkungsgrad der Anlage nicht schon in den ersten Betriebsjahren in Frage zu stellen. Man verwendet also zweckmäßig zur Abstellung dieser Übelstände wieder eine Impfanlage[1]).

Sowohl die Betriebsbedingungen der Fördermaschinen als auch diejenigen für die Warmwasserbereitungsanlage oder Fernheizung müssen gegeneinander ausgeglichen und zusammen erfüllt werden.

Den einfachsten Fall einer solchen Abdampfverwertungsanlage zur Bereitung von Warmwasser für Waschkauen, gekoppelt mit einer Mischkondensation, zeigt die schematische Darstellung der Abb. 118[2]).

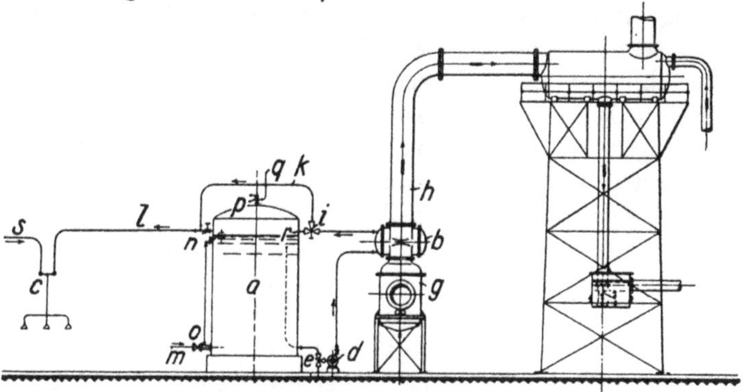

Abb. 118. Warmwasser-Bereitungsanlage mit Mischkondensator.

Zwei Fördermaschinen arbeiten auf einen Entöler. Von hier aus gelangt der entölte Dampf in einen hochliegenden Mischkondensator, welcher sich barometrisch entwässert. Es ist nun die Aufgabe gestellt, den Wärmeinhalt des Abdampfes vor seiner Kondensation zur Warmwasserbereitung soweit als möglich auszunutzen. Die Lösung dieser Aufgabe ist in solchen Fällen sehr einfach dadurch zu bewerkstelligen, daß ein Vorwärmer *b* hinter den Entöler *g* in die Abdampfleitung *h*

[1]) Näheres über die Fernleitung von Wärme s. Buch d. Verfassers „Abwärmeverwertung zur Heizung und Krafterzeugung" V.d.I.-Verlag 1926. — Abschn. 5.

[2]) Siehe Buch d. Verf.: „Taschenbuch der Abwärmetechnik", Verlag R. Oldenbourg, 1927. Abschn. 2. Aufsatz d. Verf.: „Wärmespeicher", Gesundheitsingenieur 1927.

eingebaut und an diesen Vorwärmer die Warmwasser-Bereitungsanlage angeschlossen wird.

Diese besteht in der Hauptsache neben dem Vorwärmer *b* aus einem Ausgleichspeicher *a*, einer Pumpe *d* und dem Mischventil *c*. Das in dem Vorwärmer erwärmte Wasser wird während der Pause zwischen zwei Badeschichten durch die Pumpe *d* zwischen dem Speicher *a* und dem Vorwärmer *b* einige Male umgewälzt. Der Speicher *a* muß so bemessen sein, daß er die während der Badeschicht benötigte Warmwassermenge liefert. Anderseits muß in ihm auch ein vollständiger Temperaturausgleich zwischen den einzelnen Wasserschichten herbeigeführt werden. Beachten wir, daß die Fördermaschinen intermittierend arbeiten! Wenn eine Förderpause eintritt, so wird das in diesem Augenblick durch den Vorwärmer *b* laufende Speicherwasser nicht erwärmt, im nächsten Augenblick fahren die Fördermaschinen wieder an, und das Wasser wird nun im Vorwärmer wieder weiter erhitzt. Es tritt somit nacheinander Wasser verschiedener Temperaturen in den Speicher *a* ein. Die einzelnen Schichten mischen sich hier und gleichen ihre Temperaturen aus. Wenn nun warmes Wasser für die Waschkauen benötigt wird, so findet eine Umschaltung der Anlage statt, derart, daß der Pumpe das warme Wasser aus dem Speicher zufließt und von letzterer durch Umschaltung des Dreiwegventils *i* zu dem Mischventil *c* gedrückt wird.

Das Zufließen und Wiederauffüllen des Speichers kann auf zwei verschiedene Arten erfolgen. Die einfachste Art ist folgende: Der Austrittstutzen des warmen Wassers befindet sich am Boden des Speichers *a*, die Pumpe *d* wird so tief gesetzt, daß das Wasser ihr bis zur vollständigen Entleerung unter genügend statischem Druck zufließt. Wenn nun die Badeschicht vorbei ist und wieder Warmwasser bereitet werden soll, so wird das Ventil *o* geöffnet und der Speicher *a* mit kaltem Wasser vom Hochbehälter aus angefüllt. Diese einfache Anordnung schließt aber eine kontinuierliche Betriebsweise aus. Eine solche ist mit der zweiten Arbeitsweise erreichbar: Das Zuflußrohr der Pumpe wird innerhalb des Speichers *a* bis kurz unter den Wasserspiegel im Behälter hochgeführt. Wird nun das Warmwasser von der Pumpe zu den Brausen gedrückt, so wird der Wasserspiegel fallen. Mit Hilfe einer Schwimmervorrichtung wird das Ventil *o* geöffnet, so daß jetzt kaltes Wasser am unteren Boden in den Speicher eintritt. Dieses kalte Wasser sammelt sich vermöge seines größeren spezifischen Gewichtes am Boden an und drückt das warme Wasser hoch, zugleich wird es aber auch durch das vom Vorwärmer kommende Warmwasser mit angewärmt. Je nach der Entnahme von warmem Wasser aus den Brausen wird kaltes Wasser dem Speicher *a* zugesetzt.

Bei dieser Anlage arbeitet der Abdampf der Fördermaschine im Sommer auf den Mischkondensator. Die Abdampfwärme wird demnach im Sommer wenig ausgenutzt. Im Winter jedoch wird der Hauptteil des Abdampfes dazu verwandt, das Warmwasser für die Waschkauenanlage zu bereiten.

Dieser Fall ist besonders günstig, wenn an sich gutes Speisewasser zur Verfügung steht. Man wird dieses Wasser bei geringer Härte alsdann nur entgasen.

Anderseits kann natürlich wieder die Temperaturdifferenz zwischen Warm- und Kaltwasserseite der Mischkondensation dazu benutzt werden, um in einem Kühlwasserverdunster Destillat zu erzeugen. Wir sehen also, daß es möglich ist, auch Mischkondensationen in gewissen Fällen wärmewirtschaftlich recht günstig zu gestalten.

Abb. 119 zeigt eine Schaltung der B.B.C. für Oberflächenkondensatoren zur Warmwasser-Bereitung.

In einer Anlage nach Abb. 119 wird der Abdampf der Hilfsturbine *3*, welche das Pumpwerk der Kondensation *2* der Hauptturbine *1* antreibt, durch den Oberflächen-Vorwärmer *4* geleitet, an welchen in der besprochenen Weise die Warmwasserbereitung — bestehend aus dem Speicher *5* der Pumpe *P* und nebst den zugehörigen Rohrleitungen aus dem Dreiwegventil *6* — angeschlossen ist. Der Vorzug dieser der B.B.C. geschützten Anordnung gegenüber einer solchen nach Abb. 118 ist die Ausnützung eines gleichmäßigen, ölfreien Abdampfstromes unter **Rückgewinnung der Überschußdampfmengen der Hilfsturbine** zur Arbeitsleistung in der Hauptturbine.

Die Arbeitsweise ist folgende: Benötigt der Vorwärmer *4* mehr Dampf als die Hilfsturbine *3* augenblicklich abgibt, so kommt bei genügender Bemessung der Oberfläche des Vorwärmers eine entsprechende Dampfmenge aus der Hauptturbine *1* hinzu. Gibt die Turbine *3* mehr Dampf ab, als der Vorwärmer aufnimmt, so fließt der überschüssige Restdampf der Turbine *1* zwecks weiterer Arbeitsleistung zu. Aus der Zapfstelle *S* im ersten Betriebsfalle wird im zweiten

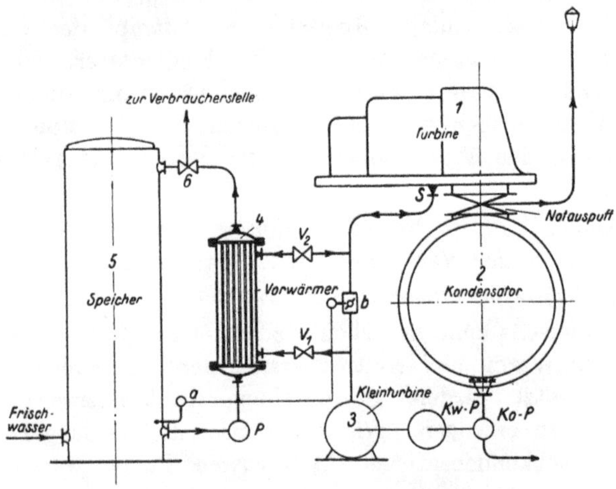

Abb. 119. Ausnutzung des Abdampfes von Hilfsturbinen. „B.B.C.-Schaltung."

Falle eine Zudampfstelle. Dazwischen liegend ist zuletzt der Fall möglich, daß die Hilfsturbine *3* gerade so viel Abdampf liefert, als der Vorwärmer im Augenblick benötigt, die Funktionen der Zapfstelle *S* der Hauptturbine schalten dann aus.

Natürlich muß die Anlage entsprechend der durch die Vorwärmung steigenden Temperatur des umlaufenden Speicherwassers regelbar gestaltet werden. Zu diesem Zweck öffnet sich die mit Hilfe eines Fernthermometers *a* gesteuerte Drosselklappe *b* der Umführungsleitung mit steigender Speichertemperatur mehr und mehr und ist ganz geöffnet, wenn die gewünschte Heißwassertemperatur erreicht ist.

In dem Augenblick des vollkommenen Öffnens der Drosselklappe *b* schließen sich die Schieber V_1 und V_2 automatisch

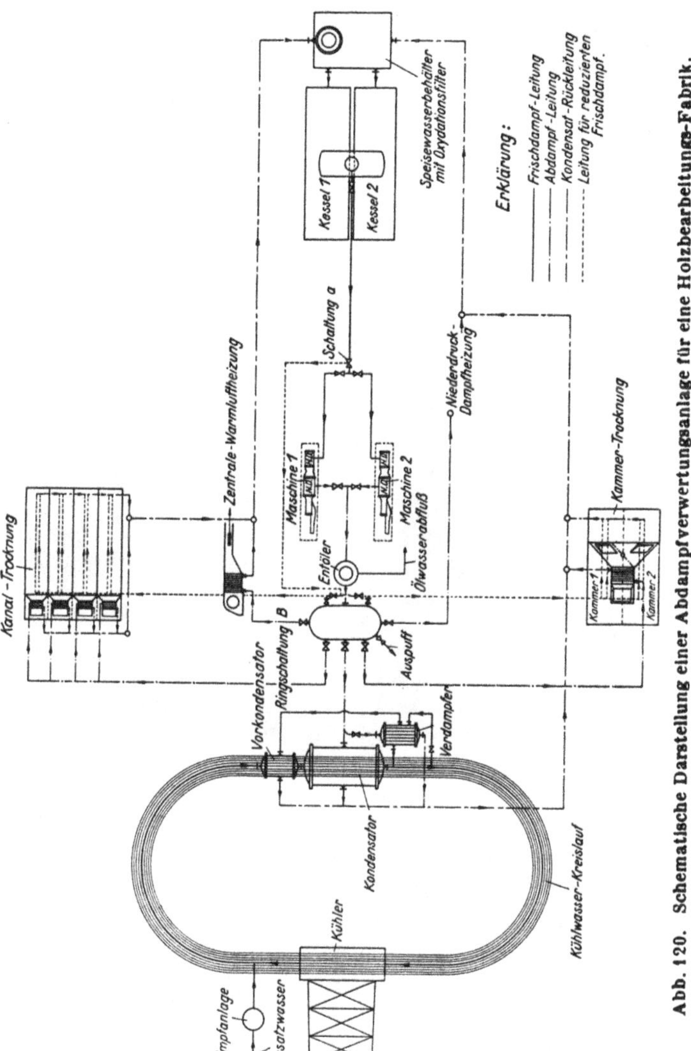

Abb. 120. Schematische Darstellung einer Abdampfverwertungsanlage für eine Holzbearbeitungs-Fabrik.

und die Warmwasserbereitungs-Anlage ist nun vom Dampfnetz abgeschaltet. Die Abb. 120 zeigt in schematischer Darstellung eine **Abwärmeverwertungsanlage für eine große Holzbearbeitungsfabrik**, welche an eine Kondensation angeschlossen ist und die in ihrer Gesamtheit wohl eine Ideallösung des wirtschaftlichen Zusammenarbeitens von Kraft- und Heizbetrieb darstellt.

Es ist hier zur Aufgabe gestellt, für eine große Hobelei und eine gesondert gebaute Schreinerei den Kraft- und Heizbedarf zu liefern zum Antrieb der Maschinen, zum Betrieb von zwei großen Trocknereien, einer Niederdruckdampfheizung und einer Warmluftheizung. Die Kraftanlage liegt in der Mitte zwischen

Abb. 121. Ringschaltanlage.

der Türen- und Fensterfabrik und dem Hobelwerk. Die Kesselanlage versorgt zwei Dampfmaschinen von zusammen 2000 PS mit Frischdampf von 16 ata. Der aus den Maschinen nach der Arbeitsleistung entströmende Abdampf versorgt die Trockenschuppen, Maschinensäle, Banksäle und das Hobelwerk mit Heizdampf. Das sich in den Lufterhitzern der Trockenschuppen und in den Radiatoren der Maschinen- und Banksäle niederschlagende Kondensat wird den Kesseln zur Speisung wieder zugeführt. Der zur Heizung nicht verbrauchte Abdampf der Maschinen wird in einem Kondensator niedergeschlagen. Dieser Kondensator kann ein Misch- oder Oberflächenkondensator sein. Zur Durchführung dieses Betriebes ist eine Ringschaltung nach Abb. 121 notwendig.

Ein Teil der Ventile kann mit Hilfe von elektrischen Fernthermometern sich selbsttätig ein- und ausschalten, so daß die Trockenschuppen sich z. B. selbständig regeln.

Die Verschiedenartigkeit der Fabrikation im Hobelwerk und in der Tischlerei und die Verschiedenheit des verwendeten Holzes macht eine verschiedenartige Trocknung für beide Betriebe erforderlich.

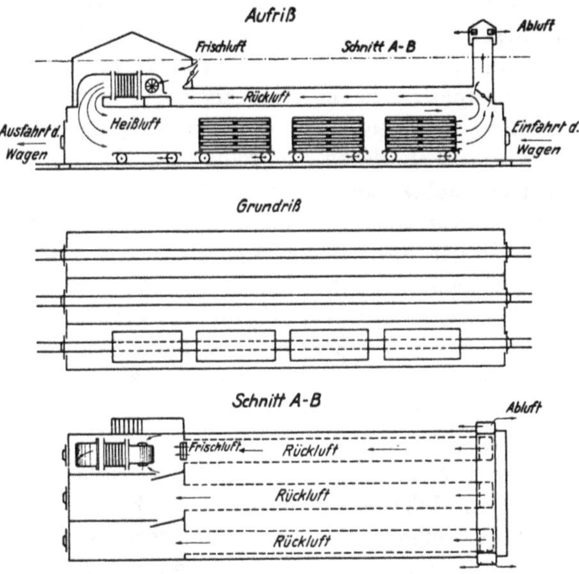

Abb. 122. Kanal-Trockenanlage.

Bei der Herstellung von Hobelbrettern in der Hobelei handelt es sich um eine gleichmäßige und große Produktion. Dies setzt voraus, daß der Prozeß des Anwärmens, Antrocknens und Fertigtrocknen der eingebrachten Fußbodenbretter zwangläufig erfolgt. Diese Zwangläufigkeit wird am besten durch die Kanaltrocknung erzielt, welche im Gegenstromprinzip arbeitet (Abb. 122).

Das nasse Holz wird vermittelst einer Schiebebühne zu den hinteren Kanalöffnungen eingefahren. Die warme Luft, welche in einem über den Kanälen aufgestellten Lufterhitzer fortlaufend erhitzt wird, durchstreicht entgegengesetzt der

Fahrrichtung der Wagen den Kanal. Somit kommt das frische Holz zuerst mit der schon abgekühlten und erheblich mit Feuchtigkeit gesättigten Luft in Berührung und kommt erst mit dem Weiterfahren der Wagen in den Kanälen allmählich in wärmere und trockenere Zonen, bis kurz vor den Ausgangstoren der Wagen der heißesten und ungesättigten Luft ausgesetzt wird und hier die Fertigtrocknung vor sich geht. Die verbrauchte und sich abkühlende Luft wird durch einen Rücklaufkanal vom Ventilator des Lufterhitzers wieder angesaugt, mit Frischluft vermengt, erhitzt und wieder über der Fertigtrocknungszone in die Kanäle eingeblasen. — Es spielt sich also ein Kreisprozeß ab. Der Vorgang der Trocknung muß natürlich durch Hygrometer und Thermometer von außen beobachtet werden, damit keine fahrlässige Überhitzung oder starke plötzliche Abkühlung verbunden mit Tauniederschlag in den Kanälen eintreten kann. Der Lufterhitzer wird durch Abdampf gespeist. Nur in den Zeiten großer Kälte wird zum Teil mit reduziertem Frischdampf geheizt, da in den kalten Monaten die Trockenschuppen mehr Wärme an die Außenluft abführen müssen und somit zur Trocknung ein höherer Wärmebedarf erforderlich wird.

Die zwangläufige Art des Trocknens in der Kanaltrockenanlage eignet sich weniger für Tischlerholz, einmal, weil die zu trocknenden Holzmengen nur etwa ein Zehntel der beim Fußboden benötigten ausmachen und ferner, weil die stärkeren Blochstücke eine vorsichtigere und bei Kiefern noch besonders wegen des Harzreichtums individuellere Behandlung benötigen. Die Trocknung ist hier eine mehr gefühlsmäßige Behandlung, besonders in den höchsten Hitzegraden (70 bis 75° C bei einer Dauer von nur etwa 60 bis 100 Minuten) zu unterwerfen. Zu diesen Zwecken eignet sich die in Abb. 123 schematisch angedeutete Kammertrocknung.

Die Anlage besteht zur besseren und gleichmäßigeren Ausbringung des Holzes aus zwei Kammern. Die warme Luft wird durch einen im Dachgeschoß des Trockenraum aufgestellten Lufterhitzer erzeugt. Sie tritt durch je eine geschlitzte Warmluftverteilungswand in die Kammern ein. Durch die gegenüberliegende mit quadratischen Abzugslöchern versehene Abluftwand wird die feuchte Luft wieder entfernt. Durch eingebaute Klappen kann ein Teil der Rückluft wieder von neuem erwärmt und zur Trocknung verwendet werden (Kammer *1*), oder es kann auch nur Frischluft dem Lufterhitzer zugeführt werden (Kammer *2*). Zur Regelung und Beobachtung der Anlage müssen Thermometer und Feuchtigkeitsmesser in die Kanäle eingebaut werden. Dieser Lufterhitzer wird im Winter mit Abdampf betrieben, während im Sommer, wo nur ein geringer Teil des Dampfes der Maschinen Verwendung finden kann, Vorsorge getroffen ist, daß

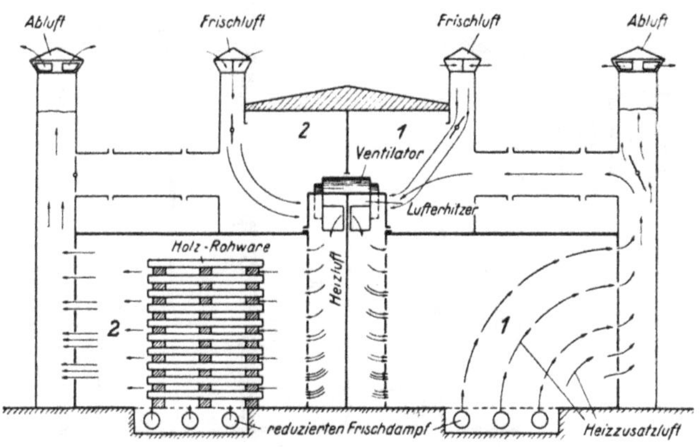

Abb. 123. Kammer-Trockenanlage.

der **Lufterhitzer mit Vakuumdampf** gespeist werden kann. Zu diesem Zwecke ist der Apparat mit weiteren Vakuumdampf-Sektionen versehen, ebenso mit dem nötigen Kondenswasserableiter und sonstigen Apparaten. Durch diese Einrichtung wird die größtmögliche Wirtschaftlichkeit des Dampfbetriebes erreicht. Auch hier kann in Sommermonaten mit gedrosseltem Frischdampf in Überhitzungsperioden gefahren werden wie bei der Kanaltrocknung. Zu diesem Zweck ist unter den Fußbodenrost ein Rippenrohrerhitzer eingebaut.

Die Luftheizungsanlage kann zentral angeordnet werden, d. h. es wird ein großer Lufterhitzer vorgesehen, welcher durch ein Rohrsystem aus Schlitzen die warme Luft in die Hallen ausbläst, es können aber auch die Werksräume mit Einzellufterhitzern ausgestattet werden.

Werden die Lufterhitzer mit Vakuumdampf beschickt, so haben wir in ihnen Oberflächenkondensatoren vor uns, bei welchen als Kühlmittel strömende Luft statt strömenden Wassers verwendet wird. Sie werden daher auch oft als **Luftkondensatoren** bezeichnet. Da für die Luft große Querschnitte vorgesehen werden müssen, so wird bei diesen Luftkondensatoren der Dampf durch die Rohre und die Luft in geeigneter Weise um die Rohre mit Hilfe von Ventilatoren geblasen[1]).

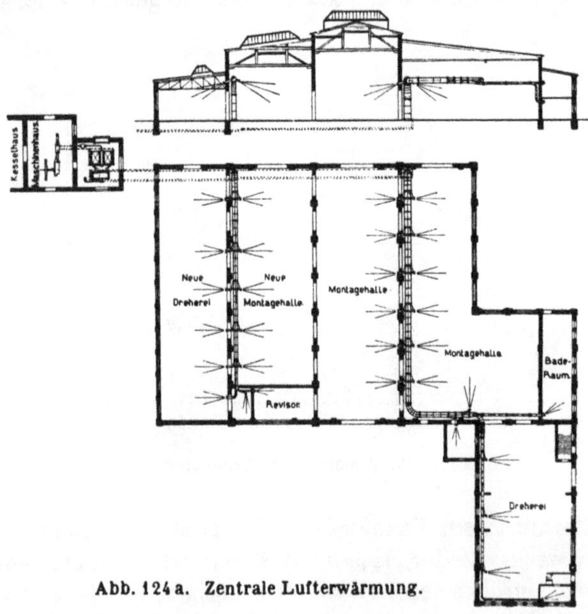

Abb. 124a. Zentrale Lufterwärmung.

Ob nun der zentralen oder dezentralisierten Anordnung der Vorzug gegeben wird, richtet sich in jedem einzelnen Falle nach der Ausdehnung und Anordnung des Gebäudes. Einzellufterhitzer sind oft dort vorzuziehen, wo durch Einbauten und Transmissionen der zur Verfügung stehende Raum beschränkt ist.

Über Berechnung und Ausbildung solcher Lufterhitzer ist das Notwendigste im Buche d. Verf. „Abwärmeverwertung zu Heizungs- und Kraftzwecken", V.D.I.-Verlag 1926, Abschn. III. gesagt. Siehe ferner Buch des Verfassers: „Taschenbuch der Abwärmetechnik", Abschn. 2, R. Oldenbourg Verlag, 1927.

Die Abb. 124a zeigt eine zentrale Anordnung und Abb. 124b eine Einzellufterhitzer-Anordnung für sich dargestellt, damit die Anschaulichkeit des Dampfschaltungsschemas Abb. 120 nicht beeinträchtigt wird. Bei zentraler Anordnung kann eine sehr gute **Regelung der Wärmezuführung** auf zwei verschiedene Weisen erfolgen, und zwar je nach der Betriebsart:

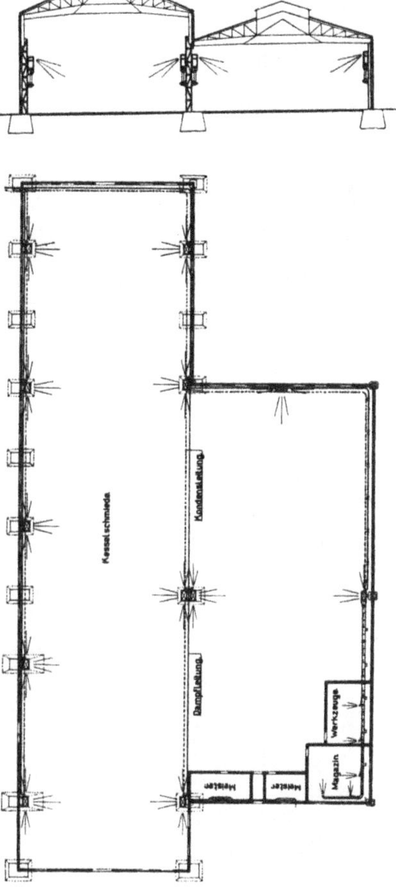

Abb. 124 b. Anordnung von Einzellufterhitzung.

1. Wird die Anlage beispielsweise durch den **Abdampf** einer Kolbendampfmaschine gespeist, so kann die Regelung dadurch erfolgen, daß dem Lufterhitzer bei steigender Außentemperatur weniger Dampf zugeführt wird. Durch diese Maßnahme erhalten die letzten Sektionen des Lufterhitzers keinen Abdampf mehr, es verringert sich also die wirksame Heizfläche und infolgedessen wird die Luft weniger erwärmt. Auch ist es in diesem Falle möglich, die zugeführte Luftmenge zu verringern, indem man die Tourenzahl des dem Erhitzer vorgebauten Ventilators durch geeignete Maßnahmen ändert (z.B. Stufenscheiben!).
2. Wird die Anlage mit **Vakuumdampf** gespeist, so wird die Regelung durch Veränderung des Vakuums vorgenommen. Man berechnet den Lufterhitzer zweckmäßig für eine mittlere Außentemperatur, von plus minus 0° C — für unsere Breiten. Zur Deckung des Wärmebedarfs bei dieser Tem-

Abb. 125.

Abb. 126.

peratur läßt man alsdann ein Vakuum von ca. 80 v.H. zu. Sinkt die Außentemperatur, so wird das Vakuum bis auf 65 v.H. herab verschlechtert und damit die Dampftemperatur

Abb. 127.

Abb. 125—127. Einfluß der Bodenerwärmung bei den Kühlwasserteichen der Lokomotivfabrik Hohenzollern, Düsseldorf, in Abstand von je einem Jahr.

auf 73° C erhöht Sinkt die Außentemperatur weiter, so wird man die Anlage zweckmäßig auf Auspuffbetrieb umstellen. Letztere Maßnahme ist aber nur zulässig, wenn $\geqq$ 60 v. H. des Abdampfes in der Heizung niedergeschlagen werden können, da sonst durch den großen Verlust an Dampf eine Unwirtschaftlichkeit dieses Verfahrens eintreten würde.

Die Anwendung dieser Regelung ist dann von Vorteil, wenn Kolbenmaschinen als Kraftquelle verwendet werden. Nach Versuchen von Prof. Josse lohnt es sich nicht, bei Kolbenmaschinen über 80 v. H. Vakuum hinauszugehen. Die Verschlechterung des Vakuums bringt natürlich einen Mehrdampfverbrauch der Maschine mit sich. Dies bedeutet aber keinen Verlust, wenn dieser Dampf restlos in der Heizung verbraucht wird. Sind alle diese Voraussetzungen erfüllt, so stellt die Regelung nach Lösung 2 zugleich die Ideallösung dar.

Es bestehen auch die verschiedensten Möglichkeiten, um die **Kühlwasserabwärme** besonders von Mischkondensationen für gewerbliche Zwecke auszunutzen. Die Natur selbst gibt den Fingerzeig, die Kühlwasserabwärme zur **Boden-**

heizung von Gemüse- und Blumenkulturen heranzuziehen. Die vorstehenden drei Abb. 125 bis 127 zeigen den Kühlteich der Lokomotivfabrik Hohenzollern in Düsseldorf in einem Abstande von drei Jahren. Die Kühlteiche wurden angelegt, um das Kühlwasser für die Kondensation des Werkes von etwa 50 bis 54° auf 20 bis 28° C je nach der Jahreszeit zurückzukühlen. Man sieht, daß innerhalb dieser kurzen Zeitspanne die **Vegetation** an den Ufern des Teiches sich fast tropisch entwickelt hat. Diese Entwicklung ist erzeugt worden durch die gleichmäßige Wärme und Feuchtigkeit des warmen Kondensationskühlwassers.

Die Technik hat es verstanden, diesen Fingerzeig der Natur zu benutzen, um das Wachstum von Gemüsepflanzen in Gärtnereien durch Erwärmung des Bodens zu fördern. Herr Obering. Schulze in Dresden hat diesen Weg durch den Bau einer **Heizanlage für Bodenerwärmung** mittels warmen Kühlwassers beschritten. Er hat zu diesem Zweck Heizrohre, welche von warmem Wasser durchströmt werden, in gewisser Tiefe in die Erde verlegt. Die Wärmeübertragung an den Erdboden erfolgt teils durch Wärmeleitung, teils durch verstärkte Bodenventilation. Diese Bodenventilation ist immer in der Erde vorhanden und entsteht durch den wechselnden Luftdruck, durch Wind und durch Wärmevorgänge im Erdboden. Durch die Heizrohre wird die in unmittelbarer Nähe derselben befindliche Luft erwärmt; sie wird durch die Erwärmung spezifisch leichter und steigt nach oben. Der Vorgang ist ähnlich wie bei jedem in der Freiluft stehenden Heizkörper, nur vollzieht er sich infolge der großen Widerstände, welche die Luft in der Erde findet, viel langsamer. In erster Linie geht die erwärmte Luft senkrecht nach oben, während sich seitlich der Heizrohre eine Abnahme der Temperatur zeigt. Es bilden sich also in dem Raume zwischen den Heizrohren Stellen, wo die Temperatur des Bodens wesentlich niedriger ist, als mehr nach den Heizrohren zu. Ferner hat sich ergeben, daß die Erwärmung der Heizrohre nicht in die Tiefe des Bodens geht. Für das Antreiben gewisser Pflanzen ist es aber von grundsätzlicher Bedeutung, eine Erwärmung bis in die Tiefe von 60 bis 70 cm und mehr in möglichster Gleichmäßigkeit zu erzielen, ohne die Heizrohre unnötig tiefer zu legen. Man muß also die Heizrohre ziemlich dicht aneinander legen, um eine befriedigende Erwärmung der seitlich der Rohre liegenden Bodenmassen zu erreichen. Diese Anordnung läßt sich nicht umgehen und ist insofern recht unangenehm, als die Herstellung einer solchen Bodenheizung sich sehr verteuert.

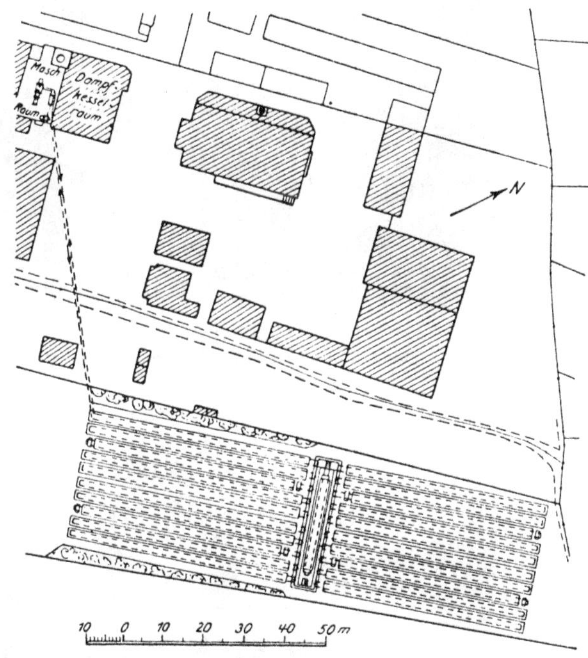

Abb. 128. Schematische Darstellung einer Bodenheizung.

Abb. 128 zeigt die schematische Anordnung eines solchen im freien Felde verlegten Heizrohrsystems der **Versuchsanlage Dresden**, Abb. 135 die Zentrale. Das Heizrohrsystem wird von Wasser durchflossen, welches durch den Vakuumdampf einer Dampfturbine in einem Vorkondensator erwärmt wird.

Die punktierten Linien deuten Abdeckplatten an, welche oberhalb der Heizrohre verlegt worden sind. Hiermit wird ein besonderer Zweck verfolgt. Bei Beheizung freien Landes wird die Bodentemperatur durch Regen stark beeinflußt, weil bei Nässe die spezifische Wärme des Bodens stark wächst und

Stand der Versuchsfelder.

Geheizt.

Abb. 129.
Bohnen, Möhren, Schoten am 6. Juni 1916.

Abb. 131.
Blumenkohl, Kohlrabi am 6. Juni 1916.

der abwärts sickernde Regen die Poren des Erdreichs verstopft, ferner weil den Heizrohren durch indirekte Berührung mit dem Regen viel Wärme entzogen und nach der Tiefe abgelenkt wird. Damit die Heizrohre nicht vom Wasser getroffen werden,

Stand der Versuchsfelder.

Ungeheizt.

Abb. 130.
Bohnen, Möhren, Schoten am 6. Juni 1916.

Abb. 132.
Blumenkohl, Kohlrabi am 6. Juni 1916.

sind die Abdeckplatten für die Rohre derartig ausgestaltet, daß das Regenwasser über den Rohren schneller nach der Seite abläuft und in Schichten gelangt, wo es die Bodenventilation nicht mehr behindern kann.

Stand der Versuchsfelder.
Geheizt.

Abb. 133.
Mais am 29. Juli 1916.

Abb. 129—134 Ergebnisse mit einer

Die **Ergebnisse**, welche an der Versuchsanlage der Techn. Hochschule Dresden erzielt wurden, sind in Abb. 129—134 photographisch festgehalten.

Das Anwärmen des Landes erfolgte immer Anfang Januar eines jeden Jahres. Es dauerte etwa 14 Tage, bis die über den Heizrohren liegende Landmasse so weit erwärmt war, daß gegenüber dem ungeheizten Lande eine mittlere Temperaturerhöhung von 6° C festzustellen war. Die Heizung wurde dann fast den ganzen Sommer hindurch fortgesetzt und höchstens im Juli und August eingestellt, und zwar aus Gründen der Wärmeersparnis, weil in diesen Monaten der Kraftbetrieb wegen der Hochschulferien sehr eingeschränkt war. Über den September hinaus brachte die Bodenheizung keinen Vorteil mehr, weil dann der andere zur Pflanzenbildung ebenso notwendige Faktor, „das Sonnenlicht", nicht mehr genügend zur Verfügung steht. Dagegen ist schon bereits von Februar an die Sonneneinstrahlung groß genug. Die Bodenheizung gleicht im Frühjahr die — infolge der höheren spezifischen Wärme der feuchten Wintererde gegenüber der Luft — zurückbleibende Bodentemperatur aus. Der dritte

Stand der Versuchsfelder.
Ungeheizt.

Abb. 134.
Mais am 29. Juli 1916.
Bodenheizung an der T.H. Dresden.

zum Pflanzenwachstum notwendige Faktor, die Bodenbewässerung mit möglichst warmem Wasser, läßt sich ja mit Konden-

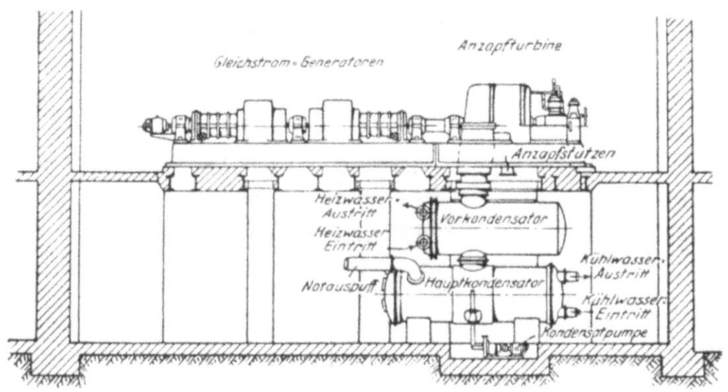

Abb. 135. Kondensations-Turbine mit zwischengeschaltetem Vorkondensator (Vorwärmer) für eine Bodenheizungsanlage.

sationskühlwasser leicht erzielen, und zwar auch in der Weise, daß die Erde stets den erforderlichen Feuchtigkeitsgrad aufweist.

Aus vorstehendem geht hervor, daß während eines beträchtlichen Teiles des Jahres — etwa 8 Monate lang — Abwärme nutzbringend aufgenommen werden kann. Betrachtet man aber die Bodenheizung als wärmenützenden Ersatz der nur wärmevernichtenden Kühltürme, so würde nichts hindern, das Kühlwasser auch im Winter durch die Bodenheizung zu leiten, um dadurch den Kühlturm — wenn nicht zu ersetzen, so doch zu entlasten; denn die Erde ist infolge ihrer höheren spezifischen Wärme und guten Wärmeleitfähigkeit und infolge der sich von selbst einstellenden Bodenventilation imstande, die gleiche Wärmemenge abzuleiten als die Kühltürme. Die Verlegung des Rohrsystems für die Kühlwasserheizung geschieht in Schamotterohren, bei denen chemische Zerstörungen ausgeschlossen sind.

Die Bodenheizung wird sich vor allen Dingen für den Anschluß an große Elektrizitätswerke eignen, zumal weil die Bodenheizung ohne Verschlechterung des Maschinenvakuums durchführbar ist.

Kombinieren wir den von der Natur eingeschlagenen und den von Herrn Schulze begangenen Weg, so kommen wir zu einer Bodenheizung, welche heutigentags als wirtschaftlich bezeichnet werden kann. Die Kosten einer Bodenheizung mit Heizrohren ist sehr teuer. Wir können aber die Warmwasserbodenheizung aufrechterhalten, wenn wir durch die zu beheizenden Gemüsegarten und Blumenkulturen Gräben ziehen und durch diese Gräben das warme Wasser fließen lassen. Die Anlage einer solchen **Grabenheizung** ist sehr billig, der Frischwasserzusatz würde allerdings größer sein wie bei Rückkühlanlagen mit Kühltürmen.

Durch den größeren Frischwasserzusatz kommt aber anderseits überall dort, wo dies Wasser billig und von geringer Karbonathärte zur Verfügung steht, ein Vorteil in Betracht, welcher sehr für die Beschaffung einer Grabenheizung sprechen kann. Es wird durch den größeren Frischwasserzusatz die Kühlwassereintritts- und -Austrittstemperatur am Kondensator herabgedrückt, dadurch wird aber das Vakuum der Kondensation und damit Hand in Hand der Dampfverbrauch der Kraftmaschine verbessert. Es ist Sache einer Wirtschaftlichkeitsberechnung, zu ermitteln, ob obiger Beweggrund bei der Beschaffung einer Grabenheizung mitzusprechen hat.

Die kurz gekennzeichneten Möglichkeiten der Abdampfausnutzung und Verwertung der Kühlwasserabwärme der Kondensationsanlagen lassen sich nun in der verschiedensten Weise je nach der Art des Betriebes miteinander vereinigen und weiter ausbauen, um die Kraftanlage als Ganzes wärmewirtschaftlich so gut wie möglich auszugestalten.

Sachregister.

FACHLITERATUR

Wärmetechn. Berechnung der Feuerungs- und Dampfkesselanlagen
Von Ing. Fr. Nuber. 3. Aufl. 112 S. Kl.-8°. 1926. Geb. M. 2.60

Die Bestimmungen über die Anlegung, Genehmigung und Untersuchung der Dampfkessel in Preußen
Textausgabe mit Einleitung, Anmerkungen und Sachregister. Bearbeitet von Dr. jur. Dr.-Ing. Hilliger. 267 S. 8°. 1920. Brosch. M. 5.—

Dampfkesselbetriebsbuch
Für die Praxis zusammengestellt von Dipl.-Ing. Rud. Michel. 113 S. 4°. 1927 Brosch. M. 5.—, in Leinen M. 8.—
Die Gliederung des Dampfkesselbetriebsbuches: I. Beschreibung der Dampfkesselanlage. II. Verdampfungsversuch. III. Wärmebilanz. IV. Betriebsbuch. V. Feuerungsrückstände. VI. Wärmebilanz im Monatsdurchschnitt. VII. Kohlenbuch. VIII. Materialienverbrauchsbuch. IX. Kraftverbrauchsbuch. X. Zusammenstellung der Betriebskosten des Monats (die Tabellen 4 bis 10 für jeden Monat eines Jahres). XI. Gesamtunkostenaufstellung. XII. Zusammenstellung der Gesamtunkosten. XIII. Jahresübersicht.

Feuerungstechnische Rechentafel
Von Dipl.-Ing. Rud. Michel. 4. Aufl. 1 Tafel m. 8 S. Erläut. 4°. 1925. Brosch. M. 2.50

Wirtschaftliche Verwertung der Brennstoffe
Von Baurat Dipl.-Ing. G. de Grahl. 3. Aufl. 658 S., 323 Abb., 16 Tafeln. Lex.-8°. 1923. Brosch. M. 32.—, geb. M. 33.50

Die Brennstoffe und ihre Verbrennung
Von Prof. Dr. G. Keppeler. 60 S. Gr.-8°. 1922. Brosch. M. 2.—

Die Heizerausbildung
Von Reg.-Obering. H. Spitznas. 2. Aufl. 271 S., 59 Abb. Gr.-8°. 1924. Brosch. M. 4.50, geb. M. 5.50

Wärme und Wärmewirtschaft der Kraft- und Feuerungsanlagen
mit besonderer Berücksichtigung der Eisen-, Papier- und chem. Industrie. Von Prof. W. Tafel. 376 S., 123 Abb. Gr.-8°. 1924. Brosch. M. 8.50, geb. M. 11.—

Der Wärmefluß in einer Schmelzofenanlage für Tafelglas
Eine wärmetechn. Untersuchung nach durchgeführten Messungen im Betrieb von Dr.-Ing. H. Maurach. 106 S., 28 Abb., 1 Tafel. Gr.-8°. 1923. Brosch. M. 4.—

Verhalten von raschlaufenden Gegendruckturbinen bei Drehzahländerungen
Von Dr.-Ing. Kurt Mauritz. 46 S., 31 Abb. Lex.-8°. 1927. Brosch. M. 4.50

Tabellen und Diagramme für Wasserdampf
berechnet aus der spezifischen Wärme. Von Prof. Dr. O. Knoblauch, Dipl.-Ing. E. Raisch und Dipl.-Ing. H. Hausen. 32 S., 4 Abb., 3 Diagrammtaf. Lex.-8°. 1923. Brosch. M. 2.40
Sonderausgaben der Diagramme. Ausgabe A enthaltend: Je ein i, s- und i, p-Diagramm, Ausgabe B enthaltend: Zwei i, s-Diagramme. Preis der Ausgaben (2 Tafeln) im Streifband je M. 1.10

Reduktionstabelle für Heizwert und Volumen von Gasen
Von Ob.-Ing. K. Ludwig. 2. Aufl. 16 S. Lex.-8°. 1925. Kart. M. 1.50

Anleitung zu genauen techn. Temperaturmessungen
Von Prof. Dr. O. Knoblauch und Dr.-Ing. K. Hencky. 2. Aufl. 190 S., 74 Abb. 8°. 1926. Brosch. M. 8.20, in Leinen M. 11.—

Elektrische Temperaturmeßgeräte
Von Dr.-Ing. G. Keinath. 284 S., 219 Abb. Gr.-8°. 1923. Brosch M. 9.20, geb. M. 11.—

R. Oldenbourg / München 32 und Berlin W 10

www.ingramcontent.com/pod-product-compliance
Lightning Source LLC
Chambersburg PA
CBHW031438180326
41458CB00002B/578

* 9 7 8 3 4 8 6 7 5 3 8 4 4 *